우주에서의 삶

우주인에게 묻다

우주에서의 삶

Ask an Astronaut

팀 피크 지음 | 이광식 옮김

들메나무

“내일 죽을 듯이 살아라.
영원히 살 것처럼 배워라.”

• 마하트마 간디 •

“중요한 것은 묻기를 멈추지 않는 것이다.
호기심은 그럴 만한 존재 이유를 갖고 있다.”

• 알베르트 아인슈타인 •

PROLOGUE

나의 첫 질문은 간단해요. 나는 어떻게 하면 우주비행사가 될 수 있을까요?

-알렉산더 티민스, 9살, 치체스터 자유학교, 영국

A

아주 멋진 목표를 정했군요. 1960년대 있었던 아폴로 계획은 인류의 우주탐사에 커다란 도약을 가져왔어요. 그래서 지금 우리는 우주탐사의 황금기를 맞고 있죠. 앞으로 몇십 년 후면 우리는 달에 식민지를 개척하고, 화성에 우리 발자국을 찍고, 더 먼 태양계로 진출할 겁니다. 이 같은 인류의 꿈이 머잖아 이루어질 거예요. 그러면 우리 모두는 그 놀라운 여정에 참가할 수 있을 겁니다.

이 책은 전체가 티민스 군의 질문에 대한 답이라 할 수 있습니다. 왜냐하면, 그 질문은 간단하게 답할 수 있는 성격이 아니기 때문이죠. 우주비행사가 되는 방법은 딱 정해진 길이 없거든요. 2015년 12월 15일에 나는 처음으로 국제우주정거장ISS에 도착했는데, 그때 내 나이가 43살이었습니다. 우주정거장에서 근무한다는 것은 엄청난 특권이죠. 더욱이 내가 평생 동안 존경하던 남녀 우주인들과 같은 길을 걷는다고 생각하니 가슴이 벅찰 수밖에 없었죠. 생각해보세요. 1961년 4월 12일 유리 가가린이 최초로 용감하게 우주로 나선 것에서부터 나 이전까지 지구 궤도에 오른 사람은 다 합해봐야 37개 나라의 545명뿐이었습니다. 그들을 뒤이어 내가 우주비행사가 된 것은 참으로 믿기 어려울 정도로 행운이 따랐다고밖엔 말할 수 없군요.

우주비행사들은 세계 각지에서 활동하던 사람들로서 직업도 아주 다양하답니다. 교사도 있고, 비행사, 엔지니어, 과학자, 의사 등 다양한 직종에 종사하던 사람들이죠. 공통점이 하나 있다면 모두 우주비행과 탐험에 대한 뜨거운 열정을 갖고 있다는 점일 겁니다.

물론 우주비행사가 되려면 어떤 기술이나 신체적 조건을 필요로 합니다. 이러한 것들은 훈련과정을 통해 갖출 수도 있죠. 이 책이 끝날 무렵에는 우주비행사의 필수조건들이 어떤 것인가를 뚜렷이 알게 될 것입니다.

이런 조건들 중 어떤 것은 지원자에 따라 버거울 수도 있습니다. 예컨대, 언어 문제가 그렇습니다. 우주비행사가 되기 위해선 언어에 능숙할 필요가 있거든요. 그리고 그 사람의 직업도 중요한 요소가 됩니다. 먼저 열정을 가지고 할 수 있는 직업을 찾고, 그 분야에서 썩 잘할 수 있는 고수가 되는 것이 중요합니다. 앞으로 알게 되겠지만, 우주비행사가 되는 데는 학력만으로는 한계가 있습니다. 무엇보다 당신의 열정과 추진력, 당신의 인간성과 개성만이 당신을 성공으로 이끌 것입니다.

우주정거장에서 귀환한 직후 기자회견에서, 제 모교의 어린 후

배들에게 전하고 싶은 메시지가 있는가라는 질문을 받았습니다. 그 질문에 대한 답은 이렇습니다. "우주비행사라는 꿈을 향한 나의 여정은 영국 남해안에 있는 치체스터 근교의 한 작은 마을에서 시작되었습니다. 나는 웨스트본 초등학교에 입학했으며, 18살 때 3개의 평균 A- 등급을 받고 학교를 떠났습니다. 그후 우주비행사가 되기 이전 18년 동안 공군에서 시험비행 조종사로서의 경력을 쌓았습니다. 그리고 얼마 전 우주정거장에서 6개월 미션을 끝내고 지구로 귀환했습니다. 따라서 나의 메시지는 이것입니다. "자신이 한번 결심한 것은 반드시 이룰 수 있다는 신념을 가지십시오."

실수하지 마세요. 우주비행사가 되기는 결코 쉽지 않습니다. 실제로 내 생애에서 가장 혹독한 경험이었습니다. 하지만 그 보상은 너무나 멋진 것이었습니다. 그 놀라운 경험을 내 생명이 다할 때까지 보석처럼 소중히 간직할 것입니다.

•

그렇다면 이 책에서 말하고자 하는 것은 무엇일까요? 그 모든 질문들은 어떤 것들일까요? ISS에서 돌아온 이후 수천 명의 사람들로부터 뜨거운 환대를 받았습니다. 그들은 내가 수행한 미션에 대해 더 자세한 것들을 알고 싶어했고, 어떻게 하면 우주비행사가 될 수 있는지 물어왔습니다. 나의 미션에 관한 갖가지 흥미로운 질문에 대해 나는 즐거운 마음으로 답해주었습니다.

이런 질문들이었습니다. '우주에는 무슨 냄새가 나나요?' '우주 공간에 중력이 작용하나요?' '우주에서 생활하는 데 가장 힘든 점은 무엇인가요?'. 기발한 질문들도 있었습니다. 예컨대, '외계인을 처음으로 접촉할 경우를 대비한 공식 통신규약이 있나요?' '우주유영 때 우주 잔해물에 부딪치면 어떻게 되나요?' 같은 질문입니다. 물론 좀 우스꽝스런 질문들도 있습니다. '우주에서 차를 마실 수 있나요?'(답은 다행스럽게 '예!'입니다) '우주에서 화장실에 어떻게 가나요?' –이 질문은 지금까지 받은 질문 중 가장 많은 것으로, 주로 어린 친구들이 하더군요.

어쨌든 나는 이러한 질문들에 대해 최선을 다해 자세히 설명해줬습니다. 우주비행사가 되는 것이 개인적으로 어떤 삶의 변화를 가져오는지에 대해 내 자신의 경험들을 얘기해줬으며, 모험과 천체물리학에 대해, 그리고 때때로 느끼게 되는 공포와 흥미로움에 대해서도 설명했습니다. 나는 우주의 과학과 일상생활의 세부사항이 재미있고 유익하기를 바라며, 차세대 우주비행사를 위한 유용한 지침서가 되기를 바랍니다. 나중엔 최초로 화성 땅을 밟는 사람들이 이 지침서를 읽기를 바랍니다.

해시태그가 붙은 #askanastronaut로 검색해보면 이 프로젝트를 볼 수 있습니다. 트위터와 페이스북의 훌륭한 제출물 중 상당수는 이 책에 포함되어 있는데, 그 질문 중 일부는 질문한 사람의 이름이 뒤에 밝혀져 있습니다. 비슷한 내용의 질문들은 하나로 합치기도 하고, 내용을 약간 보강하기도 했습니다.

이 프로젝트에 도움 주신 모든 분들에게 감사를 드립니다. 비록 이 책에 본인의 이름이 오르지 못했다 하더라도 그분들의 호기심과 깊은 생각은 이 책에 커다란 기여를 했다고 믿습니다. 여러분의 탐구심과 학구열에 경의를 표합니다.

나는 이 책에 내가 수행한 미션 중 중요한 대목을 다음 일곱 챕터 속에 빠뜨림없이 싣고자 했습니다. 발사, 훈련, ISS에서의 생활과 작업, 우주유영, 지구와 우주, 지구로의 귀환, 미래의 우주개척 등이 그것들입니다. 여러분의 질문에 답하는 한편, 나 자신의 질문에 대한 답도 여기 실었습니다. 또한 우주로의 여정을 성취하기까지 내가 얻었던 통찰력을 여러분과 공유하기 위해 노력했습니다. 그것은 훈련과 준비과정, ISS를 떠받치고 있는 과학, 우주정거장에서의 경험들, 400km 상공에서 내려다보는 지구의 아름다움, 대기 속을 초음속으로 날아가는 스릴, 우주유영에 따르는 위험과 흥미진진함, 승무원들 간의 우정, 이 놀라운 경험으로 인해 바뀐 세계관 등에 대한 자세한 설명입니다.

이러한 내용의 책을 쓰고 기획한다는 것, 우주정거장에서 보낸 시간들을 회상하는 것은 참으로 매력적인 경험이었습니다. 여기서 다룬 다양한 주제들이 모든 연령대의 독자들에게 관심을 사기를 바랍니다. 어떤 질문들은 길고 전문적인 내용을 포함하고 있기도 하지만, 어떤 것들은 아주 짧습니다. 예컨대 이런 질문들입니다.

Q 지구 궤도를 돌면서 하루에 16번씩이나 일출을 본다는데, 그러면 우주비행사는 언제 새해맞이를 합니까?

A 우주정거장에서 채택한 시간대는 그리니치 평균시[GMT]이므로 런던에서 새해를 맞아 0시에 시계종이 칠 때 우주정거장에서도 새해를 맞게 됩니다. 이런 이유만으로도 우리는 더 많은 영국 우주비행사를 ISS에 보낼 필요가 있습니다! 그런데, 우주비행사들은 대개 자기 조국이 새해를 맞는 시간에 각기 새해맞이를 경축합니다.

Q 우주에 있을 때 지구의 어떤 날씨가 가장 그리웠습니까?

A 이상하게 들리겠지만, 비를 가장 그리워했습니다. 나는 6개월 동안 소나기를 못 봤습니다. 나는 야외에서 활동하기를 좋아합니다. 우주정거장의 따뜻한 모듈에 있는 러닝머신에서 뛸 때, 내 얼굴에 찬 이슬비가 내린다고 상상하면서 행복해했습니다.

Q

우주정거장에서 당신이 가장 아낀 사치품은 무엇이었습니까?

A

카메라였습니다. 사진촬영은 내가 우주에 있을 때 새로 발견한 열정이었고, 흥분과 경이, 만족의 근원이 되었습니다. 나는 우주에서 찍은 사진을 소중히 간직하고 있습니다. 지금 되돌아보더라도 우주정거장이 언제 어디에 있을 때 그 사진들을 찍었는지 정확하게 기억해낼 수 있습니다. 하지만 카메라를 사치품으로 묘사하지는 않겠습니다. 왜냐하면, 중요한 지구관측 과학을 위해 정기적으로 그것을 사용했기 때문입니다. 순수한 의미에서 사치품이라 한다면, 드래건 우주 보급선이 갖다준 쿨박스라 할 수 있겠습니다. 그 안엔 스페이스X사(로켓과 우주선을 제조하는)의 친절한 직원들이 승무원들에게 보내는 최고의 사치품이 적재되어 있었습니다. 아이스크림!

Q

당신의 미션을 수행하는 과정에서 우주에 대한 지식이 늘수록 우주에 가는 것을 덜 두려워하게 되었습니까?

A

우주비행사 훈련과정(2장에서 자세히 다룸)에서 우주에 관한 지식을 얻게 됩니다. 그러면 리스크가 큰 미션에 대해서도 확실히 두려움을 누그러뜨려 줍니다. 예컨대, 우주유영이라든가 발사, 대기권 재진입과 그밖의 위급상황 같은 것들이죠. 더 중요한 것은 지식은 어려운 상황에 대처할 수 있는 옵션을 가능케 하며, 무엇보다 처음부터 잘못된 선택을 막아주는 역할을 합니다. 아폴로 8호의 선장인 프랭크 보먼은 이런 명언을 남겼습니다. "뛰어난 조종사는 자신의 뛰어난 기술을 사용해야 하는 상황을 피하기 위해 그의 뛰어난 판단력을 먼저 사용한다."

우리의 훈련은 모범적이며, 모든 우주비행사는 우리의 미션을 안전하고 효과적으로 수행할 능력을 갖추는 데 헌신하는 강사와 교관 팀에게 큰 빚을 지고 있습니다.

나는 우주로 나갈 준비가 완전히 끝났다고 느끼면서 발사대로 걸어갔습니다. 내 인생 최고의 순간에 다다랐다는 스릴과 흥분을 만끽했죠. 그 순간 누가 우주로 가는 것이 두렵냐고 나에게 물었다면, 나는 서슴없이 이렇게 대꾸했을 것입니다. '결단코!' 그러나 우주로 날아가는 것은 아무리 많은 지식과 훈련, 준비를 갖추더라도 리스크를 완전히 피할 수는 없는 일입니다.

모든 우주비행사는 발사 전에 이러한 위험을 알지만, 그래도 격변적인(우주선이나 승무원의 손실을 의미함) 상황이 발생하지 않을 것이라고는 아무도 장담할 수 없습니다. 내 생애에서 내가 해야만 했던 가장 어려운 일은 발사 직전 우리 가족에게 작별인사를 하는 것이었습니다. 내가 다시는 집으로 돌아갈 수 없는 확률도 분명 존재하는 것입니다.

공포는 위험을 감지했을 때 느끼는 감정입니다. 높은 인화성 로켓 연료 10층에 앉아 있으면서도 위험을 느끼지 못한다면, 그는 자신의 절실한 상황을 이해하지 못하는 사람일 것입니다! 나의 정확한 대답은 이렇습니다. '물론, 나도 두려운 바가 있지만, 익히 각오했던 일입니다. 지금 당장 생각할 바는 아닙니다!' 자, 출발하기 좋은 때입니다.

차례

Q LIST OF QUESTIONS A

PROLOGUE — 어떻게 하면 우주인이 될 수 있나요?

CHAPTER 1 — 발사

CHAPTER 2 — 훈련

CHAPTER 3 — ISS에서 일하기, 생활하기

CHAPTER 4 — 우주유영

CHAPTER 5 — 지구와 우주

CHAPTER 6 — 지구로 돌아가기

EPILOGUE — 미래의 우주 개척

CHAPTER 1

발사

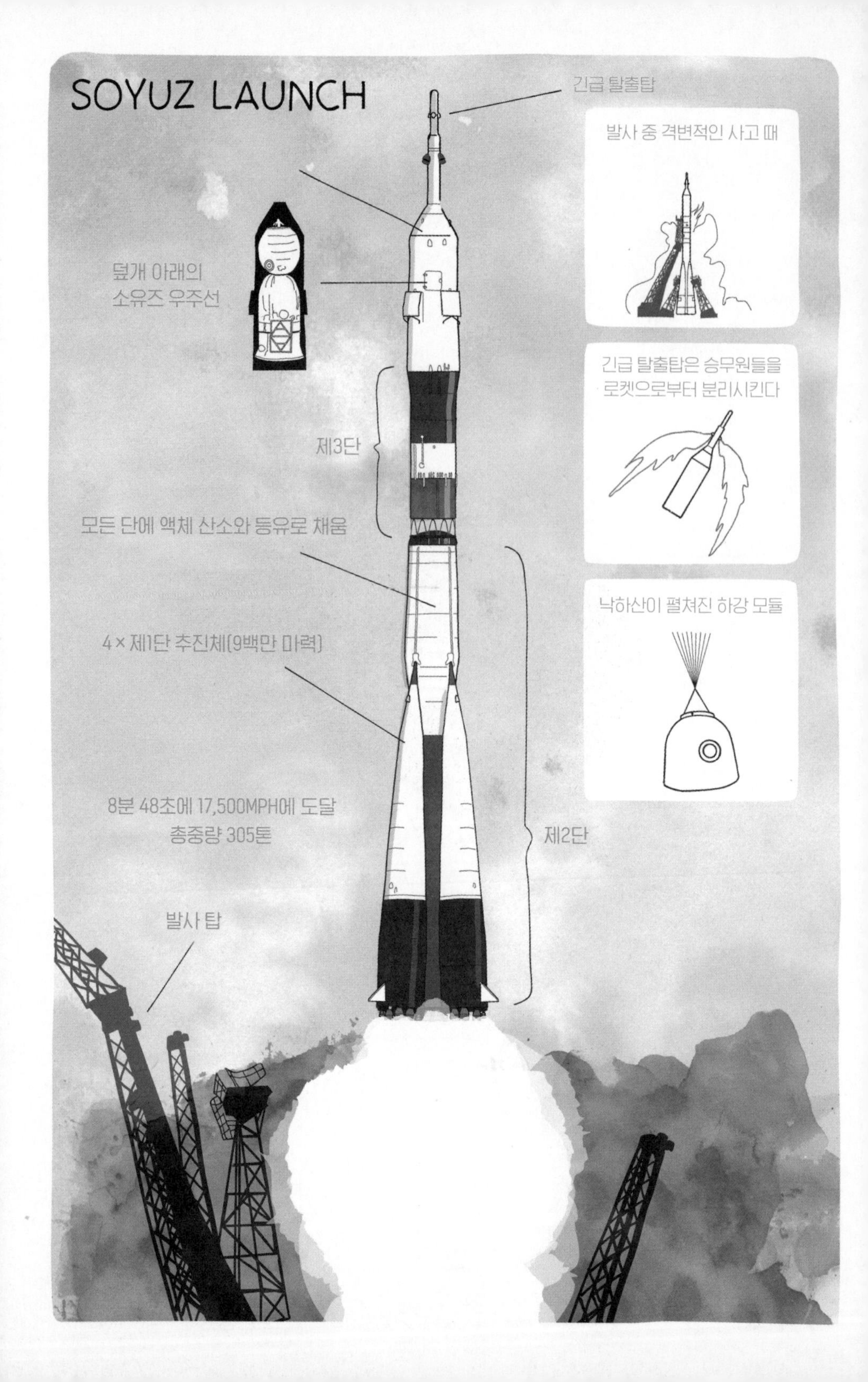
SOYUZ LAUNCH
긴급 탈출탑
발사 중 격변적인 사고 때
덮개 아래의
소유즈 우주선
긴급 탈출탑은 승무원들을
로켓으로부터 분리시킨다
제3단
모든 단에 액체 산소와 등유로 채움
낙하산이 펼쳐진 하강 모듈
4 × 제1단 추진체(9백만 마력)
8분 48초에 17,500MPH에 도달
총중량 305톤
제2단
발사 탑

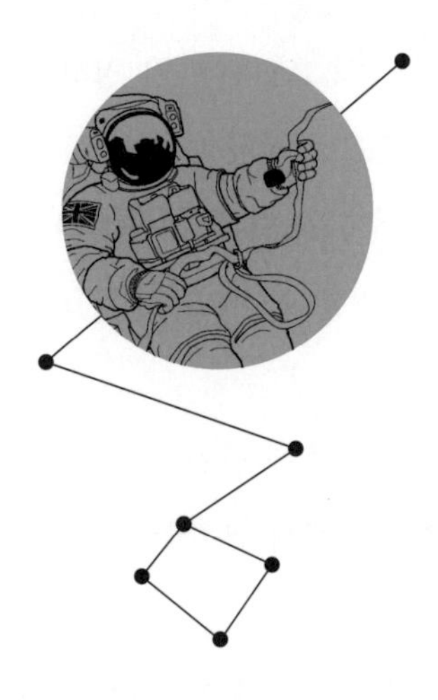

Q

300톤짜리 로켓의 꼭대기에 앉아 있는 기분은 어때요?

A

2015년 12월 15일 현지 시간으로 14시 33분 카자흐스탄. 발사 2시간 30분 전. 나는 반짝거리는 소유즈 로켓의 맨 꼭대기, 지상 50m에 서서 안으로 오르기를 기다리고 있었습니다. 화창한 겨울날이었습니다. 나는 드넓은 바이코누르 우주센터와 카자흐스탄 스텝 지대의 푸른 초원을 내다보면서 여섯 달 동안 떠나 있을 지구 행성의 냄새와 소리를 흠뻑 들이켜고 있었습니다.

선수船首, bow 페어링(덮개) 안에 위치한 작은 캡슐로 올라갈 때, 내 발 아래에 있는 소유즈 우주선이 마치 살아 있는 듯한 느낌을 받았습니다. 극저온 연료들이 쉼없이 끓어오르며 로켓의 아랫도리를 무시무시한 안개로 덮고 있었습니다. 이 영하의 압축 가스는 로켓의 3분의 2를 얇은 얼음층으로 뒤덮었으며, 소유즈의 주황·초록 몸통을 오후의 햇빛 속에서 온통 희게 바꾸어버렸습니다. 우리를 캡슐까지 데려다주는 승강기를 탈 때 우리는 이러한 광경을 클로즈업 뷰로 즐겼습니다.

액체 산소와 등유 300톤을 만재한 로켓이 점화 전 로켓을 고정시킨 금속 지지 구조물 내에서 쉿 하는 소리와 함께 김을 내뿜으면, 지구의 중력을 박차고 우주로 솟구칠 수 있는 놀라운 기술을 실감할 수 있습니다. 내 경력 중에 수많은 항공기를 타봤지만, 발사 전 로켓에 탑승하는 것만큼 큰 쾌감을 느낀 적은 결코 없었습니다. 나는 긴장하지 않았습니다. 오히려 정반대였죠. 이 순간을 위해 얼마나 오랜 시간을 기다려왔던가. 나는 자못 침착한 전문가의 자세를 유지하려 노력했지만, 나의 내면 깊숙이 꿈틀거리는 소년 같은 흥분을 억누를 수는 없었습니다.

우리가 캡슐로 올라갈 때는 언제나 정해진 순서를 엄수합니다. 첫 번째로 올라가는 사람은 왼쪽 자리에 앉고(우리 경우는 팀 코프라), 다음 사람은 오른쪽 자리(나)에, 마지막 세번째 사람은 수유즈 사령관(유리 말렌첸코)으로 가운데 자리입니다. 먼저 우리는 수평 해치를 통해 비좁은 거주 모듈로 들어가야 하며, 수직 해치로 다리를 먼저 들이밀어 요리조리 몸을 비틀면서 하강 모듈로 내려갑니다. 사다리는 없지만, 발판은 있죠.

우리는 수직 해치를 지나갈 때 극도로 조심해야 했습니다. 거기에는 6개월 후 착륙한 후에 구조대원에게 우리의 위치를 알리는 데 필요한 안테나가 있기 때문입니다. 좌석까지 가는 데는 이처럼 곡예를 해야만 합니다. 우리가 훈련한 러시아의 스타시티Star City에 있는 소유즈 시뮬레이터와는 달리 이 우주선은 화물로 가득 채워져 있었습니다. 처음에 나는 사령관 자리에 내려온 후 조심스럽게 가로질러 발부터 오른쪽 자리로 옮겨갔습니다. 모든 행동은 매우 천천히 그리고 조심스럽게 이루어져야 합니다. 우주복을 찢거나 우주선을 손상시켜서는 안되기 때문이죠. 나는 훈련 중에 동굴 탐험 시간을 떠올렸고, 극도로 제한된 공간에서 작업한 경험을 한 것에 대해 감사했습니다.

좌석에 앉자마자 나는 거기에 있는 두 가닥의 전력 케이블과 두 개의 호스를 내 소콜 우주복(소콜은 메이커 명)에 연결했습니다. 두 가닥의 전선은 통신용 헤드폰과 의료장비를 위한 것입니다. 모든 승무원은 의료장비를 가슴 옆에 부착하는데, 이를 통해 전송되는 데이터를 보고 지상의 항공 의료진이 비행사의 맥박, 호흡 등을 체크합니다.

두 개의 호스는 공기(냉각 및 환기용)와 100% 산소(응급 감압의 경우에만 사용)용입니다. 이러한 연결들을 마친 후 나는 5단 멜빵 의자에 몸을 고정시키고 무릎 버팀대를 부착했습니다. 이것은 로켓이 중력을 박차고 솟구칠 때 중력 부하로부터 내 다리를 보호해줍니다. 지상요원 한 사람이 내 안전띠를 매주고 점검표를 건네줄 만한 공간은 충분히 있었습니다.

발사 전 시간을 재면서 마지막으로 체크리스트를 세심하게 검토하며 얼마 후에 벌어질 광경을 상상하고 있을 때, 아드레날린이 분출하는 마지막 전통을 지켜봐야 할 때가 다가왔습니다. 각 우주비행사는 이륙 전에 노래 3곡을 캡슐에서 들을 수 있습니다. 나는 퀸의 '지금 나를 막지 마Don't Stop Me Now'와 U2의 '아름다운 날Beautiful Day' 그리고 콜드플레이의 '별이 가득한 하늘A Sky Full of Stars'을 선곡했습니다.

이윽고 승무원이 선택한 컴파일이 흐려지면서 점화되기까지의 시간을 기다릴 때 또 하나의 놀라운 일이 기다리고 있었습니다. 우리의 헤드셋을 통해 로켓이 울부짖는 굉음이 들려오는 가운데, 소유즈 요원이 선택한 5인조 밴드 '유럽'의 '마지막 카운트다운The Final Countdown'의 귀에 익은 신시사이저가 들려왔습니다. 누가 러시아 사람들이 유머 감각이 없다고 말합니까?

•

소유즈 로켓의 발사를 처음 지켜본 것은 내 자신이 로켓에 타기 6개월 전인 2015년 6월이었습니다. 나는 소유즈 동료 승무원인 유리 말렌첸코, 팀 코프라와 함께 카자흐스탄의 바이코누르로 향했습니다. 원정대 44/45 대원(이전에 ISS를 방문한 우주비행사 팀)을 백업하기 위해서였습니다. 우리의 임무는 주요 승무원을 백업하며 우리가 할 수 있는 모든 방법을 동원해 그들을 지원하는 것이었습니다.

우리는 백업 대원으로 필요한 시험을 2주 전에 모두 통과하여 우주에 나갈 준비를 마쳤음에도 불구하고, 실제로 주요 승무원으로 임무교대할 가능성은 매우 적었습니다. 어쨌든 바이코누르에 있으면서 나는 내 자신의 첫 로켓 발사를 포함해 모든 예행연습 과정을 남김없이 지켜볼 수 있는 기회를 가졌습니다.

몇 년 전 플로리다의 케네디 우주센터에서 유럽 우주국ESA의 동료 우주비행사 크리스터 푸글레장이 우주 왕복선 디스커버리 호에 탔을 때 나는 그 발사를 지켜보려 했습니다. 그러나 첫 번째 발사는 날씨 문제로 인해 보류되었고, 두 번째 시도는 궤도선의 한 연료 밸브의 이상으로 중단되었습니다. 그로부터 며칠 후 마침내 디스커버리가 우주로 발사되었는데, 그때 나는 독일의 유럽 우주비행 센터에서 훈련을 받기 위해 유럽으로 향하는 비행기 안에 있었습니다. 그야말로 머피의 법칙이었죠!

2016년 7월 내가 본 소유즈의 발사 광경은 그전의 실망들을 벌충하고도 남음이 있었습니다. 로켓 발사의 스릴 넘치는 장엄함은 '거리'에 직결됩니다. 로켓 발사대에 가까이 있을수록 로켓 발사의 장엄함은 배가됩니다. 나와 유리, 팀 우리 셋은 로켓으로부터 1.5km 떨어진 탐색 - 구조탑의 지붕 위에 앉아 있었습니다.

발사는 오전 3시에 시작되었습니다. 맑고 아름다운 밤이었죠. 이윽고 주엔진이 점화되고 몇 초 후 깊은 포효가 이어졌으며, 미소가 내 얼굴을 뒤덮었습니다. 그러나 나의 표정은 이내 놀라움으로 바뀌었습니다. 내가 들었던 것은 주엔진이 아니라, 체크아웃을 잠간 멈추었을 때 작동한 중간 추력 엔진이었던 것입니다. 이윽고 주 엔진이 최대 출력으로 열리자 크고 둔중한 소리가 나를 집어삼켰으며, 내 가슴속으로 울려퍼졌습니다. 이보다 더 인상적일 수가 없다는 생각이 들었을 때 소유즈는 발사대를 박차고 공중으로 치솟아오르기 시작했습니다. 그리고 주위의 공기는 귀를 먹먹하게 하는 소음으로 가득 찼습니다.

그로부터 몇 달 후, 현지 시간으로 오후 5시가 막 지났을 무렵, 나는 소유즈 좌석에 앉아 헤드셋을 통해 교관의 목소리를 주의 깊게 들으며 앞에 있는 디지털 시계를 뚫어지게 쳐다보고 있었던 것입니다. 우리가 살면서 가슴 설레는 카운트다운을 더러 경험할 때가 있지만, 그중 가장 가슴 벅찬 카운트다운은 자신이 탄 로켓 발사의 카운트다운일 것입니다. 그런데 실망스럽게도 그렇지 않았습니다!

엔진이 중간 추진력을 점화하고 터보 펌프가 비행속도로 가속되면서 교관이 최종 시퀀스 단계를 발표해 승무원들에게 발사 시기를 가늠하게 했지만, 실제 카운트다운은 없었습니다. 발사 5초 전 엔진이 최대 출력에 들어갔다는 통보를 받았을 때, 우리 밑에 있는 로켓의 힘이 엄청나다는 사실을 실감했습니다. 이륙 마지막 몇 초 동안, 캡슐 내부의 소음과 진동이 극에 달해 정작 로켓이 발사대를 떠났는지 여부를 모를 정도였습니다. 나는 로켓이 겁나게 흔들리는 것을 느꼈고, 그 순간 시계를 보며 시간의 흐름을 지켜보았습니다. 마침내 우리는 지구를 박차고 솟아올랐습니다! 로켓 엔진의 무자비한 힘과 가속으로 인해 깨어지는 듯한 소리를 뚜렷이 들을 수 있었습니다. 여섯 달 전의 일이지만 너무나 생생하게 기억납니다.

밀폐형 우주복 헬멧 아래에 통신 캡을 착용하면 상당한 수준의 방음 기능을 제공합니다. 우주선 내부에서 인상적인 것은 에너지, 진동 및 가속도입니다. 그것은 거의 내장까지 전해집니다. 폭력적인 폭발이나 귀의 울림은 없으며, 창문 밖으로는 아무것도 볼 수 없습니다. 로켓의 선수 페어링이 우주선을 보호하고 있기 때문입니다.

몇 분 동안 우리는 초속 8km의 속도로 날아갔습니다. 이는 런던에서 에딘버러(런던 북쪽 629km 거리에 있는 스코틀랜드의 중심 도시)까지 90초 안에 주파할 수 있는 속도입니다. 스릴을 느끼기는 어려웠습니다. 하지만 나는 웃음을 멈출 수 없었죠.

•

이 장은 소유즈 로켓의 발사 순간부터 ISS와 도킹하는 순간까지의 기록입니다. 우주로의 비행은 가장 놀랍고 초현실적인 경험 중 하나입니다. 더욱이 우리가 했던 것처럼 러시아인과 함께 한 우주비행은 훨씬 더 놀라운 경험이 아닐 수 없습니다. '당장 망가질 게 아니라면 고치지 마라'라는 러시아인의 철학은 공학에 대한 접근뿐만 아니라 역사와 전통에 기초한 인간의 우주비행에 관련된 모든 것에 적용됩니다. 그것이 유리 가가린(최초의 러시아인 우주비행사)에게도 적용되었으며, 오늘의 우주비행사들에게 적용되고 있습니다.

이것은 곧 발사 전 몇 주 또는 며칠 동안 필수적인 작전 과업뿐만 아니라 그밖의 중요한 전통과 의식들로 가득 차 있음을 의미합니다. 발사 당일에 관한 구체적인 내용은 몇 페이지 뒤에서 다루기로 하고, 우선 발사장에 관한 얘기를 좀 더 구체적으로 해보기로 하겠습니다.

Q 왜 우주인들은 카자흐스탄에서 발사되는 로켓을 탑니까?

A 남부 카자흐스탄의 사막 스텝 지역에 위치한 바이코누르 우주기지는 세계 최초이자 최대 우주선 발사기지입니다. 2011년 미국의 스페이스 셔틀 프로그램이 끝난 이래 바이코누르는 국제우주정거장으로 요원을 파견하는 유일한 우주기지가 되었습니다. 이 전설적인 러시아 발사장의 유래는 소련에 의해 지어졌던 1950년대로 거슬러올라갑니다. 세계 최초의 위성인 스푸트니크 1호는 1957년 초반 바이코누르에서 발사되었으며, 인류 역사상 최초의 유인 우주선인 보스토크 1호 역시 1961년 여기서 발사되었습니다.

바이코누르 발사장의 최대 특징은 로켓이 발사될 때 일어나는 화려한 불꽃입니다. 세계의 여느 발사장은 발사 전 로켓 아래 지면에 물을 흠씬 뿌려 불꽃과 소음을 최대한 죽이지만, 바이코누르에서는 물을 전혀 사용하지 않습니다. 사막이기 때문에 그럴 필요가 없기 때문이지요. 따라서 로켓 발사 때 볼 수 있는 그 화려한 불꽃놀이는 보는 이들을 경탄케 하기에 충분합니다.

로켓 발사장의 입지조건에는 여러 가지 사항이 고려됩니다. 그 중 하나가 지구의 자전력을 이용하는 것입니다. 지구는 서쪽에서 동쪽으로 자전합니다. 그 속도는 적도에서 최대 시간당 1,670km나 됩니다. 이것은 음속보다 빠른 속도입니다. 로켓을 우주로 보내는 데 이 속도를 공짜로 이용할 수 있습니다. 일종의 프리킥인 거죠. 물론 지구 탈출속도인 초속 11.2km에 비하면 대단한 것은 아니지만 그래도 어느 정도 효율을 높일 수 있는 방법이 됩니다.

그런데 지구상에서 지구의 자전 속도를 느낄 수 없는 것은 우리가 지구랑 같이 돌고 있기 때문입니다. 달리는 배 안에서 창문을 가리면 배가 달리는지 서 있는지 알 수 없는 것과 똑같은 이치입니다. 그러나 우주에 나가면 문제가 달라집니다. 지구 자전력이 중요한 요소로 작용합니다. 지구는 자전축을 중심으로 자전합니다. 그리고 그 속도는 위도가 높아질수록 줄어듭니다. 북극점과 남극점에 이르면 자전 속도는 제로(0)가 됩니다.

따라서 적도에 가까운 곳일수록 로켓 발사에 유리한 이점을 갖습니다. 이는 로켓 발사에 연료가 덜 든다는 것을 뜻하며, 그만큼 화물을 로켓에 더 실을 수 있다는 의미가 됩니다. 그런데 러시아는 이러한 이점을 누리기가 힘듭니다. 지도를 보면 알겠지만 나라가 고위도 지역에 위치하기 때문이죠. 대부분의 영토는 50°N 이북이며, 카자흐스탄의 바이코누르는 46°N에 위치합니다. 적도보다는 엄청

위쪽이지만, 그래도 대부분의 러시아 영토보다는 남쪽에 있는 셈입니다.

물론 바이코누르에는 단순한 위도 이상의 사연이 얽혀 있습니다. 원래 이 지역은 1955년 최초의 대륙간 탄도 미사일 시험 발사장으로 선정되었습니다. 여기에다 나중에 우주비행을 위한 발사시설을 추가로 증설한 것입니다.

미사일 시험 발사 지역은 드넓은 평원이 가장 이상적입니다. 지상 관제실의 무선신호가 아무런 방해도 받지 않아야 하기 때문이죠. 그리고 캄차카에서 7,000km 떨어진 거리에 있는 시험목표를 향한 미사일 탄도는 되도록 인구 밀집지역에서 멀리 떨어져 있는 게 좋습니다. 바이코누르와 카자흐 초원은 이 모든 기준을 충족시켰으며, 물을 공급하는 시르다리야 강과 모스크바-타슈켄트 철도가 비교적 가까이 위치하고 있다는 이점도 함께 가지고 있습니다.

되도록 적도 가까이 우주 발사 기지를 만드는 데는 지구의 자전에서 공짜 속도를 얻는 외에도 또 다른 이유가 있습니다. 그것은 지구 궤도에 오르는 로켓에게 폭넓은 궤도 기울기 선택권을 줍니다. 궤도 기울기는 적도와 궤도상에 있는 물체의 방향축 사이의 각도로 표현됩니다. (그림 참조)

이것을 상상하는 쉬운 방법은 북극에서 발사된 로켓을 생각하는 것입니다. 그 로켓은 오로지 남쪽으로만 갈 수 있을 뿐입니다. 따라서 그것은 90도의 기울기로 북극과 남극을 통과하는 극궤도를 돌게 됩니다. 반대로, 적도에서 발사된 로켓은 어떤 기울기의 궤도

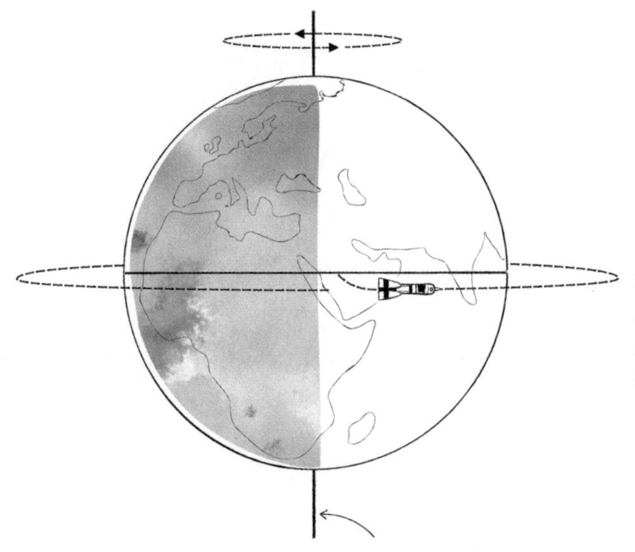

적도에서 로켓을 쏘면 서쪽에서 동쪽으로 자전하는 지구가 시속 1,670km로 훽 던져주는 효과를 얻게 됩니다.

지구 자전축 지점에서는 공짜 속도를 얻을 수 없습니다.

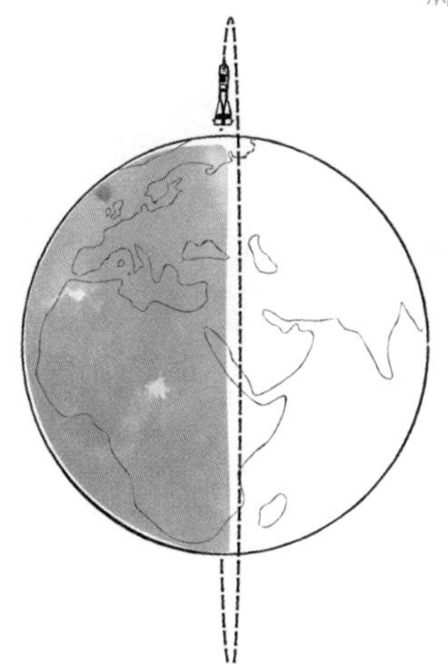

북극에서 발사된 로켓은 오로지 남쪽으로만 갈 수 있기 때문에 90도의 기울기로 극궤도를 돌게 됩니다.

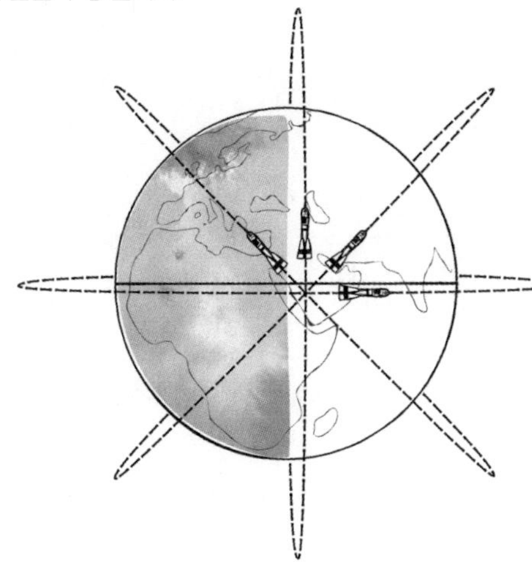

적도 지역에서 발사된 로켓은 어떤 궤도도 돌 수 있습니다.

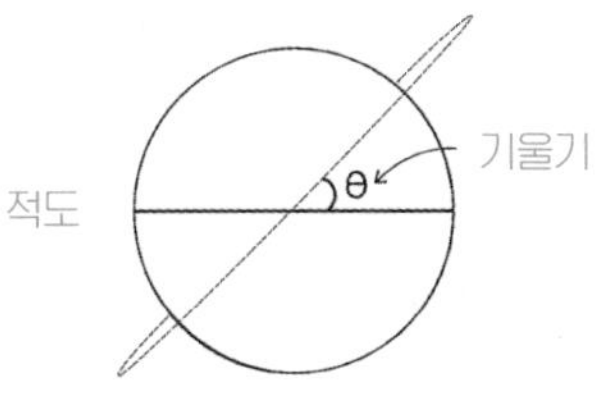

에도 집어넣을 수 있습니다. 이처럼 궤도 경사의 선택은 발사 지점의 위도에 의해 제한됩니다.

이 문제는 연료를 사용해 '궤도 평면 변경 기동'을 수행함으로써 해결할 수는 있습니다. 그러나 일단 궤도에 진입한 궤도선의 경사도를 변경하려면 엄청난 양의 연료가 필요하므로, 대부분의 미션 기획자는 무슨 일이 있더라도 이를 회피하려고 노력합니다.

이거 아세요?

- 바이코누르가 세계 최고의 우주 발사시설로 발전함에 따라 그 위도는 국제우주정거장의 궤도 경사도 51.6도를 결정할 때 큰 제약이 되었습니다.
- 전 세계에는 많은 우주선 발사기지가 있습니다. 미국은 플로리다의 케네디 우주센터에서 우주선 발사를 한 오랜 역사를 가지고 있으며, 곧 두 개의 새로운 우주선(보잉의 CST-100과 스페이스X사의 드래건)이 미국 기지에서 ISS로 승무원이 탄 로켓을 다시 한번 발사할 예정입니다. 중국인은 고비 사막에 위치한 깐수 성 주취안(酒臭) 위성 발사센터를 사용하여 유인 우주비행 프로그램을 추진하고 있습니다.

Q

우주비행사는 발사 전 얼마나 오랫동안 격리시설에 머뭅니까? 그때 면회는 가능합니까?

A

임무 수행 전 우주비행사에 대해 일정기간 격리검역을 시행하는 목적은 주요 승무원이 건강한 상태를 유지하여 바이러스나 기타 감염이 없는 상태에서 ISS에 도착하도록 하기 위한 것입니다. 격리시간은 다양하지만 대개 2주 정도입니다. 원정대 46/47대원은 15일간의 격리검역을 거쳤는데, 이는 막판 행정 사무와 최종 소유즈 훈련을 마무리하는 단계에 해당합니다. 이 단계에서는 할 일이 별로 없었으므로 휴식을 취하거나 발사를 보러 온 가족과 친구들을 만나기도 했습니다.

격리검역에 처해진다는 것이 곧 면회가 전면 금지된다는 뜻은 아닙니다. 하지만 러시아 의료진에 의해 우리는 엄격한 통제를 받아야 했습니다. 직계가족과의 대면접촉은 제한되었습니다. 이들이 우리와 만나려면 사전에 항공 군의관에게 간단한 의료검진을 받아야 했습니다. 당연히 이 검진은 12세 미만의 아이들에게까지 시행되지 않습니다. 아이들은 특히 겨울에 감염에 약한 경향을 갖고 있기 때문입니다. 바이코누르는 12월에 기온이 거의 영하로 떨어지므로 나의 두 어린 소년을 힘들게 만들었습니다. 두 소년은 왜 그들이 큰 유리 패널 뒤에 앉아서 아빠를 만나야 하는지 잘 몰라 당황스러워했습니다.

그러나 검역은 반드시 필요한 예방조치이며, 이를 시행하는 의료진에 전적으로 공감합니다. 이 조치는 1968년 11일간의 아폴로 7 미션 이래 더욱 강화되었습니다. 아폴로 7호의 베테랑 사령관 월리 시라, 신인 승무원으로 달 착륙선 조종사인 월터 커닝엄, 사령선 조종사 돈 아이즐리 세 사람은 모두 심한 감기에 걸렸습니다. 그것은 우주선의 환경이 빚어낸 문제입니다. 좁은 공간, 재순환된 공기, 세척 부족에 따른 감염 증가, 바이러스 성 마디 그라Mardi Gras에 감염된 승무원 등이 문제를 일으키면서 조만간 모든 사람들에게 병원균이 침투했습니다.

따라서 우주정거장이 청결하고 위생적이며 우리가 임무를 수행하는 데 최상의 상태를 유지할 수 있도록 하기 위해 많은 시간을 할애합니다. 그리고 그 작업은 발사 전에 검역에서 시작됩니다.

Q 발사 당일에 당신은 무슨 준비를 합니까?

A 발사 당일 발사 직전에는 이미 모든 상황이 결정되어 있습니다. 각 소유즈의 정확한 발사시간이 다를지라도 발사를 앞둔 진행계획은 엄격하게 정해져 있습니다. 모든 소유즈 승무원은 똑같이 이 엄격한 절차를 정확하게 거칩니다. 모든 것은 정해진 시간에 따라 정확하게 시작되고 정시에 멈춥니다. 엄청나게 철저한 과정입니다.

이 과정은 최대한 효율적으로 차근차근 실행되며, 결코 과속하는 일이 없습니다. 그래야만 만에 하나 빠뜨리는 것이 없게 되며, 승무원이 발사대로 이동하고, 옷을 입고, 준비하고, 올바른 마음자세로 자신감 있고, 편안하고, 갈망하는 우주비행을 보장합니다. 다음은 발사 당일의 아침 활동 일정표입니다.

07. 55 – 08. 05	기상, 위생 절차(10분)
08. 05 – 08. 15	건강 진단(10분)
08. 15 – 09. 15	특수 의료 절차(60분)
09. 15 – 09. 35	위생 세척(샤워/20분)
09. 35 – 09. 40	미생물 관리(5분)
09. 40 – 09. 50	특수 피부 관리(10분)
09. 50 – 09. 55	소콜 우주복 속옷 입기(5분)
09. 55 – 10. 05	우주비행사 호텔까지 걷기(10분)
10. 05 – 10. 35	식사, 화장실(30분)
10. 35 – 10. 55	우주비행사 이별(20분)
10. 55 – 11. 00	승무원 문에 전통적인 서명하기(5분)
11. 00 – 11. 05	종교 의식(5분)
11. 05 – 11. 10	버스 타기(5분)
11.10	254 빌딩으로 출발(소콜 우주복 입기)

10분간의 검진은 검역기간 동안 매일 아침 하던 것과 동일한 것입니다: 기본적인 생체 신호와 체중 검사. 이것은 우리가 바이러스

나 기타에 감염되지 않았는가를 체크하는 것이며, 이에 못지않게 중요한 것으로 너무 많이 먹어 체중이 늘어나지 않았는가 확인하는 과정입니다. 음식이 너무나 훌륭하고 맛있어 체중 조절하기가 그렇게 쉽지는 않았습니다. 승무원 체중의 변화는 우주로의 안전하고 정확한 여행을 보장하기 위해 정확하게 계산된 우주선의 무게 중심에 영향을 미칩니다. 다행히도 나는 70kg 안팎을 유지할 수 있었습니다.

여기서 이른바 '특수 의료절차'에 대해 약간 설명해야겠습니다. 대부분의 우주비행사가 발사 중 기저귀, 곧 최대 흡수복Maximum Absorbency Garments: MAGs을 착용한다는 사실은 그리 놀라운 일이 아닐 것입니다. 이것은 300톤짜리 불꽃놀이 꼭대기에서 우주로 발사되는 것에 대한 흥분과는 아무런 관련이 없습니다. 우주비행사는 발사일에 약 10시간 동안 우주복 속에 갇혀 있어야 한다는 단순한 사실 때문입니다. 아무리 오줌보가 큰 사람이더라도 10시간 동안 오줌을 참기는 불가능할 것입니다.

어쨌든 시간표에 언급된 '특수 의료절차'는 신체기능 1과 관련이 없고, 실제로 2에 관한 내용이었습니다. 발사 일에 원치 않는 정신분산을 피하는 수단으로 우주비행사는 비행하기 전에 관장을 할 수 있습니다. 자연의 부름 전에 극미중력에 익숙해지려면 소화계에 하루나 이틀 적응시간을 줄 필요가 있습니다. 실제로 나는 미국 스타일이나 러시아 스타일의 관장기를 선택할 수 있다는 제안을 받았습니다(유럽, 일본, 캐나다 우주국은 아직 자신의 스타일을 완성하지 못했음). 내 경험에 비추어보자면 그 차이점이 무엇인지 꼬집어 말할 수는 없습니다. 뿐더러 나는 그 시점에서 선택에 고심해야 할 여분의 신경을 가지고 있지 않았습니다. 내가 말할 수 있는 것은 러시아 스타일이 내게 잘 작동했다는 사실입니다.

신체 내부를 깨끗하게 정화한 다음 똑같이 철저한 외부 정화단계에 들어갑니다. 특수 항균비누를 사용하여 샤워하고 멸균된 수건으로 물기를 말끔히 제거한 후, 완전 알몸으로 항공 군의관을 기다립니다. 우주비행사가 되는 길을 가려면 자존심을 잠시 접어둘 필요가 있습니다. 무슨 말인고 하면, S상결장경 검사를 비롯해 내시경 검사, 관장기와 같은, 그다지 품위가 있다고 할 수 없는 별의 별 신체검사를 다 받아야 하기 때문입니다. 어쨌든 이를 위해 특수 항균 수건으로 신속하게 몸을 닦아내고 항공 군의관에게 검진받는 일은 그리 어렵지 않았습니다. 그런 다음에 우리는 살균된 흰색 긴 내복과 긴 소매 속옷을 입었습니다.

우주로 떠나기 전에 하는 마지막 식사는 보통 백업 승무원들과 러시아 항공 군의관들과 같이 합니다. 이때 농담도 하며 긴장을 푸는데, 지나친 긴장은 우주비행에 좋지 않기 때문입니다. 전통적으로 아침식사 메뉴는 계란, 베이컨, 카샤(kasha: 뜨거운 시리얼. 우유에 삶은 메밀 등 곡물로 만든 것), 빵, 햄, 치즈, 잼 그리고 과일 등입니다. 맛있는 러시아 차도 많습니다. 나는 앞으로 몇 시간 동안 따뜻한 식사와 신선한 먹거리가 없을 거라는 사실을 잘 알고 있었기 때문에 충분히 먹어 두었습니다.

아침식사를 마친 다음 예정된 절차가 시작되었습니다. 기간대원인 우리는 여러 우주기구에서 온 백업 대원, 고위 경영진과 함께 작은 개인실에서 배우자와의 만남을 가졌습니다. 미션의 성공과 가족, 친구들의 안녕을 위한 건배가 있었습니다(신중한 우주비행사라면 건배에서 샴페인이나 보드카가 아니라 물을 선택합니다). 그 다음 우리는 배우자들에게 빠른 작별인사를 나누었습니다. 카메라 앞에서 한 발 나서기 전에 몇 마디 비공식적인 말을 나눌 수 있는 마지막 기회였습니다.

발사 일에 우리가 행했던 몇몇 전통 중의 첫 번째는 각 승무원이 바이코누르의 우주인 호텔의 방문에다 사인을 하는 의식이었습니다. 이 문에는 우리에 앞서 우주로 떠났던 많은 남녀 승무원들의 사인들이 빼곡히 적혀 있는데, 우리의 사인 역시 그 옆에 자리를 같이하는 영광을 누리게 된 것입니다. 다음은 복도 끝에서 기다리고 있는 러시아 정교회 신부에 의한 승무원 축복이었습니다. 뒤이어 우리는 호텔 로비로 이어지는 3층 계단을 내려갔습니다. 거기에는 어슬링스Earthlings의 러시아 록 축가가 큰 소리로 흘러나오고 있었습니다.

호텔 밖에서 기다리던 가족과 친구들과 마지막 작별인사를 한 것은 발사대로 가는 버스를 타기 전이었습니다. 우리가 소콜 우주복을 입었던 254 빌딩까지 가는 버스에 오를 때 그들은 손을 흔들며 작별인사를 했습니다. 버스는 30분 동안 달려 발사대에 도착했습니다.

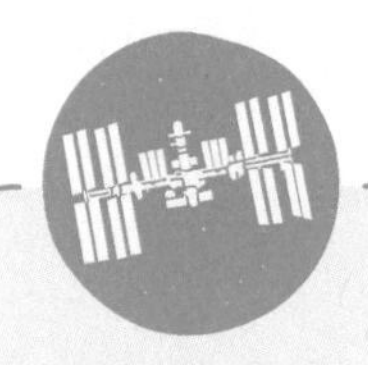

이거 아세요?

소콜 우주복에 관한 질문들에 속사포 답변은 다음과 같습니다.

- 1973년에 도입된 우주복으로, 우주선 내부 활동을 위해 디자인되었으며 우주유영을 위해 제작된 것은 아닙니다.
- 우주선이 압력을 잃는 경우 승무원을 보호하기 위해 100% 산소를 사용하여 팽창합니다(2개의 우주복 압력 설정: 0.4bar 또는 0.27bar, 5분 미만).
- 소콜 우주복은 각 우주비행사의 맞춤복입니다.
- 2~3분 안에 혼자서 입을 수 있습니다. 발사 당일에 입을 때는 만전을 기하기 위해 약 10분이 걸립니다.
- 바다에 내릴 때를 대비해 고무로 된 목 덮개가 있습니다.
- 무게는 10kg에 불과합니다.
- 압력 덮개는 주 개폐구 주위에 두 개의 고무 밴드를 감아서 제작합니다.
- 앉아서 입는 것이 편하며, 너무 많이 서 있지 않도록 해야 합니다. 우주비행사가 발사대행 버스로 걸어갈 때 꾸부정한 자세로 걷는 것은 그 때문입니다

Q 우주비행사가 발사하기 전에 버스 타이어에 오줌 눈다는 것이 사실입니까?

A

러시아 우주인들이 발사 전에 따라하는 여러 훌륭한(때로는 이상한) 전통 중 하나는 발사대로 가는 도중에 오줌을 누는 것입니다. 실제로 얼마 후 몇 시간 동안 로켓에 갇힌다고 생각하면 이것은 의미가 있는 행위입니다. 이 전통은 유리 가가린이 1961년 발사대로 가는 도중에 있었던 것으로, 그는 마지막으로 소변을 볼 필요가 있다는 사실을 깨달았고, 이것이 전통이 되었습니다. 그는 버스 뒤 타이어에다 오줌을 누었습니다. 이 최초의 행위가 50년 넘게 이어지는 철석 같은 전통이 되리란 사실은 그 역시 전혀 예상치 못했을 것입니다.

유일한 문제는 이 단계에서 승무원은 이미 누출검사가 완료된 밀폐 우주복을 입고 우주에 갈 준비가 다 되어 있다는 점입니다. 버스가 의무적으로 화장실 정류장에서 정차했을 때 나는 신발 끈 타입의 조임 장치와 고무 밴드가 달린 압력 덮개를 더듬어보았습니다. 그리고 1시간 전 보호 마스크와 멸균장갑을 착용한 기술자들이 우리에게 힘들게 수행한 밀폐작업을 해제했습니다.

어쨌든 나는 마지막으로 우주복의 압박에서 놓여날 수 있는 기회에 대해 감사했

고, 1961년 4월 12일 가가린이 지구를 떠났던 바로 그 발사대로 향하고 있다는 사실에 기분이 한껏 고양되었습니다.

이거 아세요?

발사 전 기간 대원을 위한 러시아의 전통에는 다음과 같은 것들이 있습니다.

- 유리 가가린과 세르게이 코롤레프(러시아의 우주 프로그램의 아버지)의 무덤에 꽃을 꽂기 위해 붉은 광장 방문.
- 바이코누르의 스타시티를 떠나기 전의 아침식사 의식(러시아 민간신앙에 따라 모든 사람들은 떠나기 전에 잠시 침묵합니다).
- 바이코누르에 있는 우주비행사 숲의 길에 가로수 나무 심기.
- 소유즈 로켓의 첫 공개를 보지 않습니다. 그것은 승무원에게 불운으로 간주됩니다.
- 소유즈를 운반하는 열차가 레일에 동전을 짜부러뜨려 행운을 빌게 합니다.
- 발사 2일 전에 이발을 합니다.
- 발사 전날 밤 1969년에 제작된 소련 영화 '사막의 하얀 태양(White Sun of the Desert)'을 감상합니다.
- 러시아 정교회 신부가 소유즈 로켓을 축복하는 의식을 집전합니다.
- 소유즈 사령관은 캐릭터 인형 마스코트를 선택합니다. 보통 계기판에 매달아 궤도에 진입할 때 가장 먼저 떠오르는 물건입니다.

Q 소유즈 캡슐에 어떻게 적응했습니까?

A 아하! 소유즈는 딱 키 5피트 8인치(172.72cm), 몸무게 70kg인 사람을 기준으로 제작됩니다. 공간이 아주 비좁지요. 그래서 때로는 고통스러울 수 있습니다. 왜냐하면 무릎을 90도 이상 구부린 채 태아 자세에서 오랜 시간을 보내야 하기 때문입니다. 그러나 그것은 당신이 목숨을 걸고 우주로 나가는 것에 비한다면 아주 사소한 비용입니다! 일단 궤도에 오르면 멜빵들을 느슨하게 하고 좌석에서 조금 벗어날 수 있습니다. 그다지 대단한 것은 아니지만, 그래도 훨씬 편안해집니다.

소유즈 하강 모듈은 아폴로 사령선 모듈보다 약간 작습니다. 우주왕복선이나 새로운 오리온 심우주 탐사선에 비교할 때도 마찬가지로 작습니다. 그래도 그리 갑갑하지는 않습니다. 시뮬레이터에서 오랜 시간 훈련한 덕분에 소유즈가 마치 집같이 느껴졌습니다. 전체적으로 아늑한 느낌이었고, 작은 공간이지만 전혀 괴롭지 않았습니다. 더욱이 나는 발사 후 불과 몇 시간 안에 우주정거장에 도킹하는 호사를 누리게 될 것입니다. 어떤 승무원은 ISS에 도킹하기 전에 우주선 안에서 이틀을 보내야 하는 경우도 있습니다.

소유즈의 컴퓨팅 능력은 어느 정도입니까?

A 우리 소유즈는 TMA-M Transport Modified Anthropometric 이라 불리는 버전으로, 2010년 10월에 처음 비행했습니다. 이전의 우주선에서 좌석 변경, 글래스 핏콕 디스플레이, 낙하산 시스템, 연착륙 제트 및 3축 가속도계 등 19개의 개조된 장비로 36개의 구식장비를 대체했습니다. 주요 업그레이드 중 하나는 무게가 70kg인 아르곤 Argon 디지털 컴퓨터를 교체하는 것이었습니다(오타가 아닌 70kg!). 아르곤은 소유즈에서 30년 이상 사용했던 믿을 만한 컴퓨터였습니다. 그러나 그 성능 통계치는 달 착륙에 사용된 아폴로 유도 컴퓨터에는 한참 뒤떨어지는 것이었습니다. ЦВМ 101(중앙 컴퓨터)라고 불리는 이 새로운 컴퓨터는 기존의 아르곤보다 몇 배 성능이지만, 평균적인 스마트 폰의 컴퓨팅 성능과 비교해볼 때 여전히 못 미칩니다. 한 번 비교해봅시다.

	Argon-16	ЦВМ 101	iPhone 7
프로세서 속도	200kHz까지	6MHz	2.34GHz
RAM	3×2 kbytes	2MB	2GB
ROM	3×16 kbytes	2MB	256GB
중량	70kg	8.3kg	138g

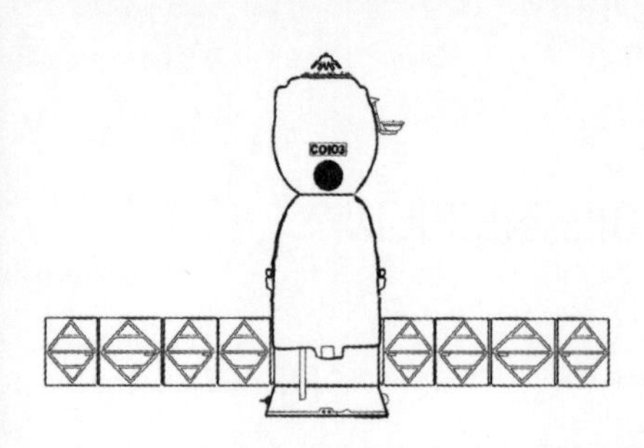

소유즈 우주선
길이: 7.48m
너비: 10.6m

드 하빌랜드 캐나다(de Havilland Canada)
DHC-1 칩멍크
길이: 7.75m
너비: 10.47m

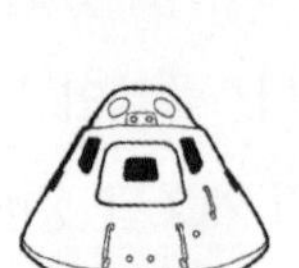

아폴로 사령선
길이: 3.9m
너비: 3.22m

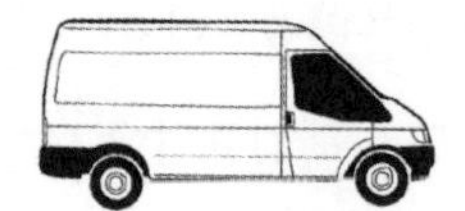

포드 트랜짓 MWB
길이: 5.68m
너비: 2.6m

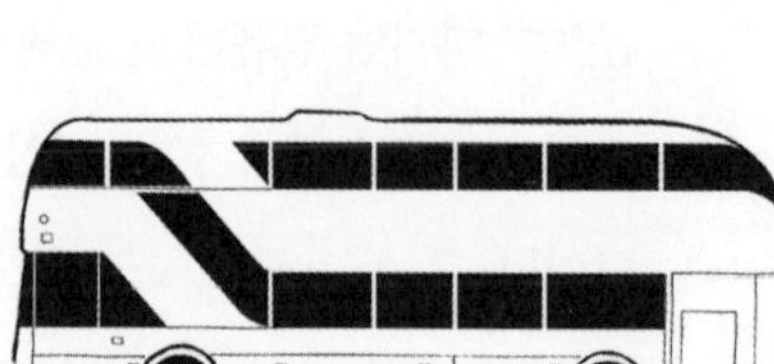

뉴 런던 루트마스터 버스
길이: 11.23m
너비: 4.39m

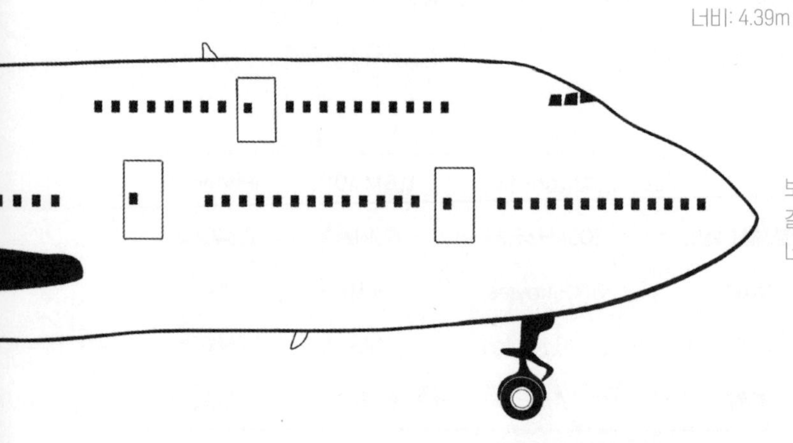

보잉 747-100
길이: 70.66m
너비: 4.39m

스페이스 셔틀 OV-105
길이: 37.18m
너비: 23.77m

소유즈 우주선

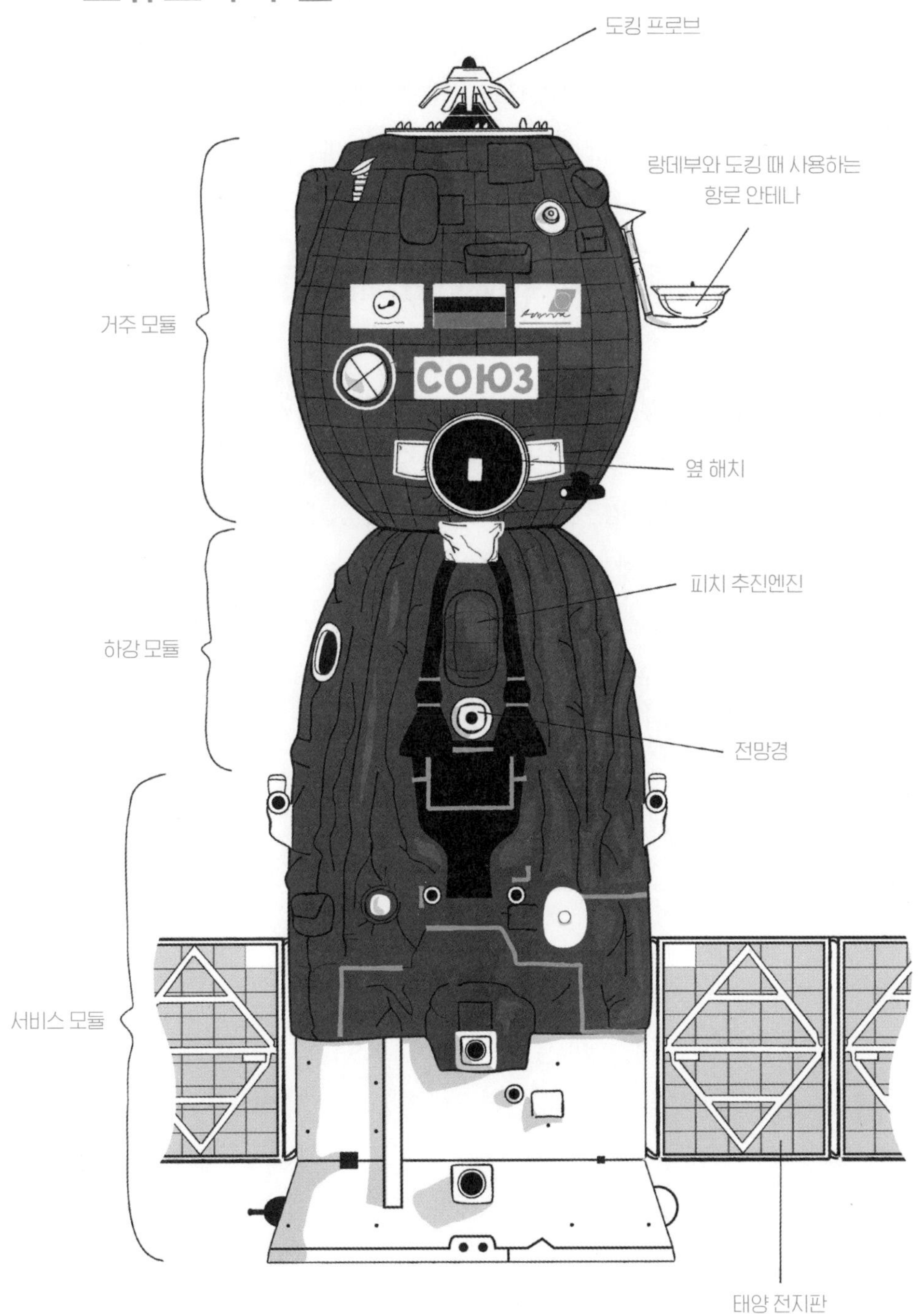
도킹 프로브
랑데부와 도킹 때 사용하는
항로 안테나
거주 모듈
СОЮЗ
옆 해치
피치 추진엔진
하강 모듈
전망경
서비스 모듈
태양 전지판

소유즈는 둘 이상의 컴퓨터를 가지고 있습니다. TBM(터미널 컴퓨터)과 중앙 포스트 컴퓨터도 있지만, 실제로 소유즈가 우주로 비행하기 위해 많은 계산능력을 필요로 하지는 않습니다!

이거 아세요?

- 소유즈 하강 모듈이 실제로 수용할 수 있는 사람의 사이즈는 키가 190.5cm~149.86cm, 몸무게는 95kg~50kg입니다.
- 하강 모듈의 직경은 단지 2.2m이며, 거주 가능 공간은 3.5㎥입니다.
- 소유즈는 3명의 승무원 외에 약 50kg의 화물을 지구로 운반할 수 있습니다.
- 소유즈 우주선의 무게는 약 7,150kg이며, 하강 모듈의 무게는 2,950kg입니다.
- 소유즈는 우주에서 210일 동안 유지될 수 있습니다(ISS에 도킹한 상태에서는 전원이 차단되어 동면에 들어갑니다).

Q 발사 때 얼마나 많은 'g'(중력가속도)를 경험합니까?

A

발사 중 경험하는 g의 양은 자신이 타고 있는 로켓에 달려 있습니다. 모든 로켓은 자신의 g-프로파일(중력 인지도)을 가지고 있으며, 이것은 우주로 향할 때 몸이 느끼는 가속도를 나타냅니다. 처음엔 좀 어지럽게 느껴질 수 있습니다. 아래는 소유즈 TMA-19M의 g-프로파일입니다.

54쪽의 그래프의 봉우리가 왜 3개인지 그 이유부터 설명하죠. 궤도에 진입하는 데는 엄청난 에너지가 필요합니다. 우리는 이 에너지를 얻기 위해 로켓 연료를 사용하는데, 그것은 무겁고 견고한 구조물 내에 저장되어 있습니다. 일단 연료가 다 소진되면, 더이상 연료탱크는 필요치 않습니다. 따라서 무게를 줄이기 위해 빈 연료탱크는 버려집니다. 이것을 '스테이징staging'이라고 하는데, 소유즈 로켓은 3단계로 나뉩니다. 이것이 승무원에게 의미하는 바는 발사 중 경험하는 'g'가 우리가 타고 있는 단계와 연료의 소진 정도에 따라 다양하다는 뜻입니다.

그래프를 보면, 가장 큰 가속도가 첫 번째 단계에서 발생했음을 알 수 있습니다. 이것은 포뮬라 1 경주용 자동차보다 더 빠르게 가속하는 두 번째 단계에 추가하여 4차례의 1단계 보조 추진엔진을 모두 점화한 때로 약 9백만 마력을 발휘합니다. 우리가 연료를 태우면서 로켓은 더 가벼워지기 시작했지만, 여전히 엄청난 추진력을 생산하고 있기 때문에 가속은 4g를 넘는 절정에 이르렀습니다. 몸은 점점 좌석에 깊이 처박히는 듯한 놀라운 느낌이 들었습니다. 나는 복부근육을 긴장시키고 몇 달 전 원심분리기에서 배웠던 호흡술에 정신을 집중했으며, 이 모든 것의 스릴로 인해 큰 소리로 웃음을 터뜨리지 않으려고 노력했습니다.

제1단이 버려졌을 때 큰 충격과 급격한 감속이 있었습니다. 그때 우리는 소유즈의 내부에서 앞으로 내던져지고 있는 것처럼 느껴졌습니다. 그리고 추락하는 기분이었습니다. 얼마 안 있어 g-로드가 천천히 다시 올라갔습니다. 제2단이 제1단보다 훨씬 진정된 상태에서 속도를 높이기 시작했습니다. 이 두 번째 단계에서 나는 카메라

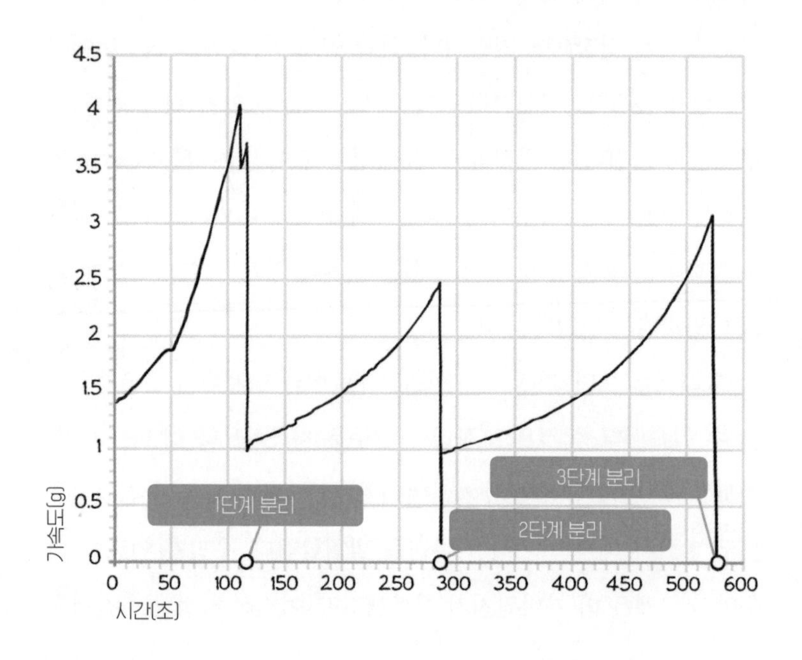

를 향해 '엄지 척!'을 하기로 작정했습니다. 발사 중 사령관의 일 중 하나는 카메라의 방향을 바꾸어 지상 관제실에서 모든 승무원을 차례로 관찰할 수 있도록 하는 것입니다. 유리가 카메라를 돌릴 때 우리는 중력가속도 1.5g만 받고 있었기 때문에 팔을 올리고 손을 흔들기가 어렵지 않았습니다.

또 다른 충격과 함께 제2단이 지상으로 떨어지면서 마지막으로 우리 우주선 바로 아래 있는 제3단만 남게 되었습니다. 이 제3단이 발사에 있어서 가장 짜릿한 부분이라고 생각했습니다. 비록 가속이 첫 단계만큼 공격적이지는 않았지만, 로켓은 이미 이 시점에서 우주로 나와 거의 수평자세를 취하고 있었습니다. 순수한 속도감이

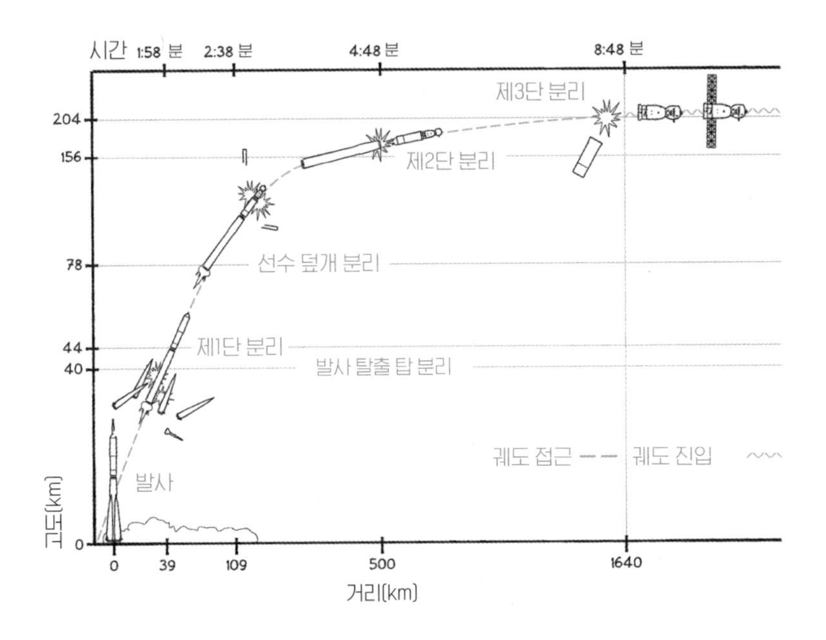

압도적이었습니다. 나는 '얼마나 더 오래 갈 수 있을까?' 생각했던 것이 기억에 떠오릅니다. 제3단 엔진이 떨어져나가면서 큰 소리가 났습니다. 그러더니 이내 조용해지고 갑자기 우주선 내부의 물체들이 둥둥 떠다니기 시작했습니다. 우리는 벌써 궤도에 진입했던 것입니다.

Q 언제 하늘이 끝나고 우주가 시작되는 겁니까?

A 대부분의 목적에 적합하기 위해 '하늘' 또는 지구의 대기와 우주공간 사이의 공식 경계는 고도 100km 선입니다. 이것은 '카르만 선(Karman line: 헝가리-미국 엔지니어이자 물리학자인 테오도레 폰 카르만의 이름을 딴 것)이라고 합니다. 하지만 문제가 그렇게 간단하지는 않습니다. 우리의 대기는 고도가 증가함에 따라 점점 더 희박해지기 때문에 측정하기가 어렵습니다.

100km의 거리는 실제로 고도 80km에서 500~1,000km까지를 범위로 하는 열권(熱圈) 사이에 있습니다. 그래서 약 400km의 궤도를 도는 ISS도 열권 내에 있습니다. ISS가 '우주'에 있다는 것은 확실한 사실이지만, 400km 고도의 우주공간에도 여전히 떠다니는 기체 분자가 존재합니다. 그러나 이 '공기'는 매우 희박하여 한 분자가 다른 분자에 부딪치기 위해서는 약 1km를 여행해야 합니다(매우 외로운 분자입니다. 우리의 폐 속에 약 3×102^{22}개 분자의 공기가 있는데, 개수로는 무려

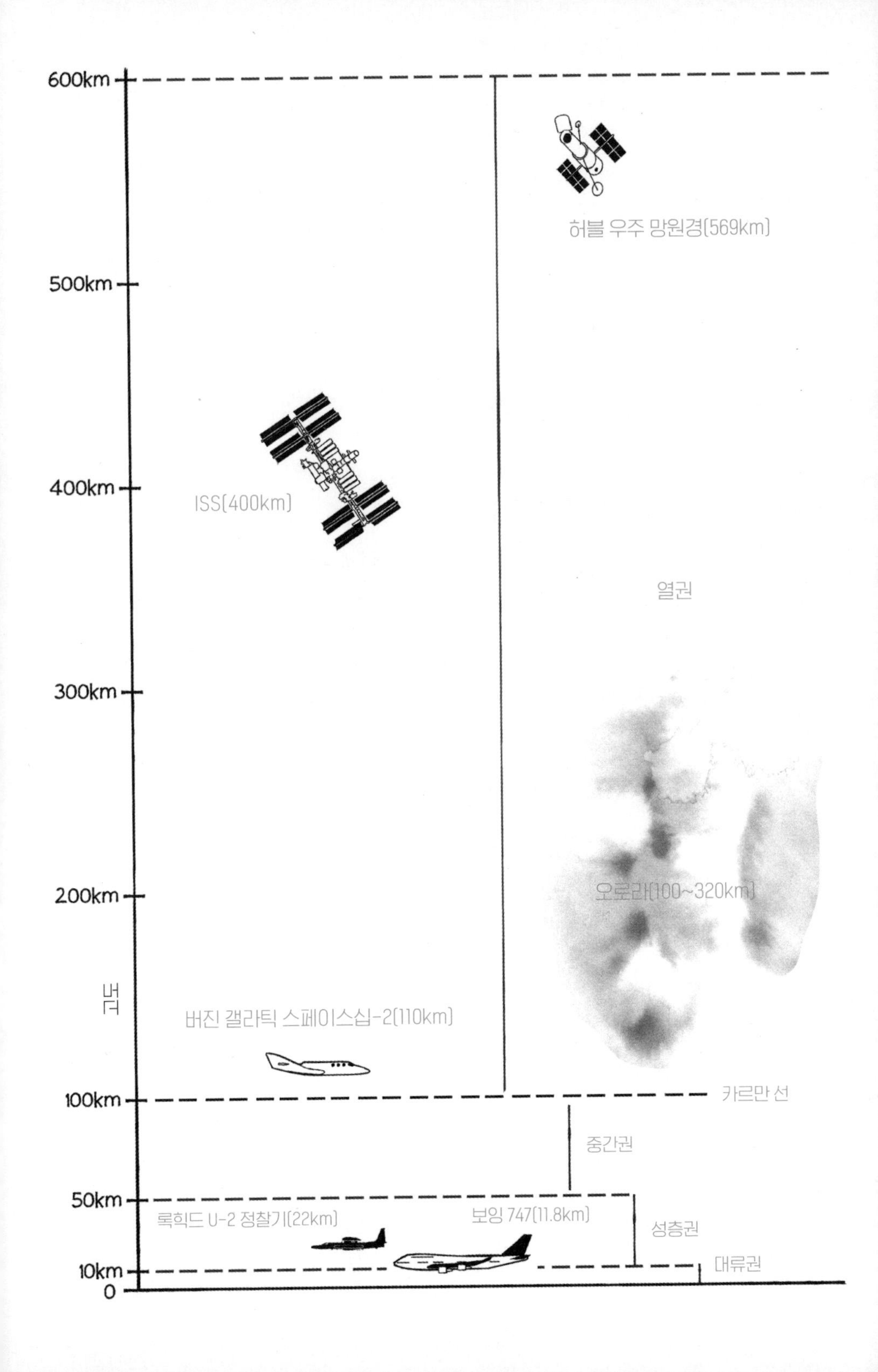
600km
500km
400km
300km
200km
100km
50km
10km
0
고도
허블 우주 망원경(569km)
ISS(400km)
열권
오로라(100~320km)
버진 갤럭틱 스페이스십-2(110km)
카르만 선
중간권
록히드 U-2 정찰기(22km)
보잉 747(11.8km)
성층권
대류권

30,000,000,000,000,000,000,000개나 되는 분자입니다!).

그러나 이처럼 적은 공기분자도 ISS의 속도를 떨어뜨리는 효과를 발휘합니다. 그대로 둔다면 공기의 저항력이 매주 평균 2km씩 속도를 떨어뜨려 궤도가 붕괴되도록 하기에 충분합니다. 이런 이유로 ISS는 궤도에서 벗어나 지구로 떨어지는 것을 방지하기 위해 가끔 부양해야 합니다. 허블 우주망원경과 같은 다른 위성들도 약 560km까지는 대기의 저항력을 받아 천천히 지구로 내려가고 있습니다.

ISS는 또한 열권을 넘어서 지구를 감싸고 있는 전리층을 여행합니다. 전리층은 태양 에너지와 우주 방사선에 의해 원자에서 전자가 떨어져나가 이온화된 공기분자와 자유전자가 밀집된 곳입니다. 양파 껍질처럼 지구를 둘러싸고 있는 전리층은 지상에서 발사한 전파를 흡수·반사하여 무선으로 장거리 통신을 하는 데 중요한 역할을 합니다.

외기권이 태양풍과 만나는 고도는 약 10,000km나 되는 현기증 나는 높이지만, 전체 공기의 99%는 중력작용에 의해 지상 약 32km 이내에 밀집되어 있습니다. 그래서 일부 과학자들은 우주가 성층권의 바로 위에 있는 50km에서 시작한다고 주장하기도 합니다. 그러나 국제우주비행연맹은 지구의 대기가 너무 희박하여 일반 항공기가 공기 역학적인 양력을 발생시키기에 충분치 않은 고도 100km를 우주의 시작으로 보는 카르만 선을 결정했습니다.

로켓은 왜 그렇게 빨리 날아야 하나요?

우주에 진출하는 것과 우주에 머무는 것은 다른 문제입니다. 소유즈 로켓 엔진이 우주선을 100km 상공으로 올리지 못하면, 우주선이 우주에 오랫동안 머물러 있을 수가 없습니다. 궤도에 머물기에 충분한 속도가 없기 때문입니다. 로켓은 대신 지구의 중력의 영향으로 궤도에서 벗어나 지구로 떨어지는 추락 궤도로 들어갑니다. 지구 궤도가 추락 궤도와 다른 점은 일단 우주선이 지구 궤도에 진입하면 지구 중력의 영향으로 여전히 아래로 떨어지지만 지구에 충돌하지 않는다는 것입니다. 왜냐하면 빠른 속도로 달리는 우주선이 지구로 떨어지는 속도가 지구 곡률과 정확히 일치하기 때문입니다. 우주선은 다른 힘에 의해 영향을 받지 않는 한 영원히 궤도에 남아 있게 됩니다. 궤도에 남기 위해 필요한 이 마법의 속도는 '최초의 우주 속도'라고 불리며, 총알 속도의 약 10배인 초속 7.9km로, 시속으로는 28,440km나 됩니다. 이것이 바로 로켓이 그렇게 빨리 날아야 하는 이유입니다!

우주까지 가는 데 얼마나 걸립니까?

- Jake@trislowe

그것은 당신이 어떤 로켓에 타느냐에 달려 있습니다. 로켓

성능은 본질적으로 '추진력 대비 중량' 비율에 따릅니다. 물론 다른 요소들도 있습니다(항력, 동압력 및 구조적 제한 등). 간단히 말해서 그것은 다른 일반 차량과도 같습니다. 견고하고 가벼운 공기 역학적 프레임에 탑재된 강력한 엔진이 당신을 보다 빨리 우주로 안내할 것입니다.

소유즈 우주선의 경우, 공식적인 우주의 경계 100km까지 도달하는 데 3분 남짓 걸립니다. 음속의 몇 배 되는 속력으로 날아가는 셈입니다. 최초의 미국 우주비행사 앨런 셰퍼드는 1961년 5월 5일 머큐리-레드스톤 로켓을 타고 발사되었습니다. 미육군 탄도 미사일에서 파생된 이 로켓은 궤도속도를 달성할 수는 없었지만, 작고 가벼웠습니다. 따라서 우주로의 매우 빠른 여행이 가능했죠. 셰퍼드는 약 2분 30초 만에 188km에 도달했으며, 중력 하중은 6.3g 가량 올라갔습니다. 지금 생각해봐도 그것은 참으로 재미있는 우주비행이었음에 틀림없습니다!

Q 우주선이 궤도에 진입하기까지 얼마나 걸립니까?

A 우리가 우주가 시작되는 100km 경계선을 통과하여 공식적으로는 '우주'로 진출했지만, 소유즈가 약 230km에서 초기 궤도에 진입하는 데는 시간이 약간 더 걸렸습니다. 전체 진행과정으로 본다면, 발사대에서부터 궤도에 이르기까지 걸린 시간은 스릴

넘치는 8분 48초였습니다. 이것은 대단히 빨리 우주여행을 한 것처럼 보일지 모르지만, 엄청 빠른 속도로 날아가는 총알 위에 앉아 있었던 시간인 만큼 사실 그리 짧다고 할 수 없습니다.

Q

로켓이 발사되는 동안 우주비행사는 무슨 일을 합니까? 실제로 로켓을 조종하나요, 아니면 컴퓨터로 로켓이 조종되나요?

A

발사 중 승무원의 주된 관심은 모든 시스템을 모니터링하고 모든 것이 정상적으로 작동하는지 확인하는 것입니다. 전체 발사과정은 자동화되어 있으며, 응급상황이 발생했을 때만 승무원이 개입합니다.

앞에서 설명한 로켓 발사와 별개로 발사 중에 다른 두 가지 사건이 있었습니다. 그중 하나는 소유즈 우주선을 보호하는 선수 페어링의 분리입니다. 로켓이 약 80km 고도에 도달하면 거의 대기권을 벗어난 셈입니다. 아주 희박한 대기 상태에서 약간의 공기분자들만이 있을 뿐입니다. 따라서 공기저항도 사라지고 공기분자와의 고속 충돌로 인한 로켓 표면의 마찰열도 더 이상 일어나지 않습니다. 그러니 선수 페어링은 소임을 다한 셈으로 필요없는 하중이 되는 것입니다. 이걸 떼어내야 할 시간입니다.

이것은 기억에 남을 만한 순간이었습니다. 우주선에서 분리된 선수 페어링이 갑자기 날아와서 캡슐 창문 밖으로 보였습니다. 물론 우리는 여전히 우리 좌석에 단단히 묶여 있었고 창문은 눈높이에 맞지 않았기 때문에 완벽한 전망은 아니었습니다. 그럼에도 불구하고 얇은 대기를 뒤로 하고 우주로 향했을 때 우리는 푸른 하늘에서 검은 하늘로 빠르게 변하는 것을 분명히 볼 수 있었습니다.

이 시점에서 나는 우주선 내부의 압력을 확인했습니다. 오른쪽 자리에서 컨트롤 패널의 일부 디스플레이를 보는 것은 어려웠지만, 생명유지 시스템과 내부압력은 모니터할 수 있었습니다. 우리는 빠르게 진공상태에 접근하고 있었기 때문에 우주선의 무결점을 확인할 적절한 시점이었습니다.

발사과정이 마무리될 무렵 제3단 분리를 앞두고 우리는 모두 시계를 뚫어지게 바라보았습니다. 엔진이 꺼지고 우주선이 로켓의 상단에서 분리될 때 큰 진동을 느꼈습니다. 그밖에 다른 이상은 없었고, 이어서 성공적인 궤도진입을 확인하는 몇 가지 징후가 캡슐 안쪽에 나타났습니다. 이것이 발생하지 않으면 승무원은 곧바로 상황에 개입해야 합니다. 고맙게도 우리는 3단 분리와 궤도진입에 깔끔하게 성공했습니다. 그런 다음 우리는 곧바로 점검표 확인작업에 들어갔습니다. 낭비할 시간이 없습니다. ISS와의 랑데부 과정에 들어가기 위해 엔진 점화를 준비해야 하기 때문입니다.

Q

발사과정에서 뭔가 잘못된다면 어떻게 합니까?

A

소유즈는 우주로 갈 수 있는 가장 믿을 만하고 안전한 로켓 중 하나입니다. 우주에 가는 것은 쉽지 않은 일이며, 과거에는 더러 문제가 있었습니다. 소유즈의 장점은 발사대에서 궤도에 오르기까지 어떤 지점에서라도 문제가 발생하면 지구로의 생존복귀가 가능한 발사 시스템이라는 점입니다. 승무원이 발사중단의 어느 단계에서 20g를 초과하는 중력가속도에 노출될 수 있기 때문에, 어디까지나 '생존가능'일 뿐, 안전을 보장하지는 않습니다. 20g 정도에서 안전을 장담하기는 어렵습니다.

로켓 꼭대기에는 일단의 작은 로켓 추진기들이 실려 있습니다. 이른바 발사 탈출탑입니다. 발사 초기단계에서 그들의 임무는 비상사태 때 로켓의 나머지 부분에서 멀리 떨어져있는 하강 모듈(승무원 포함) 및 거주 모듈과 함께 선수 페어링을 당긴 다음 우주선을 되돌리는 것입니다. 그리고 낙하산이 정상적으로 작동할 수 있도록 우주선을 안전한 높이로 이동시킵니다. 발사 탈출탑은 발사 직후 1분 54초 동안만 필요합니다. 이후 로켓은 낙하산 시스템이 작동하기에 충분한 약 40km의 안전고도가 될 것입니다. 그러면 발사 탈출탑이 버려지고, 잠시 후엔 선수 페어링도 분리됩니다.

이후에 무슨 이상이 생기면 자동중단 시스템이 로켓 엔진 작동을 종료하고 승무원 구획을 분리하여 다시 하강 모듈의 낙하산과 착륙 시스템이 정상적으로 작동하도록 합니다. 발사하는 동안 무언가가 심하게 잘못되었다는 표시(물론 큰 소음, 진동, 폭발 이외의)는 빨간색 경고등의 '부스터 비상사태'입니다. 경고의 첫 비상조명으로, 패널과 승무원들이 가장 보고 싶어하지 않는 것이죠.

이 발사 탈출장치는 1983년 9월 26일 러시아 우주비행사 블라디미르 티토프와 겐 나디 스트레칼로프의 생명을 구했습니다. 발사 직전에 연료 공급의 마지막 단계에서 문제가 발생했는데, 로켓의 아랫 부분에서 화재가 일어났습니다. 발사 탈출 시스템을 작동하는데 약간의 지연이 있었지만(제어 케이블이 불타버리고 '중단' 명령이 무선 링크에 의해 발령되었다), 로켓이 폭발하기 2초 전에 활성화되었습니다. 승무원들은 공중으로 발사되었고, 14~17g(중력가속도)에 5초 동안 노출되었지만, 약 4km 떨어진 곳에 무사히 착륙했습니다. 몇 년 후, 인터뷰에서 티토프는 이벤트 후에 한 승무원이 심한 욕설을 쏟아낸 나머지 조종석 음성 녹음기를 비활성화시켰다고 주장했습니다.

또 다른 비상상황은 1975년 4월 5일에 일어났습니다. 바실리 라자레프 사령관과 올레그 메카로프 비행 엔지니어가 소유즈 18A에서 살류트 4 우주정거장을 향해 출발했습니다. 145km의 고도에서 제2단과 3단은 분리되어 있어야 했습니다. 그러나 두 개의 단을 묶고 있는 6개의 잠금장치 중 3개만이 해제되는 바람에 제3단이 여전히 2단에 연결되어 있는 동안 점화되었습니다. 3단 엔진의 추력이 결국 나머지 자물쇠를 깨뜨렸지만 우주선은 궤적을 벗어났고, 따라서 자동중단 시스템이 발동되었습니다.

그런 높은 고도에서 발사가 중단되면 재진입 각이 가파를 수밖엔 없습니다. 그로 인해 승무원은 최대 21.3g이라는 아주 높은 감속힘을 경험하게 됩니다. 생환에 성공한 두 우주인 중 마카로프는 완전히 회복되어 두 차례 우주 미션을 더 수행했지만, 라자레프는 심한 내상을 입은 나머지 두번 다시 우주로 나갈 수 없게 되었습니다.

Q 발사가 중단되면 어디로 착륙합니까?

A 고려해야 할 중요한 요소는 로켓을 발사할 때 그것이 지나갈 지역 조건입니다. 로켓 발사에는 필연적으로 우주에서 떨어지는 잔해가 발생합니다. 그리고 발사 중단 때는 우주선 자체가 지상으로 떨어집니다.

바이코누르에서 동쪽으로 로켓을 쏘는 것은 지구의 자전속도를 최대한 공짜로 이용하는 이점이 있지만, 첫 단계 부스터를 중국에 떨어뜨리게 됩니다. 뿐더러 만약 발사 중단에 따른 수색-구조작업을 펼치려면 골치 아픈 문제가 야기될 수 있습니다. 따라서 발사궤도의 대부분을 러시아 영토 내에 유지하기 위해 발사각도를 약간 북쪽으로 조준합니다(나는 이 '목표 설정'에 관련된 계산을 간단히 해치울 수도 있습니다).

다시 질문으로 돌아갑시다. 만약 발사가 중단되면 우주인들은 동부 러시아 카자흐스탄 지역에 착륙하게 됩니다. 우주선이 궤도진입 직전에 발사 중단이 된다면 동해East Sea에 떨어지게 됩니다. 대략

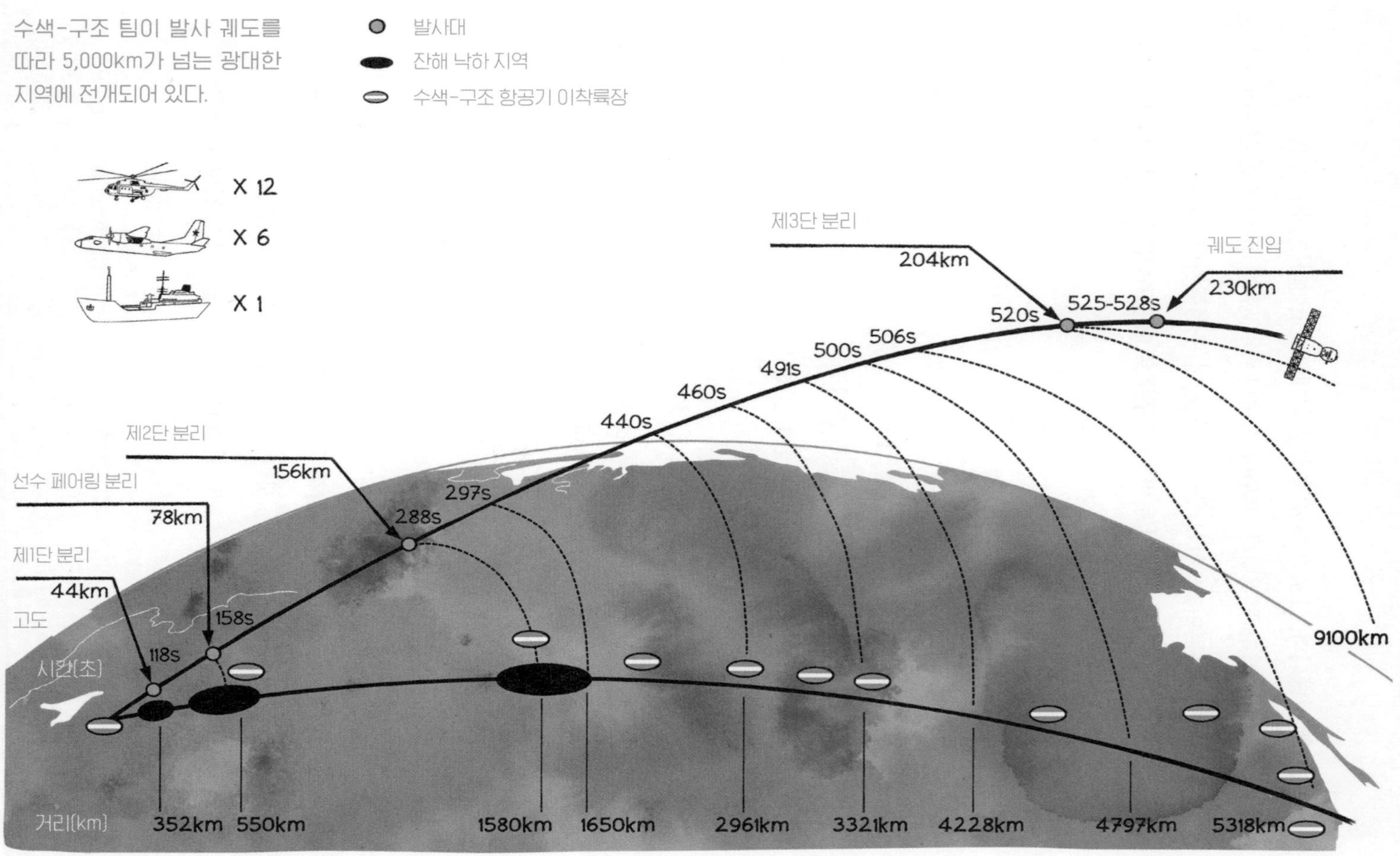
수색-구조 팀이 발사 궤도를
따라 5,000km가 넘는 광대한
지역에 전개되어 있다.
발사대
잔해 낙하 지역
수색-구조 항공기 이착륙장
X 12
X 6
X 1
제3단 분리
204km
궤도 진입
230km
520s
525-528s
506s
500s
491s
460s
440s
제2단 분리
156km
297s
288s
선수 페어링 분리
78km
제1단 분리
44km
158s
118s
고도
시간(초)
9100km
거리(km)
352km
550km
1580km
1650km
2961km
3321km
4228km
4797km
5318km

283초 내에 중단되면 동부 카자흐스탄의 평원에 떨어지고, 283초에서 492초 사이라면 몽골과 국경을 공유하는 러시아 동남부의 산악지역에 착륙할 것입니다. 중국 최북단에 떨어지는 중단 기간으로는 14초의 시간이 있습니다. 마지막으로, 506초에서 궤도에 도달하는 528초 사이에 중단된다면 당신의 발은 동해 물에 젖게 될 것입니다.

분명히 이것은 광대한 지역을 포함하고 있습니다. 그래서 소유즈 발사를 위한 수색-구조작업을 둘러싼 병참지원은 놀랍습니다. 러시아 연방항공운송국은 이러한 항공-우주 탐색 및 구조를 책임지고 있습니다. 66쪽의 그림은 소유즈 발사 준비 규모를 나타낸 것으로, 5,000km가 넘는 광대한 지역의 12개 비행장에 배치된 18대의 항공기와 동해 해상의 구조선박들을 보여줍니다.

Q ISS까지 가는 데는 얼마나 걸립니까?

A ISS에 도착하는 데는 지구 시간으로 딱 이틀 걸렸습니다. 정확하게는 지구 궤도를 34번 돈 시간입니다. 일단 우주공간에 나가면 대원들은 거주 모듈에 승강구를 열고, 자고, 먹고, 화장실에 갑니다. 소유즈에는 많은 식수와 식량이 있지만, 기내 오락거리는 많지 않습니다. 하지만 다행스럽게도 우주의 장엄한 풍경이 시간을 보내는 데 도움이 됩니다.

그러나 그러한 긴 랑데부는 우주비행사나 지상관제사들의 시간을 비효율적으로 사용하게 할 뿐만 아니라, 우주비행사로 하여금 비좁은 공간에서 오래 불편을 감수하게 하는 단점이 있습니다. 그래서 2012년 8월 프로그레스 우주화물선을 사용하여 새로운 4 궤도 랑데부 방식이 처음으로 시도되었습니다. 이를 위해서는 매우 정확한 궤도진입이 필요합니다. 새로운 소유즈-FG 발사기와 소유즈 TMA-M 시리즈 우주선은 이러한 정밀도를 달성할 수 있었습니다.

이것을 가능하게 한 큰 변화는 발사 후 첫 두 번의 엔진 점화를 미리 프로그래밍하여 우주선의 유도항법 제어 컴퓨터에 맡기는 것이었습니다. 긴 랑데부 과정 동안 지상관제실은 발사 후 소유즈 궤적을 관찰하여 궤도변수를 확인한 다음 발생할 수 있는 오류를 수정하고, 사령관에게 엔진 점화 명령을 보냈습니다. 새로운 사고방식은 초기 궤도진입에서 사소한 오류가 있더라도 나중에 랑데부 시점에서 바로잡을 수 있다는 것이었습니다. 어쨌든 첫 두 엔진 점화를 일찌감치 시작함으로써 소유스가 발사 후 불과 6시간 만에 ISS에 도착할 수 있었습니다.

또한 접근과 도킹은 일반적으로 30분이 더 소요되며, 우주정거장으로 넘어가는 해치를 열기 전에 완료해야 할 몇 가지 점검사항이 있습니다. 대체로 승무원은 발사 후 약 8~9시간 내에 ISS에 탑승합니다. 나는 '짧은'(4궤도) 랑데부를 시작한 것이 행운이었지만, 로켓이나 우주선 소프트웨어의 새로운 버전을 테스트하는 경우에는 여전히 2일 랑데부가 사용됩니다. 물론 짧은 랑데부 진행이 잘못되는 경우에도 마찬가지로 2일 랑데부를 할 수밖에 없지요.

'짧은' 랑데부와 함께 승무원의 피로도도 고려해야 할 사항입니다. 발사 당일은 승무원이 꽤 지칠 수 있습니다. 발사 전에 승무원은 약 9시간 동안 깨어 있었을 것입니다. 중요한 도킹은 하루에 15시간 정도 걸리며, 몇 시간의 까다로운 작업도 여전히 남아 있습니다. ISS 탑승 첫날 밤 마침내 승무원 구역으로 물러났을 때 다행히도 나는 아주 푹 잘 수 있었습니다.

Q ISS와의 랑데부는 어떻게 했습니까?

A 우리 소유즈는 매우 낮으며(약 230km) 약간 타원형인 궤도에 진입했습니다. 이것은 너무 낮아서 대기의 마찰이 여전히 약간 존재했기 때문에, 추가 기동 없이 그대로 놔둔다면 지구 궤도를 20번쯤 돈 후에는 저절로 지구대기로 재진입할 겁니다. 그래서 우리는 궤도를 '정상화'(좀더 원형이 되게)하기 위해 고도를 약 340km까지 올렸습니다. '짧은'(4궤도) 랑데부를 하기 위해서 우리는 사전 프로그래밍이 된 두 차례의 엔진 점화를 완료했습니다. 이는 연료 사용을 최소화하면서 다른 원형궤도로 올라탈 수 있는 '호만 천이 궤도Hohmann transfer orbit'로 들어가기 위해서였습니다.

궤도역학을 깊이 고려하지 않은 채 우주선의 엔진을 점화하면 실제로는 속도가 향상되지 않습니다. 그러면 어떻게 되는가? 그냥 당신이 탄 우주선을 깊은 우주로 더 멀리 보낼 뿐입니다. 그 결과, 당신은 타원궤도를 타게 되고, 당신이 엔진을 분사한 지점에서 행성의 반대편에 있는 궤도의 가장 높은 곳에 도달하게 됩니다. 그 상태에서 그대로 놔두면 우주선은 다시 출발점으로 떨어지는데, 그 과정에서 우주선은 다시 속도를 냅니다. 이것을 멈추려면 당신이 타원궤도의 가장 높은 지점에 도착했을 때 엔진을 두 번째로 분사하는 것입니다. 그러면 짜잔~! 당신은 더 높은 고도에서 멋진 원형 궤도를 얻게 됩니다.

이 더 높은 궤도를 '페이징 궤도'라 합니다. 지상관제실은 이제 페이징 궤도를 살펴보고 그 지점까지 발생할 수 있는 오류를 해결할 수 있었습니다. 정정된 내용은 유도항법 제어 컴퓨터로 보내졌고, 궤도조정을 위한 두 기의 엔진 분사가 완료되어 우리를 약 370km로 상승시켰습니다. 이 엔진 분사는 공격적이지 않았고(1분 미만으로 지속), 우리는 아주 작은 가속도만 느꼈습니다. 그러나 엔진이 분사되었을 때, 그것은 마치 멀리서 울리는 천둥소리처럼 들렸고, 우리는 좌석에서 약간 뒤로 밀리는 느낌을 받았습니다.

다음으로, 우리는 세 번째 엔진 분사를 마쳐 페이징 궤도로부터 상승하여 ISS의 고도(약 400km)까지 올라갔습니다. 세 번째 분사는 실로 일련의 작은 분사였고, 이 시점에서 우리 우주선을 선회시켜 반대 방향으로 엔진을 분사했습니다. 이것을 '제동 포물선braking parabola'이라 부르며, 이 일련의 분사에 의해 우주선은 ISS에서 약 150m 이내 거리까지 접근했습니다. 소유즈는 도킹 포트에 정렬될 때까지 '선회비행'을 시작했습니다. 이 단계의 랑데부에서 가장 놀라운 광경 중 하나는 어두운 우주를 배경으로 떠오르는 작고 밝은 점 하나가 이윽고 소유즈보다 몇 배나 큰 거대한 구조물인 ISS로 전환되는 것을 지켜보는 것이었습니다. 제임스 본드 영화 〈문레이커 Moonraker〉에서 악당 드랙스의 비밀 우주정거장이 꼭 저런 식으로 등장하는 장면이 떠올라 나는 웃음을 참을 수 없었습니다.

랑데부의 마지막 단계는 최종접근입니다. 모든 것이 잘되고, 우주선의 프로브가 도킹 포트와 정렬되어 있어야 하며, 소유즈는 ISS에 포획될 때까지 닫힙니다. 프로브가 도킹 콘에 들어갈 때, 소유즈의 추진 엔진은 확고한 도킹을 위해 약간의 추력을 가해줍니다. 그런 다음 두 선체를 결합시키고 마지막으로 걸쇠를 닫아 소유즈를

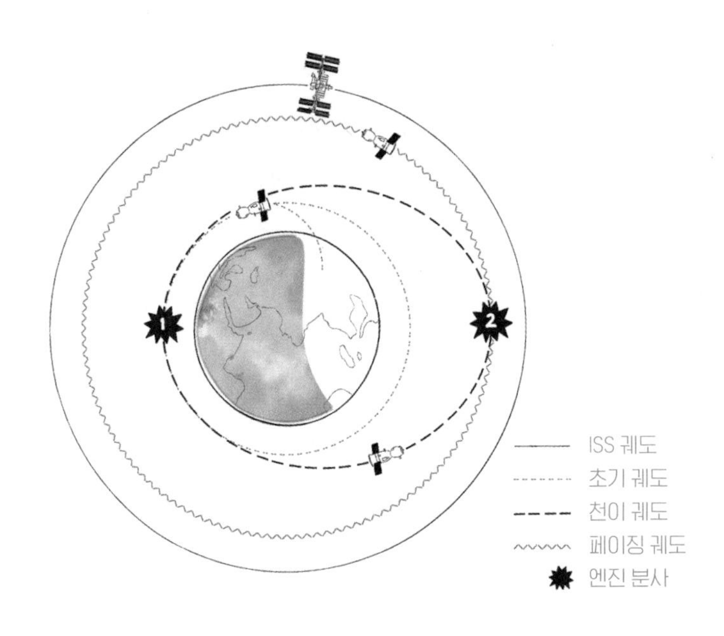

다음 6개월 동안 새 주택에 고정시킵니다. 승무원은 6시간 동안 정신없이 바쁘지만, 모든 엔진 분사, 조종, 도킹은 완전 자동화되어 있어 사령관이 직접 우주선을 조종할 필요는 없습니다. 하지만 우리의 경우에는 일들이 계획대로 진행되지 않았기 때문에 다음 질문을 내 놓습니다.

Q 우주에서 어떨 때가 가장 무서웠습니까?

A 완전히 자동화된 도킹 절차에 문제가 있었습니다. 우리는 우주정거장 아래 위치한 라스베뜨(Rassvet: 새벽의 뜻)라는 러시아 모듈에 도킹을 시도하고 있었습니다. 소유즈가 엄청난 크기의 태양 전지판 아래로 천천히 기어들어갈 때 ISS의 엄청난 크기에 나는 충격을 받아 팀 코프라에게 말을 건넸습니다. 이 단계에서 우리가 말한 모든 것이 지상관제실로 전송되고 있었습니다. 신참으로서 저지른 실수였죠.

우리가 우주정거장에 가까이 갈수록 시그너스 우주 보급선이 너무 가까이 있어 깜짝 놀랐습니다. 그것은 우리 도킹 포트의 바로 앞으로 정박되어 있었고, 나의 오른쪽 좌석 창문 밖으로 크게 보였습니다. 넓은 우산 모양의 태양 전지판 두 개가 시그너스의 선체 밑면으로부터 튀어나와 있었습니다. 우리 소유즈가 더욱 접근해가서 나중엔 불과 1m 정도의 거리에 있는 것처럼 보였습니다.

모든 것이 순조롭게 진행되어가던 중에 ISS에서 불과 17m 떨어진 곳에서 소유즈의 추진 엔진 압력 센서 중 하나가 작동하지 않았습니다. 소유즈가 즉각 자동중단 시스템을 가동하고 우리에게 우주로 되돌아가라고 명령했습니다. 우리의 경험 많은 소유즈 사령관 유리는 중앙좌석에서 여섯 번째 임무를 수행했습니다. 그는 우주선 조종을 수동으로 바꾼 후, 두 대의 핸드 컨트롤러를 사용하여 우주선을 재조정하고 다시 우주정거장과의 도킹을 시도했습니다. 그러나 우리가 지구 그림자에 들어갈 일몰시간이 겨우 3분 남았을 뿐이었습니다. 태양은 매우 낮게 있었고, 우주정거장에서 반사하는 햇빛이 소유즈 쪽으로 비치는 바람에 유리가 라스베뜨의 도킹 타겟을 분명히 볼 수 없게 만들었습니다.

유리의 첫 번째 도킹 시도에서 소유즈가 ISS의 후방을 향해 접근해갈 때 정확한 방향을 잡지 못해 타겟에서 빗나갔습니다. 도킹은 우주비행에서 가장 중요한 단계 중 하나입니다. 선체 간의 충돌은 돌이킬 수없는 손상을 야기할 뿐만 아니라 때로는 우주선을 동력이나 제어 없이 좌초시킬 수도 있습니다. 가장 겁나는 상황은 선체 표면을 찢어서 급속한 감압을 일으키고 승무원의 생명을 위태롭게 하는 것입니다. 이러한 상황은 1997년 6월 25일 프로그레스 우주 화물선이 미르 우주정거장을 강타했을 때 발생했습니다(자세한 내용은 ISS가 우주 파편에 부딪혔을 때 어떤 일이 벌어지는가라는 질문에 답한 270쪽을 참조하십시오).

고맙게도 시뮬레이터에서 유리의 경험과 수동 도킹 시도가 보상을 받았습니다. 위험을 인식하자마자 유리는 우주선을 우주정거장에서 물러나게 하고 재조정한 다음 교과서적인 도킹을 위해 소유즈를 조종했습니다. 이때가 우리 세 승무원에게 가장 겁나는 순간이었습니다. 얼마 후 우리는 도킹을 제대로 하고 우주정거장에 안전하게 도착했는지 다시 한번 확인했습니다.

다행히도 임무 중 다른 위험한 순간은 없었습니다. 우주에서 겁나고 위험한 순간은 절대 좋은 일이 아닙니다! 그러나 우주비행 중 어떤 과정들은 분명히 잘못될 가능성이 아주 높습니다. 우리는 위험을 감소시키기 위한 수단으로 '위험이 높은' 영역에 항상 집중합니다. 당연히 세부사항에 더 많은 주의를 기울여야 하는 주요 영역은 발사, 재진입, 우주유영 및 도킹 작업(방문 우주 화물선 포함)입니다.

Q 처음으로 우주로 나갈 때 무엇이 가장 놀라웠습니까?

A

행성 지구의 첫 번째 궤도에서는 소유즈 오른편 창 밖을 보았는데, 해가 있는 낮 시간인데도 우주가 그렇게 캄캄하다는 데 깜짝 놀랐습니다. 그것은 우리가 상상할 수 있는 가장 검은색이며, 정말 놀라운 것이었습니다. 생각해보면, 우리가 여기 지구의 밤하늘 별빛을 보거나, 넓게 퍼진 햇빛이나 지표의 빛을 반사하는 구름 등을 보는 데 너무 익숙해 있기 때문인 것 같습니다. 밤이 아무리 깊더라도 지구의 대기는 '대기광airglow'이라는 희미한 빛을 방출합니다. 이 같은 빛 현상으로 인해 지구의 밤하늘이 완전히 어두워지지는 않는 것입니다.

우주에서는 매우 다릅니다. 낮에는 태양이 가장 밝은 별과 행성들보다 압도적으로 밝기 때문에 우리의 눈은 이 밝기에 맞춰서 감도를 조정합니다. 그러다가 우주를 들여다보면 거기는 검은 잉크처럼 보입니다. 때문에 나는 우주유영을 하는 동안 우주정거장의 가장 먼 가장자리에 가는 것에 두려워하는 마음이 들었습니다. 바닥 모를 어둠의 심연이 내 어깨를 짓누르는 듯한 기분이었습니다. 그러니 우주 속으로 멀리 나가고 싶은 마음이 싹 사라지는 것이었습니다.

Q 처음 우주에 갔을 때 불편함을 느꼈습니까?

A 우주 체류에서 처음 24시간 동안 대부분의 우주비행사들은 어지럼증, 방향감각 상실을 경험하게 됩니다. 때로는 위가 텅 빈 듯이 느껴지기도 합니다. 발사과정에서나 우주정거장까지 가는 여섯 시간의 여행 중에 나는 별 이상감각을 못 느꼈습니다. 뿐더러 비좁은 소유즈 캡슐 안에 있음에도 불구하고 안전띠를 벗기고 우주의 무중력을 처음으로 즐긴 것까지 기억합니다. 유리의 비언어적 소통기술은 완벽합니다. 그처럼 말 한마디 없이 표정만으로 자신의 뜻을 완벽하게 전할 수 있는 사람은 결코 보지 못했습니다. 나

는 자리에서 떠올랐을 때 '천천히 하세요. 아직 일러요'라는 뜻을 한 눈에 줬습니다. 그 말은 좋은 충고가 되었습니다.

ISS에 처음 도착했을 때 나는 약간의 방향감각을 잃어버렸지만, 그렇지 않은 경우에는 메스꺼움을 느끼지 못했습니다. 그러나 다음 날은 약간 힘들었습니다. 가끔 뱃멀미가 있을 때 그렇듯이 사람을 쇠약하게 하거나 무능력하게 하지는 않았습니다. 그래도 1분이면 완벽하게 기분이 좋아졌는데, 그러고 나서 갑자기 현기증과 메스꺼움이 5분 동안 계속되었습니다. 하지만 다시 일하기 전에 원상태로 회복되었습니다.

이 현기증과 방향감각 상실을 유발하는 주범은 우리의 귀입니다. 지구에서는 우리의 속귀가 우리의 세반고리관의 액체(내림프액)를 사용하여 머리의 회전을 감지합니다. 이것은 전정 시스템의 일부이며, 다른 부분은 선형 가속을 감지하고 중력과 운동에 매우 민감합니다. 머리를 기울이면 속귀의 이석耳石 기관이 중력 벡터의 변화를 감지하고 뇌에 이 정보를 보냅니다.

우리가 극미중력에 들어가면 갑자기 내림프액은 자유낙하 상태가 되고, 이석에는 중력 벡터가 없어집니다! 전정 시스템이 뇌에 강력한 자극을 제공하기 때문에 균형과 공간 방향을 결정하기 위해 이러한 입력이 갑자기 엄청 강력해질 수 있습니다. 동시에 두뇌는 시각과 고유 감각(위치와 움직임에 관한) 신호를 받는데, 이 정보가 잘못된 전정계와 일치하지 않으면 멀미가 일어나게 되는 것입니다.

그러나 두뇌는 새로운 환경에 적응하는 데 탁월합니다. 내 경우에는 일단 내 몸이 내 전정 기관에서 오는 혼란스러운 신호를 무시하는 것을 배웠음을 알자, 생명의 위대함을 느꼈습니다. 그것은 전등 스위치의 딸깍 하는 소리와 같았고, 다음날에 일어났을 때 나는 그 순간부터 내 몸이 완벽하게 정상임을 느꼈습니다. 사실 미션이 끝나갈 무렵 일부러 나를 어지럽게 하여 현기증을 느껴보려는 시도를 했습니다. 나는 몸을 공처럼 둥글게 웅크리고 팀 코프라에게 몇 분 동안 매우 빠른 속도로 돌려달라고 부탁했습니다. 반응을 유발하기 위해 다른 방향으로 머리를 움직였습니다. 지구상에서 이렇게 하면 여지없이 어지럼증과 메스꺼움을 느끼게 만들었지만, 우주에서의 생활에 완전히 적응했기 때문에 그것은 나에게 거의 영향을 미치지 않았고, 그러한 사실에 나는 놀라움을 금치 못했습니다.

Q

해치를 열었을 때 ISS에서 가장 먼저 인사한 사람은 누구입니까?

A

우주정거장에 성공적으로 도킹한 후에는 처리할 업무가 만만찮았습니다. 먼저 도킹 포트를 가압하고 누출검사를 완료한 후 소유즈를 동면 모드로 전환했습니다. 그런 다음 비행복으로 갈아입고 해치 열기를 준비하는 데 거의 2시간 30분이 걸렸습니다. 그 동안 우주정거장(세르게이 볼코프와 미차 코르니엔코)의 러시아 승무원과 유리 사이에는 많은 부분의 점검사항이 조정되어야 하기 때문에 약간

의사소통이 있었습니다. 어쨌든 그러한 와중에 친숙한 뉴저지 액센트가 무전기를 통해 들려왔습니다. ISS의 사령관인 스콧 켈리는 우리가 우주에 온 것을 환영하고는 저녁식사로 무엇을 먹고 싶은지 물었습니다. 스콧은 우리의 '보너스 식품' 용기 중 일부를 뒤적거려 식품 보온기에 넣을 물건 몇 개를 골라서 해치-오프닝을 준비했습니다.

첫 번째 로켓 발사와 랑데부, 아드레날린이 분출하는 도킹을 통해 살아난 직후, 갑자기 드라이브 스루 샵(차에 탄 채로 간단한 물건, 음식을 살 수 있는 가게)에 주문하기 위해 그렇게 왔던가 하는 느낌이 들었습니다. 나는 스콧에게 베이컨 샌드위치를 주문했습니다. 그러나 이 같은 상황이 얼마나 기괴하게 느껴졌던지 웃음이 절로 났습니다.

그 직후에 해치가 열리고 세르게이, 미차, 스콧(이 순서대로)이 6개월간의 미션과 생활을 위해 국제우주정거장에 탑승한 우리를 큰 웃음으로 환영했습니다. 우리가 우주에서의 삶을 탐구하고 ISS

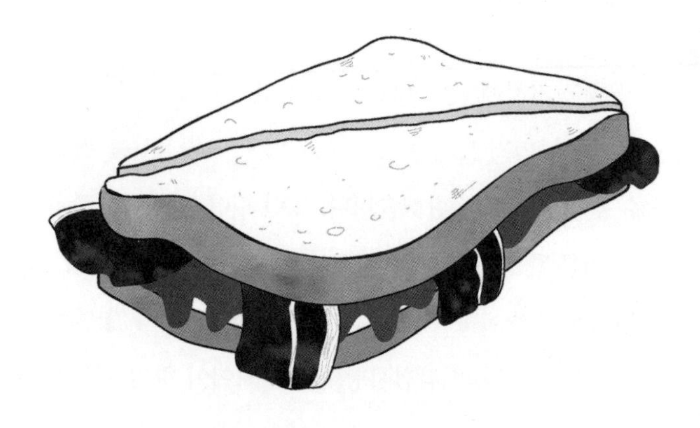

↑ EVA 훈련이 비록 극도의 육체적 한계에 도전하는 것이지만, 이 역시 나 자신을 위한 것으로 우주비행사 훈련 중 가장 재미있던 종목이었습니다.

↓ 이 사진은 NASA가 우주복에 영국기 부착을 승인하기 직전에 찍은 것입니다.

3

↑ 에어버스 A300 Zero-G에 탑승한 포물선 비행은 무중력 상태를 익히는 훈련의 일환으로 많이 익숙해져 있습니다.

← ISS의 로봇 팔 조종을 배울 때 내가 받았던 헬리콥터 조종술 훈련이 엄청 유용했습니다. 로봇 팔 조종에는 각기 다른 축에 대한 수동 조종과 함께 고도의 협동과 특수한 지식을 필요로 합니다.(동료 승무원 팀 코프라와 함께 NASA JSC의 큐폴라 시뮬레이터에서 훈련하고 있습니다.)

↓ 물속에서 수행하는 NEEMO 미션에 앞서 실시한 생존 훈련. 포켓 마스크를 통해 정신을 잃은 승무원에게 호흡을 시켜 소생시키는 연습을 합니다.

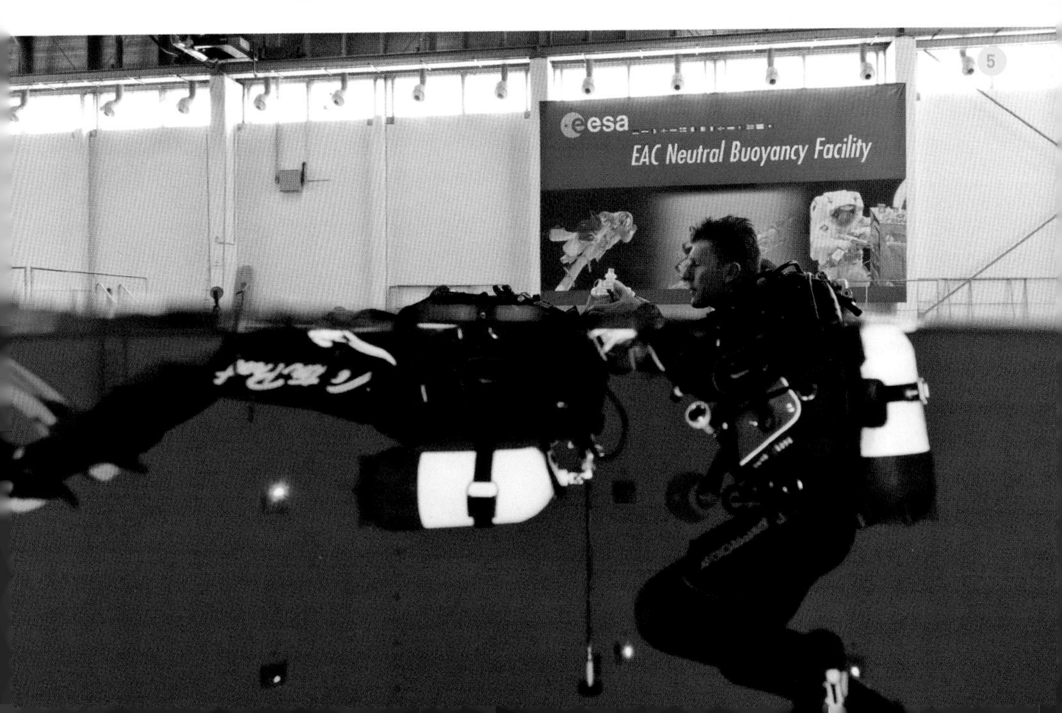

6

→ 지구로의 귀환은 승무원에게 육체적인 극한을 겪게 합니다. 소유즈의 맞춤 의자는 대기권 재진입과 낙하산 전개, 착륙으로부터 승무원을 지켜줍니다. 착륙한 승무원은 발사 몇 달 전에 제작된 석고 맞춤 욕조에 들어가 안정을 취합니다. 무중력에서 약해진 뼈조직 등을 보호하기 위한 조치입니다.

→ 우주정거장 카페의 먹거리들. 대부분 먹거리들이 방사선 처리와 건조 과정을 거친 것들입니다. 우주 식품은 대개 단조롭습니다.

← 우주유영을 위한 또 다른 훈련. 이 가상 중력 시뮬레이터(POGO)가 승무원을 벨트로 매달아 공구를 사용할 때 회전력이 자신에게 어떤 영향을 미치는지 체감케 합니다. 주변 물체를 붙잡아 자기 몸을 고정시키는 게 필수입니다. 재미있는 훈련입니다.

→ 캔에 든 알래스카산 연어 절임은 ISS 만찬용으로 내가 가장 좋아하는 것입니다. 그 진한 향기가 우주에 잘 어울립니다.

↑ 영하 24도에서 받는 겨울 생존 훈련. 모스크바에서 1월에 실시되었는데, 어떤 상황에 놓이더라도 생존할 수 있는 방법과 능력을 익히는 훈련입니다.

→ 우주정거장에서 화재가 발생하면 치명적일 수 있습니다. 불난 곳을 빨리 찾고 끄는 훈련이 반복적으로 실시됩니다.

↓ 우주에서 빨래를 할 순 없습니다. 훈련이라 하더라도 예외는 아닙니다.

FIRE
12

↑ ISS에서 적용되는 과학은 대부분 우리 몸에 대한 이해를 크게 높여줍니다. 우리는 우주 미션 전과 도중, 그리고 후에 나타난 우리 몸의 의학적 정보를 수집해 어떤 변화가 일어났는가를 조사합니다.

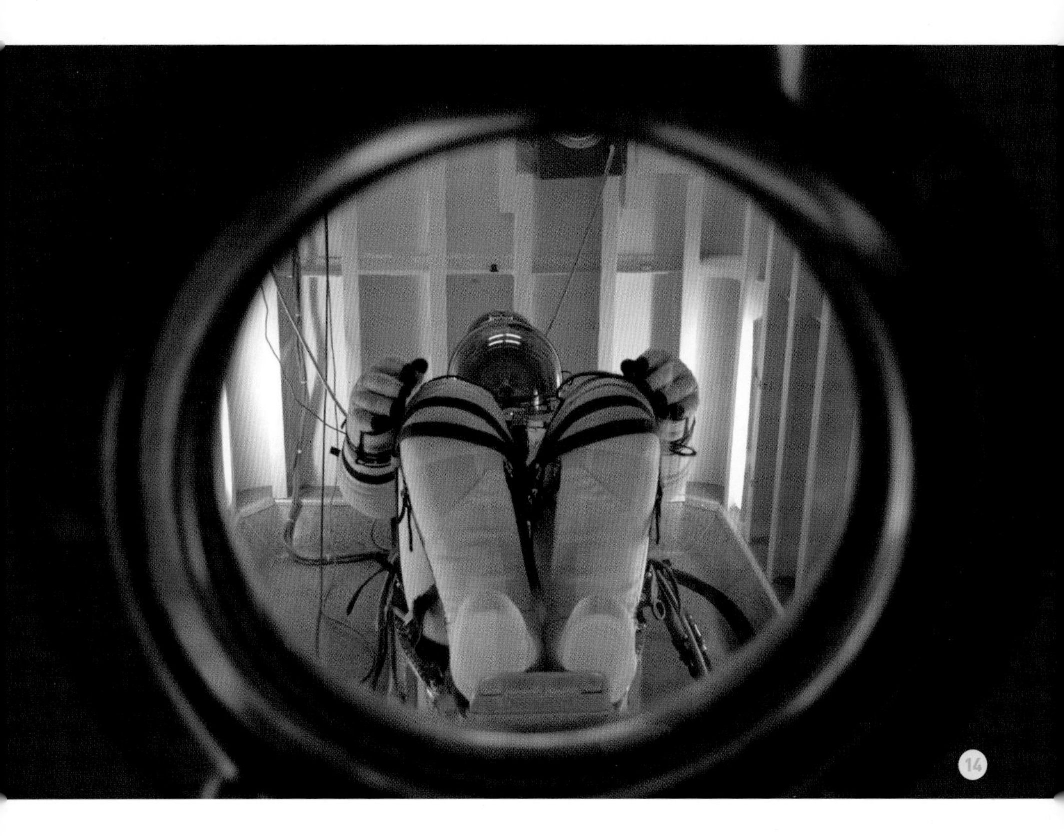

↑ 진공실. 우주의 조건과 비슷한 여기에서 우주복을 점검합니다.

15

↑ 발사를 앞두고 치르는 많은 전통의식 주 하나인 나무 심기. 바이코누르의 우주비행사 숲 길거리에 심습니다.

← 발사 하루 전에 소유즈 시뮬레이터에서 마지막으로 하는 우주선 조종 훈련.

↑ 승무원 방의 문에다 사인하는 우주비행사.

↑ 러시아 정교회 신부로부터 축복을 받는 장면.

↑ 버스를 타고 발사대로 향하기 직전 가족들과 마지막 작별인사를 하고 있습니다.

↑ 2015년 12월 15일 발사.

2015년 12월 15일 발사.

에서 한 일들을 보다 자세히 말하기 전에 우주비행사가 되기 위해 우리가 거쳐왔던 훈련에 대해 먼저 살펴보도록 하겠습니다. 우주에서 수행해야 할 오늘의 미션을 위해 올바른 것들을 갖추려면 실제로 무엇이 필요할까요? 이것을 알게 된다면 당신은 크게 놀랄지도 모릅니다.

CHAPTER 2

훈련

무엇이 우주비행사를 만드는가?

과학 교실

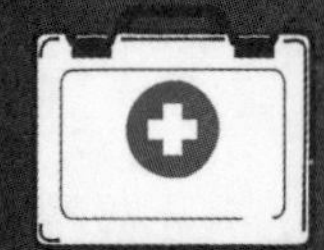

응급 처방 훈련

전기 관련 훈련

체력 단련

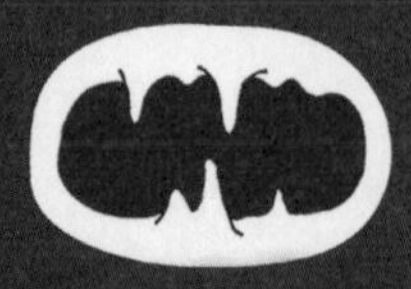

동굴 훈련

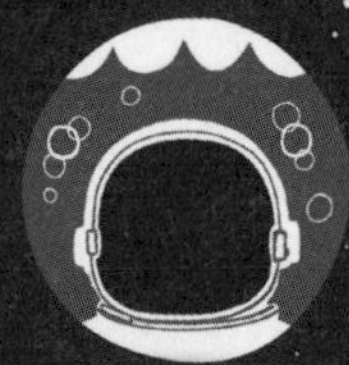

수중 훈련

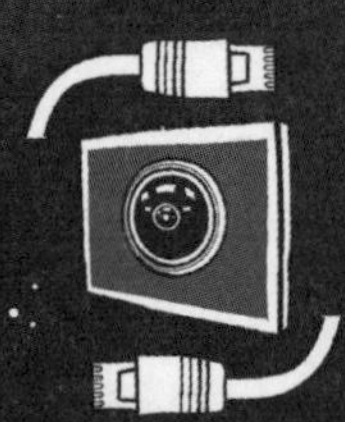

I. T.

배관 훈련

러시아어

생존 훈련

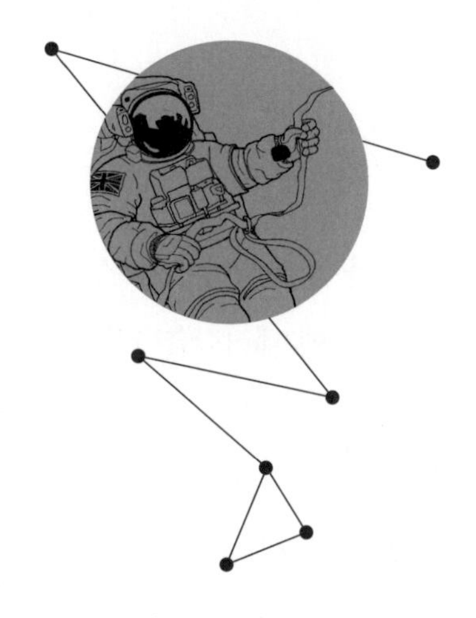

Q

우리 집 맏이(우주비행사가 꿈인 아이)가 당신이 언제, 왜 우주비행사가 되기로 결정했는지, 그리고 어떻게 그 꿈을 이루었는지를 알고 싶어합니다

-아만다 루

A

다 얘기하자면 한 보따리는 될 것입니다. 간단히 하겠습니다. 여기 우주비행사가 되기 위한 나의 간추린 여정이 있습니다. 이 장에서 나는 엄격한 우주비행사 선발과정의 통과와 함께 우주비행사로서 미션 수행에 앞서 필요한 광범위한 훈련과 준비를 하는 데 필요한 것들을 다루어보려 합니다. 그 진정한 풍미를 느낄 수 있기를 바랍니다. 보시다시피 우주비행사가 되는 단 하나의 지름길은 없지만, 기회를 극대화하는 데 도움이 될 수 있는 몇 가지 영역이 있

습니다. 행운을 빕니다!

1972: 어린 시절

아버지는 늘 항공기와 그 역사에 관해 깊은 관심을 가지고 있었고, 어린 나를 곧잘 에어쇼에 데려갔습니다. 엄청난 비행기 소음과 대담한 비행 기동은 단박 나를 사로잡았습니다. 한편으로는 기계란 것이 참으로 신비스럽게 느껴졌습니다. 나는 비행기가 어떻게 나는지, 왜 모양이 갖가지인지 무척이나 궁금했습니다.

나는 또 별들과 우주에 매료되었습니다. 나는 은하수의 밝은 띠를 올려다보고 중요한 별자리들을 찾아내는 것을 좋아했습니다. 하지만 나의 직업을 처음으로 선택하는 시점이 되자 내가 선택한 것은 천문학도 우주비행사도 아닌, 단지 날고 싶다는 나의 열정을 채워줄 수 있는 것이었습니다. 나는 것이라면 어떤 거든 좋아했습니다(지금도 마찬가지입니다!).

나는 조종사가 되는 훈련을 받고 싶었지만 무작정 기다릴 수는 없었습니다. 고등학교 때 나는 수학, 과학, 그래픽 디자인을 좋아했습니다. 그러나 과외활동으로 학교의 사관후보군 연합(Combined Cadet Force: 보이스카웃과 ROTC 중간 성격의 학생조직)에 가입하여 활동함으로써 그것이 내 청소년기를 특징지었습니다. 일찍부터 나는 틈만 있으면 글라이더와 소형 고정식 항공기 날리기를 즐겼습니다.

1994: 조종사가 되다

군복이 더 편하다는 사람도 있지만, 비행에 대한 불타는 열정을 가진 사람이라면 19살 나이에 육군 항공대AAC에 입대할 생각을 하는 것은 그리 놀라운 일이 아닐 것입니다. 저는 비행에 대한 뜨거운 열정으로 대학을 건너뛰기로 결심했고, 샌드허스트 육군 사관학교에 입학해 1992년 소위로 졸업했습니다. 나는 조종사 훈련을 시작했으며, 처음에는 드 하빌랜드 칩멍크(캐나다의 드 하빌랜드 항공기 제작사가 만든 연습기) 조종을 배웠습니다.

1940년대에 개발된 이 탠덤 좌석(1열 앞-뒤 2좌석)의 연습기는 단일 엔진으로 조종사 훈련용으로 널리 사용되었습니다. 나는 좌석과 꼬리 바퀴 배열이 2차 세계대전의 전투기와 비슷한 점을 발견했습니다. 이 연습기를 조종하는 것은 나에게 커다란 기쁨이었습니다. 1994년 헬리콥터를 배우고 난 후 항공 기장(記章: 2개의 새 날개를 펼친 모양을 한 뱃지. 조종사 자격증 같은 것) 받았으며, 1990년대 발칸 전쟁의 보스니아 작전을 포함하여 전세계의 분쟁지역을 돌면서 4년에 걸친 정찰비행 임무를 수행했습니다.

나의 항공경력은 정찰 조종사로부터 시작하여 신입생들에게 비행술을 가르쳐주는 강사 조종사로 급부상했습니다. 이 무렵 나는 놀라운 경력을 하나 더 추가하게 되었는데, 그것은 미국 텍사스에서 아파치 헬리콥터를 타면서 미육군 제1기갑 사단에서 3년간 복무한 것입니다.

1979년 영화 〈지옥의 묵시록〉을 본 적이 있다면, 바그너의 '발리키의 기행Ride of the Valkyries'이 스피커에서 쾅쾅 울려퍼지면서 '파도타기'를 좋아하는 제1기갑 사단 조종사들이 저공으로 전투에 투입되는 장면을 기억할 것입니다. 내게 그들은 퍽 흥미로운 무리처럼 보였습니다.

이때는 아파치 헬리콥터가 영국군에 도입되기 전인 1999년이었기 때문에, 이 새로운 항공기에 관해 모든 것을 배울 수 있는 절호의 기회였습니다. 영국으로 돌아오자 나는 소령으로 승진되었고, 영국 육군 조종사에게 이 놀라운 능력을 갖춘 기계를 조종하고 전투하는 방법을 가르치면서 3년을 보냈습니다.

2005: 시험비행 조종사Test pilot

2005년에 기회가 찾아왔습니다. 당시 나는 그 사실을 몰랐지만, 우주비행사가 되는 길로 곧장 내달릴 수 있는 기회였습니다. 항공 경력 전반에 걸쳐 나는 항상 비행 뒤에 이론을 테스트하는 데 관심이 있었습니다. 저는 새로운 시스템에 대해 배우고, 항공기가 실제로 어떻게 작동하는지 알아내고 성능의 한계를 탐구하기 좋아했습니다. 이런 것이 바로 시험 조종사의 일이었고, 그래서 나는 그 대열에 합류하려고 노력했습니다.

나는 시험 조종사 선발을 통과하기 위해 열심히 공부했으며, 헬리콥터, 고속 제트기, 무거운 수송기 등, 강사가 우리에게 제공할 수 있는 30여 기종을 조종하는 빡빡한 훈련과정을 1년에 걸쳐 수료했습니다. 보스콤 다운에 있는 엠파이어 테스트 파일럿 학교를 졸업하면서 나는 회전 날개 테스트 비행중대의 아파치 헬기 선임 테스트 파일럿이 되었습니다. 당시 아프가니스탄 전선에 막 아파치 헬기가 투입되었을 때입니다. 전선의 조종사들이 우리가 하고 있던 일에서 도움을 얻는다는 것을 알게 되어 대단한 보람을 느꼈습니다. 그러나 내가 무엇보다 심혈을 기울인 분야는 항공기 능력을 최대치로 끌어올리는 것이었습니다. 나는 스피드와 고도, 기동성 측면에서 이전에 누구도 시도해본 적이 없는 극한의 영역으로 항공기를 몰아붙였습니다.

2006: 학위 받기

시험 비행사 훈련은 비행술 외에도 상당한 수준의 학업을 요구합니다. 나는 이전에 수학에 열중한 적이 없었기 때문에 첫 달은 밤이 늦도록 수학공부에 매진했습니다. 그 결과 1학년 수준까지 수학 실력을 끌어올렸습니다. 내친 김에 나는 수학 레벨을 더 끌어올려 부족했던 학력을 메꾸어 학위를 받을 수 있는 적절한 기회라고 판단했습니다. 나는 포츠머스 대학의 비행 동역학과 평가 분야의 과학 학사과정에 등록했습니다. 나중에 알게 되었지만, 그것은 시험 조종사 훈련과 몇 년 뒤 우주인 선발의 문을 열어준 학위 수준의 교육을 결합한 것이었습니다.

테스트 파일럿은 민간 상업항공 우주 분야와 밀접한 관계 속에서 업무를 수행합니다. 그 업무 중 일부는 지식과 경험을 넓히며, 기술을 학습하고 향상시키는 것입니다. 우주는 인간이 지금까지 생존하고 노동한 영역 중에서 가장 까다로운 환경이기 때문에 나는 테스트 파일럿으로서 우주 분야를 보다 면밀히 관찰하고, 최첨단 기술에 대해 깊은 관심을 기울이기 시작했습니다. 그 기술들은 우리가 지구 행성 밖에서 과학적 연구와 탐사를 해나가는 데 사용되고 있습니다.

2008: 인생은 타이밍이다

인생에 있어 타이밍이 지극히 중요하다는 것은 진리입니다. 어떤 경우에는 타이밍이 모든 것을 결정하기도 합니다. 그 점에서 나는 아주 운수대통했다고 할 수 있습니다. 2008년 유럽 우주국EAS이 우주비행사를 선발했을 때, 조건이 비행시간 1,000시간 이상인 파일럿이거나, 다른 분야의 학위 소유자로 제한되었습니다. 나는 비행시간이 3,000시간 이상, 비행 동역학 학위가 있고, 과학, 기술 및 탐사에 지칠 줄 모르는 탐구욕을 가진 경험이 풍부한 테스트 파일럿이었습니다.

다른 많은 사람들처럼 나는 이 기회에 몸을 던졌습니다. 우주비행사가 되는 것은 시험 조종사인 내가 열망할 수 있던 것 중 최고의 정점이었습니다. 과학과 기술, 탐험의 한계를 밀고나가는 우주에서 모험할 만큼 운 좋은 집단의 일원이 되기 위해서는 정말 일생일대의 기회였습니다. 그리고 나는 적절한 때에 적절한 곳에 있었습니다.

Q **조종사로서의 당신의 기술은 우주비행사 업무에 어떤 보탬이 되었습니까?**

A

나는 헬리콥터 조종사의 경력을 사랑하지만, 그 일은 확실히 상당한 위험부담을 안고 있습니다. 야간이나 악천후에서 비행 임무를 수행하거나, 실험 항공기를 한계까지 밀어붙이다 보면 때로는 위험할 수 있습니다. 지상 60m에서 비상사태를 다루는 것과 400km 고도의 우주에서 비상사태를 다루는 것은 다르지 않습니다. 침착해야 하며, 문제를 파악하고 재빨리 해결책을 찾아내야 합니다.

물론 헬리콥터를 조종하는 것과 우주정거장에 생활하는 것은 전혀 다른 문제입니다. 그러나 미지의 세계를 다룬다는 점에서 테스트 파일럿의 경험은 많은 도움이 되었습니다. 시험비행 전에 위험을 분석하고, 위험을 완화하기 위해 수행할 수 있는 작업을 파악하며, 문제가 발생할 모든 가능성에 대비하는 데 몇 시간을 소비하기도 합니다. 이런 마음가짐이 우주에서도 필요합니다.

기술 이전의 또 다른 예는 의사소통입니다. 우주비행사는 효율적으로 일상업무를 처리하고 오류를 예방함에 있어 지상관제실과의 원활한 의사소통에 크게 의존합니다. 비상 상황에서 이 기술은 참사를 방지하는 데 결정적인 역할을 합니다.

조종사는 이 무선신호를 통한 의사소통에 아주 익숙합니다. 명확하고 간결한 의사소통이 없으면 파일럿이나 승무원이 항공기를 올바르게 작동시킬 수가 없습니다. 많은 항공기의 전후 직렬식 좌석배열은 의사소통 기술에 더 많은 주의를 기울이게 합니다. 왜냐하면 상대방을 볼 수 없는 경우 표정과 몸짓 등 '비언어적인' 신호가 불가능하기 때문입니다.

장비를 작동하는 기술 역시 우주에서도 유용합니다. 예컨대, 우주비행사 훈련을 마치고 우주정거장의 로봇 팔 작동법을 배웠습니다. 로봇 팔은 우주정거장을 방문하는 우주화물선을 잡거나 우주공간에서 물체를 다루는 데 사용됩니다. 이를 위해서는 고도의 조정술과 공간인식 능력이 필요하며, 각 손이 다른 축에서 동작을 제어해야 했습니다. 헬리콥터를 조종하는 것과 매우 흡사합니다.

물론 조종사의 능력이 우주비행사에게도 가장 유용한 부문은 우주선을 수동으로 조종해야 할 때입니다. 우주선의 자동제어 시스템이 작동하지 않을 경우 이는 필수적입니다. 따라서 우주비행사 훈련의 일환으로 항공기 조종술을 훈련받는 것은 그리 놀라운 일이 아닙니다.

Q 군에 입대해 조종사가 되는 것과 과학자가 되는 것 중 어느 쪽이 우주비행사가 될 가능성이 더 높습니까?

A 재미있는 질문입니다. 그런데 그 대답은 수년 이래 바뀌었습니다. 우주비행사 선발에 관해 이야기할 때 사람들은 종종 우주

비행의 초기 시기로 돌아가 생각합니다. 최초의 러시아 우주비행사와 미국의 머큐리, 제미니, 아폴로 승무원들은 많은 공통점을 가지고 있었습니다. 대부분이 전투기 조종사 출신이라는 점입니다.

이 규칙에 대한 가장 초기의 예외는 우주인으로 첫 번째 여성인 발렌티나 테레시코바였습니다. 1962년 우주비행사로 선발되기 전 테레시코바는 섬유공장에서 일하던 아마추어 스카이다이버였습니다. 우주에서의 임무와 목표가 수년에 걸쳐 변했기 때문에 우주비행사 선발기준도 그에 따라 변한 것입니다.

파일럿의 필요조건은 조종술, 공간 인식능력, 긴급 의사결정 능력 등이지만, 오늘날 우주비행사에게 요구되는 조건은 더 다양합니다. 무중력 상태인 우주정거장에서 갖가지 과학연구를 수행해야 하며, 그밖에도 우주정거장을 유지하고 우주비행사들을 지도해야 하기 때문입니다.

오늘날은 과학자와 조종사가 우주비행사가 될 가능성이 똑같습니다. ESA, NASA, 캐나다 우주국CSA, 일본우주국JAXA이 선발한 우주비행사 20명 중 정확히 절반은 조종사 출신이 아닙니다. 학교 교사, 엔지니어, 의사 또는 여러 다양한 직업군에서 우주비행사를 배출하고 있습니다. NASA의 우주비행사 신참 중에는 얼음 조각가ice driller와 어부 출신도 있습니다.

우주비행사가 되고자 하는 사람에게 가장 중요한 조언은 ESA의 웹사이트에서 찾아볼 수 있습니다: "당신이 공부한 것이 무엇이든, 그 분야에서 당신은 잘해야 합니다. 당신의 학력이나 비행경력은 면접시험 때까지만 유용합니다. 당신을 우주비행사로 만들어줄 수 있는 것은 당신의 추진력, 열정, 성격 그리고 인간성일 것입니다."

Q 당신이 다른 지원자들과 구별되게 한 점은 무엇입니까?

A

좋은 질문입니다. 제가 스스로에게 물어본 것이기도 합니다. 궁극적으로 우주비행사는 많은 기술을 지녀야 합니다. 이들 중 일부는 타고난 능력으로, 조정력, 공간 인지력, 기억력, 집중력 등입니다. 그러나 우주 미션이 장기화되는 추세인 만큼 의사소통, 팀워크, 의사결정, 리더십-팔로십 등이 필요하며, 문제해결을 위한 작업에서 스트레스를 이겨낼 수 있는 자질도 똑같이 중요해지고 있습니다. 나는 다행히 이러한 기술을 개발할 수 있는 기회를 얻었습니다. 군복무 동안 스트레스가 많은 환경에서 일하면서 지도력 훈련을 꾸준히 받았으며, 수년간 조종사로서 훌륭한 의사소통을 해왔습니다.

우주비행사에게 기대되는 자질의 스펙트럼은 아주 폭넓습니다. 각 우주국은 우주비행사를 선발함에 있어 약간 다른 선발과정을 개발했습니다. 2008년 내가 우주비행사를 지원했을 때, 공교롭게도 ESA, NASA, CSA, JAXA가 모두 새로운 후보자를 모집했기 때문에 각 기관의 선발기준 차이가 더 분명하게 대조되었습니다. 예를 들어, 캐나다인들은 다이빙을 하여 수영장 바닥에서 벽돌을 회수하고, 화재와 싸우며, 특히 스트레스 테스트로서, 차가운 대서양 물로 급속하게 침수된 방에서 누출을 막는 팀으로 일했습니다! 이와는 대조적으로 ESA의 선발과정을 보면, 신체활동 체크는 가볍지만, 고도의 인지 테스트와 심리적 프로파일링이 들어 있었습니다. 이는 지원자가 몇 달씩이나 우주에서 머물러야 하는 미션 수행을 제대로 담보하기 위한 선발기준입니다.

엄격한 의학적 요구 사항과 몇 차례의 인터뷰 외에도 선발과정은 수학, 과학, 엔지니어링 및 영어와 같은 분야의 기본지식 수준을 테스트했습니다. 이 평가는 스트레스가 많으며, 테스트 사이에는 최소한의 휴식시간이 주어질 뿐입니다. 이 과정을 통과하기 위해서는 빠른 사고력과 정확성이 요구됩니다.

따라서 질문에 대한 보다 직접적인 대답은 이것입니다. 우주비행사를 선발하는 과정에 당신은 어느 한 분야에서 탁월할 필요는 없습니다. 각 테스트를 통과한다는 전제에서 다른 후보자와 당신이 뚜렷하게 구분되려면 당신의 원만한 성격과 인간성이 될 것입니다. 국제적인 환경에서 일해본 것을 포함하여 폭넓은 경험과 외국어 실력은 항상 강력한 자산이 됩니다.

내가 선발된 후, 나를 인터뷰했던 우주비행사에게 나를 선발한 이유를 물어보았습니다. 대답은 간단했죠. “나 자신에게 물어보았죠. 넌 이 사람과 함께 우주에 가고 싶냐고?”

퀴즈 한 방!

여기 당신의 지능을 시험하는 도전이 있습니다. 이것은 나의 선발과정에서 만난 질문 중 하나였습니다. 큐브를 마주하고 있다고 상상해보십시오. 이 큐브는 왼쪽, 오른쪽, 앞으로(당신 쪽으로) 또는 뒤로(당신에게 멀리) 굴릴 수 있습니다. 큐브 밑바닥에는 점이 있습니다.
이제 마음속으로 앞으로, 왼쪽, 왼쪽, 앞으로, 오른쪽, 뒤로, 오른쪽으로 큐브를 굴립니다. 점은 어디 있을까요? *
너무 쉬운가요? 글쎄, 시험관이 테스트 속도를 높이고 큐브를 더 많이 굴리더라도 그럴까요?

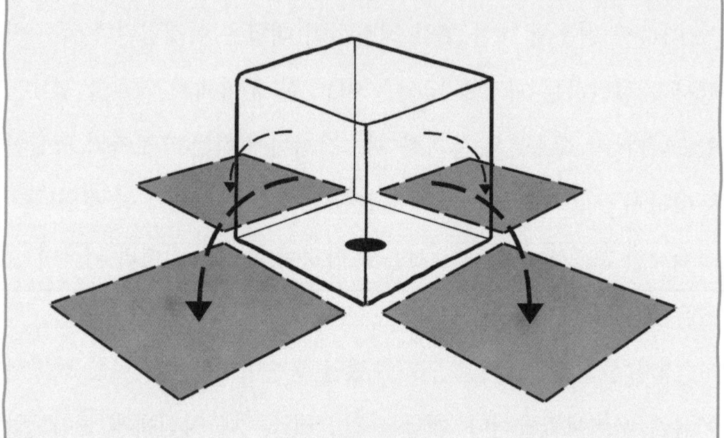

*〈답〉 큐브의 맨 아래에 시작한 곳으로 되돌아갔습니다.

Q 우주비행사가 되는 데 당신은 얼마나 적합한가요?

A 모든 우주비행사는 우주에 가기 전에 적합하고 건강한 상태를 유지해야 합니다. 그것은 우주국에서 우주비행사 선발시 뛰어난 수준의 적합성을 요구한다는 뜻은 아닙니다. 그보다는 의료검진에서 장기간 건강상태가 양호한(따라서 우주에서 의학적 문제를 일으킬 위험이 적은) 후보자를 선택한다는 것이 더 맞을 것입니다.

우주비행사 선발과정에서 의료검진은 일주일 동안 실시됩니다. 물론 많은 의료 테스트를 받습니다. 심혈관 질환과 시력 및 뼈의 미네랄 밀도를 검사하는 데 중점을 둡니다. 극미중력은 신체의 모든 부분에 큰 영향을 미칩니다('지구로 돌아가기' 장에서 이 부분을 더욱 자세하게 다루겠습니다).

보통 약 50%의 후보자가 이 의료검진을 통과하지 못하는데, 내가 지켜본 선발과정에서도 역시 그랬습니다. 일반적으로 이 과정이 마지막 단계 중 하나인데, 그래서 사람들은 왜 의료검진을 더 일찍 실시하지 않느냐는 질문을 던지기도 합니다. 그러나 많은 수의 후보자를 대상으로 의료검진을 실시하는 데 드는 비용과 시간이 엄청나다는 점에서 수긍이 가기도 합니다. 게다가 의학적 검사의 일부는 외과적이며 위험이 뒤따릅니다. 따라서 최소한 정상적이고 건강한 개인만을 대상으로 삼을 수밖에 없습니다. 대부분의 실패한 후보자는 엄격한 시력과 심장 혈관 요구사항을 충족시키지 못했습니다. 의료 주간 준비를 위해 할 수 있는 일은 거의 없지만,

그래도 건강한 생활방식을 유지하면 성공할 수 있는 가능성이 더 높아집니다.

긴급 질문 있어요!

Q 나의 시력은 완벽하지 않습니다. 우주비행사가 될 수 있을까요?

A 시각적 결함에는 종류가 많기 때문에 이 질문에 대해 명확히 답하기는 어렵습니다. 응시자가 통과해야 하는 주요 테스트에는 시력, 색채 인식 및 3D 시각이 포함됩니다. 안경이나 콘택트렌즈 착용은 부적격의 원인이 아니며, 완벽한 시각을 달성하기 위해 교정 렌즈가 필요한 사소한 시각장애는 허용됩니다. 그러나 시력교정을 위한 외과적 개입(레이저 수술과 같은)은 실격을 초래할 수 있지만, 다른 수술은 허용됩니다. 각 경우는 개별적으로 판단됩니다.

Q 가장 나이 적은 우주비행사는 몇 살입니까?

A 최연소 우주비행사의 기록을 가진 사람은 러시아의 우주비행사 게르만 티토프입니다. 1961년 8월 보스토크 2에서 발사되었을 때 25세 329일이었습니다. 이것이 그의 첫 우주 비행으로서, 그는 당시 궤도에 오른 두 번째 사람이 되었습니다.

Q 최고령 우주비행사는 몇 살이었습니까?

A 미국의 우주비행사 존 글렌입니다. 1921년 7월생인 그는 77세인 1998년 10월 두 번째이자 마지막 임무를 위해 우주왕복선을 탔습니다.

물론 우주비행사로서 정신적·신체적으로 적합하고 건강한 것이 가장 중요합니다. 어쨌든 가압 우주복을 입고서 몇 시간 동안 우주유영과 같은 훈련을 받으려면 상당한 체력을 요구합니다. 일반적으로 말하자면, 당신이 적합할수록 우주에서의 훈련과 비행을 더 즐길 수 있으며, 우주의 무중력에 적응하거나 지구로 돌아와 중력에 적응하는 것이 더 쉬울 것입니다.

우주비행사들은 매주 적어도 4시간 이상의 체계적인 신체훈련을 받습니다. 그러나 대부분의 사람들은 개인 스포츠 이외에 이보다 더 많은 운동을 할 것입니다. 우주기구에는 우주비행사의 힘, 컨디션 조절 및 재활을 전문으로 하는 우수한 강사진이 있습니다. 이 전문가들은 우주비행에 따른 각 우주비행사의 물리적인 문제에 완벽하게 대비하고, 더욱이 착륙 후 몇 개월 내에 완전한 회복을 할 수 있도록 개인 프로그램을 개발하는 것입니다.

Q 우주비행을 준비하기 위해 당신은 어떤 심리적 훈련을 합니까?

A 내가 우주비행사 후보로 처음 선발되었을 때 기자가 "집에 돌아갈 때까지 오랫동안 캔 음식만 먹으면서 살아야 하는데, 어떻게 대처할 생각입니까?" 하고 물었습니다. 이것은 우주기구가 진지하게 받아들여야 할 질문입니다. 장기간의 우주 미션은 심리적으로

어려울 수 있으며, 그에 대처할 방법 익히기는 우주비행사 선발에서 바로 시작됩니다. 1년 동안의 선발과정에서 후보자에 대해 심리적인 심층조사를 실시하는 이유는 우주비행에 따른 유폐, 고립 그리고 원격분리 상태를 이겨낼 수 있는 성격상의 특성을 가진 사람을 골라내기 위한 것입니다.

심리적인 측면에서 후보자를 선발한 다음 단계는 극한환경에서 자신과 다른 사람들에 대해 더 많은 것들을 배울 수 있는 상황에 우주비행사를 놓는 것입니다. 이것은 우주비행사의 기본 훈련과정에서 시작된 것으로, 이론적인 훈련으로 시작하여 인간의 행동양태에 관해 학습하게 됩니다. 그러나 이론과 실제는 다른 것입니다. 그래서 심리적인 스트레스와 인간 행동양태에 대해 학습할 때, 유럽 우주국ESA은 2010년 6월 6명의 후보자 선발을 위해 사르데냐에서 생

존 훈련과정을 운영했습니다.

여기서 요점은 일상생활에서는 드러나지 않던 자신의 성격적인 특성을 파악하고 나면 우리 몸이 그렇게 스트레스를 많이 받지는 않는다는 사실입니다. 수면부족이나 며칠 동안의 음식 부족, 격렬한 노력 등은 당신이 어디에 있든 자신의 스트레스를 다스리는 데 효과가 있습니다.

ESA가 제공하는 또 다른 훌륭한 심리훈련 기회는 동굴탐험 코스입니다. 이것은 보통 복잡한 미로를 가진 큰 동굴 속에서 약 6명의 여러 나라 우주비행사 그룹이 며칠 밤낮을 함께 보내는 것입니다. 동굴탐험은 고난이도의 기술을 필요로 합니다. 우리는 베이스캠프에 도착하기 전에 로프와 등반장비를 사용하여 몇 시간이나 수직상승과 하강을 해야 했습니다.

동굴 속에서 우주비행사들은 미생물 샘플 채집과 과학연구 수행, 동굴 사진촬영에 대해 배우는 한편, 높은 수준의 팀워크와 의사소통 기술을 필요로 하는 여러 작업을 완료하면서 동굴 깊숙이 탐험합니다. 이것은 많은 면에서 우주비행 중 경험하는 스트레스의 일부를 재현한 것으로, 자신과 다른 사람들에 대해 더 많은 것을 배울 수 있는 귀중한 기회를 제공합니다.

NASA와 다른 우주기관은 우주비행에 따르는 심리적인 어려움을 우주비행사에게 준비시키기 위해 이와 비슷한 훈련을 실시합니다. 그중 하나는 NASA의 'NEEMO[NASA Extreme Environments Mission Operations]' 입니다. 이것에 대해서는 이 장의 뒷부분에서 설명하겠습니다. 우선 우주비행사가 우주비행을 하기 전에 훈련받아야 하는 수많은 주제가 주어진 다음 이 질문에 대답하는 것이 좋겠습니다.

Q

우주비행사가 되려면 얼마나 오래 훈련받아야 하나요?

A

일반적으로 전문 우주비행사가 되려면 최소 3~4년간의 훈련을 받지만, 언제 미션을 부여받는가에 따라 다를 수 있습니다.

우선 새로 선발된 우주비행사 후보자는 광범위한 주제에 걸쳐서 우주비행사에 최소한으로 요구되는 지식수준으로 끌어올리는 기본훈련 기간을 거쳐야 합니다. 기본교육에 대한 접근방식은 ISS 파트너십에 참여하는 국가 우주기구마다 다르지만, 이 교육이 어떻게 구성되어야 하는지에 관한 합의된 기준이 있습니다. ESA의 기본교육 과정은 과학, 컴퓨팅, 궤도역학 및 우주기술과 같은 일반과목을 다루는 14개월 동안 계속됩니다. 또한 이 기간 동안 우주비행사는 러시아어, 우주유영 훈련, 로봇 팔 작동법 같은 특정 기술을 배우기 시작합니다.

기본훈련을 마친 후에는 대개 우주비행사가 첫 번째 임무에 배정되기까지 잠시 기다려야 합니다. 이 기간 동안 우주비행사의 과업은 인간 우주비행 프로그램을 지원하고 자신의 지식, 운영기술, 전문성을 향상시키는 것입니다. '사전배정pre-assignment' 단계로 알려진 이 기간은 운이 좋은 사람은 단지 몇 주일 만에 끝나기도 하지만 때로는 몇 년이 걸릴 수도 있습니다. 유럽 우주국ESA에서는 최초의 미션을 부여받기까지 14년을 기다린 우주비행사(스웨덴의 크리스터 푸글레장)가 있으며, 반대로 기본훈련을 마치기도 전에 미션을 받은 사람(이탈리아의 루카 파르미타노)도 있습니다.

'배정된 훈련과정assigned training flow'으로 불리는 훈련의 최종단계는 대개 발사까지 약 2년 반 동안 계속됩니다. 그렇긴 해도 경험이 있는 우주비행사들은 아주 단기간 안에 미션을 배정받기도 합니다.

예컨대, NASA의 동료 승무원 팀 코프라는 2011년 2월 24일 우주왕복선 디스커버리 미션 STS-133에 배정되었습니다. 발사까지 한 달 남짓 남겨둔 시점에서 팀은 자전거 사고를 당해 불행하게도 엉덩이뼈가 부러졌습니다. 그는 예정된 미션을 수행하는 동안 그로서는 최초의 경험이 될 두 번의 우주유영이 계획되어 있었습니다. 참으로 불운한 사고였습니다.

팀은 NASA의 우주비행사 스티븐 보웬으로 대체되었는데, 벼락치기 대타를 내세웠음에도 발사는 예정대로 진행되었으며, 스티븐은 두 건의 우주유영을 완료했습니다. 좋은 훈련과 경험, 유연한 접근방법이 비상 상황을 극복할 수 있음을 입증한 사례였습니다.

ESA의 신참 우주비행사 중 한 명으로 발표된 지 정확히 4년 후인 2013년 5월 20일, 나는 ISS로 가는 우주탐사 46/47에 배치되었습니다. 배정된 교육과정은 우주로 발사되기 2년 반 전인 2015년 12월 15일에 수료했습니다. 이는 내가 미션에 투입되기 전에 6년

반 동안 ISS에서 훈련을 받거나 근무했음을 뜻합니다.

Q 우주비행사가 되기 위한 언어 능력은 어느 정도입니까?

A

ISS에서는 사용되는 공식 언어는 두 가지로 러시아어와 영어입니다. 그러나 가벼운 분위기에서 우주비행사들이 공통적으로 사용하는 제3언어가 있는데, 이른바 '렁글리시Runglish'입니다. 이 용어는 최초의 승무원들이 새로운 궤도 실험실에서 살아가기 시작한 2000년에 만들어졌습니다. 러시아 우주비행사인 세르게이 크리칼레프는 "우리는 러시아어와 영어가 혼합된 렁글리시로 농담처럼 말한다. 그래서 한 언어로 된 단어로는 부족할 때 다른 언어를 사용할 수 있다. 왜냐하면 모든 승무원들이 두 언어를 잘하기 때문이다"고 말했습니다.

러시아어를 배우는 것은 어려운 일입니다. 이 점은 모국어를 구사하는 많은 동료들이 동의할 것입니다. NASA의 우주비행사이자 ISS 사령관인 스콧 켈리는 "러시아어를 공부한 지 10년밖에 되지 않았어. 농담이 아니야"라고 말했습니다. 그러나 소유즈 우주선의 모든 것이 러시아어이기 때문에 러시아어를 몰라서는 안됩니다. 이것은 매우 중요한 문제입니다. 소유즈에는 영어 번역이 없습니다. 모든 비행문서, 장비, 제어판 등, 모든 것이 러시아어로 되어 있으며, 러시아의 지상관제실은 러시아어로만 말합니다. 소유즈 내부에서는 비공식 대화가 아니면 영어가 사용되지 않습니다.

그 이유만으로 우리는 러시아어를 습득하고 러시아어로 의사소통을 할 수 있는 실력을 갖춰야 합니다. 문법적으로 완벽하거나 광범한 어휘력을 요구하지는 않지만, 우주비행을 하기 위해서는 러시아어로 진행되는 미국외국어교육 평의회ACTFL의 구술 면접시험에서 '중상Intermediate High' 평가를 받아야 합니다. 러시아어를 익히는 것은 우주비행 외에도 사회적 필요성도 있습니다. 러시아에서 여러 달 동안 훈련하고 러시아 동료 승무원들과 함께 문화-사회적 행사에 참여하기 때문입니다. 물론 이러한 과정은 러시아어에 숙달되는 데 큰 도움이 됩니다.

러시아어 교육은 기본훈련을 시작하자마자 거의 모든 우주비행사에게 즉시 시작됩니다. ESA는 독일 보훔에 있는 러시아어 학교의 지원을 받았습니다. 기본훈련의 첫 6개월 중 3개월은 집중적인 러시아어 교육으로 구성되어 있습니다. 여기에는 상트페테르부르크에서 한 달 동안 러시아 가정에 입주하는 교육과정이 포함되어 있습니다.

러시아어에 대한 이 같은 집중교육은 ISS와 소유즈 우주선의 러시아 파트에 대해 모든 것을 배울 수 있는 '스타시티', 곧 가가린 우주비행사 훈련센터를 처음 방문했을 때 효과를 드러냈습니다. 그러나 단기간의 집중적인 어학연수로는 러시아어에 대해 튼실한 기초를 다지기엔 역부족이었습니다. 스타시티에서 여러 시간 동안 기술

훈련과 시뮬레이션을 하는 동안 러시아어로 대화하는 데 편안함을 느끼고 러시아어 통역사에게 그다지 부담 주지 않을 만큼 된 것은 2~3년에 걸친 정규수업이 끝난 후부터였습니다.

Q

원심분리기에서 훈련받았습니까? 메스껍지는 않았습니까?

A

소유즈를 타고 우주로 나가는 모든 승무원들은 스타시티에서 원심분리기 훈련을 마쳐야 합니다. 좁은 공간에 끈으로 칭칭 묶인 채 자기 몸무게의 8배를 느낄 때까지 맹렬하게 돌아간다는 것은 생각만 해도 끔찍한 일입니다. 어떤 이는 영화 〈문레이커Moonraker〉에서 원심분리기에 묶인 제임스 본드의 뺨이 일그러지는 모습을 상상할지도 모르겠습니다. 본드는 거의 의식을 잃을 정도에서 원심분리기를 멈추려고 사투를 벌입니다. 어쨌든 우리 교관들은 원심분리기에서 올바르게 호흡하는 방법에 대해 빼어난 훈련을 제공했습니다. 나는 실제로 엄청난 재미를 느꼈고, 기회가 주어지면 기꺼이 훈련을 반복할 마음입니다.

원심분리기가 끊임없이 회전하더라도 어지럽거나 메스꺼움을 느끼지는 않습니다. 이것은 몸을 속박하고 있는 캡슐이 경첩을 중심으로 자유롭게 움직일 수 있기 때문입니다. 즉, 가속되면서 가속력g-force이 항상 같은 방향으로 가슴 앞쪽에서 뒤쪽으로 느껴집니다.

우리는 소유즈 좌석에 앉는 것처럼 태아의 자세를 취했는데, 이는 발사와 재진입 중에 받게 되는 힘과 거의 비슷한 힘을 경험한다는 것을 뜻합니다. 원심분리기 내부에서는 실제로 회전감각이 느껴지지 않으며, 직선으로 계속해서 가속하는 것처럼 느껴집니다.

올바른 호흡술은 정말로 중요합니다. 우리가 원심분리기 훈련 중에 견뎌야 하는 가장 큰 스트레스는 중력의 8배(8g)에 달합니다. 8g는 30초 동안 유지되다가 감소합니다. 우주선이 잘못되었을 때 발사를 중단하고 '탄도 재진입'을 해야 하는데, 이 같은 훈련이 그것을 재현한 것입니다(책 뒷부분에서 탄도 재진입의 위험에 대해 설명하겠습니다).

g-로드가 차츰 올라감에 따라 가슴에 무거운 물건을 올려놓은 것처럼 느껴지고, 숨쉬기가 더 어려워집니다. 그러면 가슴이 무너질 것 같아서 근육을 긴장시키게 됩니다. 실제로 이것은 근육이 중력가속도 힘을 견딜 수 있는 최적의 방법입니다. 이렇게 가슴을 고정시키고 숨은 배를 이용하는 복식호흡으로 가져가 공기를 꿀꺽꿀꺽 마시는 기분으로 합니다. 우리는 중력가속도를 8g로 증가시키기 전 4g에서 이 호흡술을 익혔습니다.

30초 동안 8g를 견뎌내는 것은 실제로 상당히 힘든 일입니다. 벤치에 누워 역기를 드는 것을 상상해보세요. 무거운 역기를 30초 동안 들고 있기란 얼마나 어렵습니까. 처음 10초 동안은 별로 힘들지 않습니다. 그러나 마지막 10초는 죽을 맛입니다. 우주인이 우주비행을 하기 전에 뛰어난 신체적 조건을 유지하는 것이 얼마나 중요하지를 보여주는 훈련이었습니다.

Q 지구에서 무중력 훈련을 어떻게 받습니까?

A 직접 우주로 나가지 않고 지구에서 무중력 훈련을 하는 방법은 두 가지가 있습니다. 한 가지 방법은 물의 부력을 사용하여 무중력을 시뮬레이션하는 것입니다(이 방법에 대해서는 '우주유영' 장에서 자세히 설명합니다). 그러나 무중력을 훈련하는 가장 좋은 방법은 무중력을 만드는 것입니다! 지구 궤도에서 지구로 떨어지는 우주선

은 본질적으로 자유낙하를 합니다. 자유낙하하는 물체 속은 무중력 상태가 됩니다. 우리는 행성을 떠나지 않고도 지구로 자유낙하하는 항공기 내부에서 무중력 상태를 시뮬레이션할 수 있습니다. 다만 지상에 충돌하기 전에 항공기를 다시 상승시켜야 한다는 점이 다를 뿐입니다.

우리는 이것을 포물선 비행이라고 부르거나 별명으로 '구토 혜성'이라고 부릅니다. 무중력 상태를 유지하려면 조종사가 먼저 45도 기수 상승을 시작해야 합니다. 그런 다음 조종간을 앞으로 밀면 조종사는 기수가 약 45도 기수를 가리킬 때까지 정확하게 '제로-g'를 만들 수 있습니다. 이 시점에서 하강을 멈추고 잠시 날다가 다시 기수를 45도로 상승시키는 기동을 반복합니다. 제로-g를 목표로 항공기는 실제로 포물선(대칭곡선)의 일부를 비행하므로 '포물선 비행'이라고 합니다. 각각의 포물선은 약 25초의 무중력을 제공합니다. 이때 우주비행사는 우주에서 느끼는 무중력을 미리 경험하고, 물건을 다루거나 심지어 러닝머신에서 운동하는 것과 같은 기본적인 행동을 연습할 수 있습니다. 무중력 비행은 이밖에도 극미중력에서 짧은 시간에 할 수 있는 과학실험 등에도 광범위하게 사용됩니다.

이 유형의 훈련을 제공하는 곳은 전세계적으로 몇 곳이 있습니다. 비행시간은 대개 3~4시간 정도이며, 30~60회의 무중력을 경험합니다. 심장 약한 사람에게는 권하기 어렵습니다. 참가자의 3분의 2는 기분이 좋지 않을 수 있습니다. 그래서 구토 혜성이란 별명이 붙은 겁니다. 그러나 훈련을 받고 멀미약을 좀 먹으면 대부분의

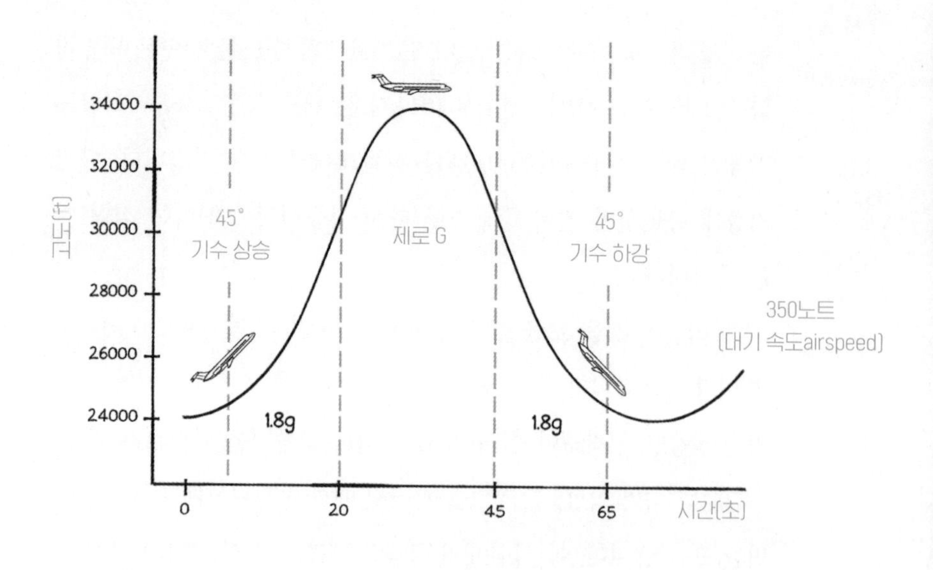

사람들이 무중력을 즐길 수 있습니다. 내가 경험한 첫 번째 포물선 비행은 기본훈련으로, 엄청나게 재미있었다는 기억이 생생합니다. 항공기의 바닥에서 몸이 저절로 들어올려지는 첫 경험은 믿을 수 없을 만큼 놀라웠고, 나를 포함한 5명의 동료들에게 커다란 미소를 선사했습니다.

Q 우주비행사들은 우주에 가지 않을 때는 무엇을 합니까?

A

우주비행사의 기본훈련이 끝난 후 첫 번째 과제는 뮌헨 ISS 미션 컨트롤 센터에 가서 유로콤Eurocom의 자격을 얻는 것이었습니다. 유로콤의 역할은 우주정거장의 요원들과 이야기하는 사람이 되는 것으로, ISS와 지상팀 간의 음성 연결로 무수히 많은 출처에서 들어오는 정보를 통합하여 승무원에게 명확하고 간결한 지침으로 제공합니다. 그것은 우주정거장에서의 생활이 정말로 어떤 것인지를 알고 준비시키는 데 가장 효율적인 업무 중 하나입니다. 이 훈련은 몇 주 걸렸지만, ISS의 일상업무를 지원하는 밀착 관제팀의 일원이 된 것이 무척이나 자랑스러웠습니다.

내가 이 '사전 배정' 단계에서 NASA와 NEEMO 미션을 맺은 최초의 유럽 우주비행사가 된 것은 운이 좋았습니다. 'NASA의 극한환경 미션수행 프로그램인 NEEMO NASA Extreme Environment Mission Operations는 특별한 그룹의 과학자, 엔지니어 및 다른 우주비행사와의 협력을 포함합니다. 나는 NEEMO를 NASA의 우주 비행팀 특수부대(미래의 우주탐사를 위한 기술과 시스템을 개발하는 소규모의 혁신 전문가 그룹)라고 즐겨 생각합니다. 나는 소행성에 대한 미래의 미션에 필요한 도구, 기술 및 절차를 개발하는 목적으로 제16회 NEEMO 미션에 배속되었습니다.

NEEMO의 '극한환경' 부분은 이러한 미션이 실제로 수중 20m에서 수행된다는 사실을 말해줍니다. 우리의 목적을 달성하기 위해, 나와 5명의 동료 승무원들이 해양 서식지인 '물병자리'의 성역에서 매일 다이빙 원정을 실시하면서 12일 동안 수중에서 살 계획을 세웠습니다.

이 연구기지는 플로리다의 키라고 해안선에서 6km 떨어진 해

저에 고정되어 있으며, 몇 가지 이유로 우주 미션을 시뮬레이트하는 데 이상적입니다.

첫째, 매우 비좁은 공간으로 여섯 명의 승무원들을 간신히 수용할 정도입니다. 둘째, 실제 위험이 관련되어 있습니다. 우리가 수중에서 공기를 마실 때, 압력이 증가하면 질소가 우리의 혈류에 녹아서 몸의 조직으로 옮겨집니다. 시간이 지날수록 신체조직은 표면에 비해 질소가 더 많이 포화됩니다. 어떤 의미에서 질소로 포화된 몸체는 흔들리는 탄산음료와 같은 느낌입니다. 거기에 갇혀 있는 많은 용해 가스가 있지만 그래도 괜찮습니다. 아무도 모자를 벗지 않는 한 말입니다! 잠수할 때, 수면으로 빠르게 오르는 것은 모자를 벗는 것과 비슷합니다. 주변 압력이 신속하게 감소하면 거품이 폭발하면서 초과 가스가 방출됩니다. 이 경우 탄산음료라면 재미있지만 인체에서 그리 재미있는 일이 아닙니다. 거품이 신체조직과 혈류로 퍼지기 때문에 증상은 가려움증과 고통, 마비 그리고 심지어 죽음까지 다양합니다.

게다가 12일간의 수중탐사 중에 무언가 잘못되었을 경우 신속하게 수면 위로 돌아갈 수 있는 옵션이 없었습니다. 실제로 우리는 용해된 가스를 안전하게 방출하기 위해 18시간 동안 점진적으로 '감압'해야 했습니다. 서식지에 화재가 발생하거나 다이빙 중 익사사고가 발생하면 큰일이기 때문입니다. 이 위험요소는 모든 우주비행사가 겪을 수 있는 것들입니다. 우주정거장은 의사결정이 승무원의 안전에 직접 영향을 미치는 환경이며, NEEMO와 같은 훈련은 우주 미션에 대한 훌륭한 모델을 제공합니다.

Q 미션 훈련 중에 어떤 과목을 공부해야 합니까?

A 이 질문에 대한 답으로는 우리가 훈련 중에 공부할 필요가 없는 과목을 설명하는 게 더 쉬울 것 같습니다! 우주비행사는 엄청난 양의 훈련을 받습니다. 사실 신참 우주비행사로서 가장 어려운 것 중 하나는 메모리 뱅크가 꽉 차 있을 때 무엇을 두고 무엇을 지우는 게 좋은가를 파악하는 일입니다. 헌신적인 교관들은 발사 날에 가까워질수록 정말로 중요한 과목들을 반복해서 교습해주었습니다.

우주비행사가 관심을 집중하는 주요 영역은 선외船外 활동(EVA 또는 우주유영), 우주 왕복선 로봇 팔로 방문 우주 화물선 캡처, 긴급상황 훈련 및 소유즈 우주선 훈련 등입니다. 이밖의 다른 항목들은 중요하지 않다는 의미는 아니며, 다만 실수가 있을 경우 큰 재앙이 발생할 가능성이 적기 때문입니다.

이미 언급한 항목들 외에도 우주비행사는 생명유지 시스템, 전기 시스템, 열 제어 시스템, 유도항법 제어 시스템을 포함해 우주정거장에 대해 자세히 알아야 합니다. 나아가 우주비행사는 과학연구를 수행하는 데 대부분의 시간을 할애해야 하므로 ISS에 탑재된 다른 실험장비와 '탑재 화물'에 대해 잘 알아야 합니다. 그런 다음 의

료훈련, 언어훈련 및 생존훈련 등의 영역을 완료해야 합니다. ISS 승무원이 되는 것은 '팔방미인'이 되는 것과 좀 비슷합니다.

Q 모든 우주비행사들이 같은 수준의 훈련을 받습니까?

A

일반적으로 우주비행사는 ISS에서 효과적인 승무원이 될 수 있도록 같은 수준의 기본교육을 받습니다. 이것은 우주정거장 운영에 최대한의 유연성을 제공하기 위해 중요합니다. 모든 우주비행사가 ISS의 각기 다른 과학 실험실에서 효과적으로 작업할 수 있고 기본 유지-보수 작업을 수행할 수 있으며, 우주정거장 로봇 팔을 조작하거나 우주유영을 할 수 있는 능력을 구비해야 합니다.

그렇지만 몇 가지 중요한 차이점이 있습니다. ISS는 인간이 조립한 가장 복잡한 구조물이므로, 우주정거장을 유지하는 데 한 우주비행사가 이 방대한 작업을 다 감당할 수 없으며, 특정 역할들을 분담해야 하는 만큼 여러 단계의 교육을 실시합니다.

우주비행사는 ISS의 여러 부문에서 사용자, 운영자 또는 전문가로 배치됩니다. 예를 들어, 나는 유럽 실험실(콜럼버스)과 일본 실험실(키보)의 전문가이자 미국 실험실(데스티니)의 운영자이며, 러시아 구역의 사용자였습니다. 즉, 전문가로서 콜럼버스와 키보의 실질적인 유지 관리를 맡은 '해결사'였습니다. 나는 운영자로서 데스티니와 미국 모듈에서 일상적인 유지-보수 작업을 수행할 수 있고, 보다 복잡한 작업에서는 전문가를 도울 수 있었습니다. 러시아 구역 사용자로서 나는 모든 시스템에 대해 교육을 받았고 안전하고 효과적으로 운영할 수 있었지만, 정상적인 상황에서는 직접 유지-관리 작업을 하지는 않습니다.

어떤 우주선을 타느냐에 따라 필요한 훈련수준을 결정하는 몇 가지 다른 요소가 있습니다. 이 책의 발행 시점에 ISS에서 승무원을 데리고 오는 유일한 우주선은 러시아 소유즈뿐입니다. 우주왕복선은 ISS를 37회 방문했으며, 가까운 미래에 ISS를 방문할 스페이스X 사의 드래건이나 보잉의 CST-100과 같은 상업용 우주선을 준비 중에 있습니다. 각 우주선에는 고유한 훈련 요구사항이 있으며, 일부 우주선 승무원의 경우 파일럿, 지휘관 또는 비행 기술자 경력 소유 여부에 따라 다양한 수준의 교육을 받게 됩니다.

소유즈는 사령관(지금까지는 항상 러시아인)이 앉는 가운데 좌석과 좌우로 두 좌석이 있습니다. 가운데 좌석은 수동 제어가 필요한 경우 두 개의 핸드 컨트롤러를 사용하여 실제로 우주선을 조종할 수 있는 유일한 위치입니다. 정상적인 상황에서 승무원은 상호 작용하며 소유즈에 명령을 보내며 수동으로 비행할 필요는 없습니다. 왼쪽 좌석(비행 엔지니어 1)은 백업 사령관으로, 사령관이 무능력하게 되었을 때 우주선을 조종할 수 있는 수준의 훈련을 받습니다. 오른쪽 좌석(비행 엔지니어 2)은 개인적인 생명유지 시스템을 돌보는 데 필요한 최소의 훈련을 받는 것에서부터 백업 사령관 수준의 훈련에 이르기까지 다양합니다.

나는 오른쪽 좌석을 배정받았지만, 운이 좋아 소유즈에 대한 매우 포괄적인 훈련과정을 거쳤습니다. 게다가 이전에 다섯 차례 우주비행을 한 경력이 있는 우리 사령관(유리 말렌첸코)는 훈련 초기에 팀 코프라와 나에게 시뮬레이션을 맡길 때가 있었습니다. 그럴 때 팀은 사령관의 자리로 뛰어들었고 나는 왼쪽 좌석을 차지했습니다. 우주선에서 다른 승무원들의 역할을 잘 이해할 수 있으면 승무원들끼리 서로 협동하는 데 큰 차이가 있습니다.

Q 훈련 중 어떤 것이 가장 힘들었습니까?

A 무엇보다 균형 잡힌 시각을 유지하는 게 중요하다고 생각합니다. 우주 미션을 수행하기 위해 훈련을 하는 우주비행사로서 힘든 날을 보낼 때 특히 그런 마음가짐이 더 필요합니다. 예상치 못한 훈련을 받아야 하는 때도 있습니다. 러시아어를 배우는 것이 내게는 투쟁이었고, 팔자에 없는 일처럼 느껴지기도 했습니다. 내가 처음 러시아어 수업을 받기 시작했을 때 강사는 러시아어와 영어를 구사하는 독일인과 독일어를 구사하는 우크라이나인이었습니다. 두 강사 모두 훌륭했고 수업은 재미있었지만, 러시아어 문법은 문법적 성별에 따른 6가지 변용이 있는데, 내게는 완벽한 신비로 보였습니다. 나는 오랜 고투 끝에 필요한 기준을 달성했지만, 솔직히 말

하자면 오랜 러시아어 수업은 내게 행복한 추억은 아니었습니다.

또 다른 불쾌한 기억은 NEEMO 미션입니다. 이것은 내가 평생 동안 경험했던 10대 최악의 경험 중 하나입니다. 나는 수중 서식지에 일종의 화학 화장실이 있을 것으로 예상했습니다. 있기는 있었습니다. 그러나 화장실은 18시간의 감압 기간 동안 미션이 끝날 때만 사용할 수 있었습니다. 서식지에서 오물을 배출하는 시스템이 없었기 때문에, 6명의 사람들이 12일 동안 화장실을 사용하는 바람에 악취가 진동해 거의 반사회적인 분위기를 만들었습니다. 나중엔 뒤가 마려울 때는 바다에 나가 물고기처럼 해결했습니다. 나는 그 경험으로 인해 상처를 입었다고 말하지는 않겠지만, 분명히 나의 훈련 중 상쾌한 과정은 아니었습니다.

Q 훈련 중 어떤 것이 가장 좋았습니까?

A 나는 대부분의 훈련을 즐겼으며, 그중 하이라이트는 포물선 비행, NEEMO, 동굴탐사, 생존훈련 등등을 들 수 있겠습니다. 특히 나는 우주유영을 위한 훈련과 관련된 모든 것을 사랑했습니다. 우주복은 8시간 이상 우주의 가혹한 진공상태에서 살아남도록 설계된 미니 우주정거장이며, 그 자체로 놀라운 공학입니다. 이것은 작은 휴대용 제트 팩을 갖춘 '휴대용 생명지원 시스템PLSS' 백팩에 의해 달성됩니다. 우주유영 중에 우주비행사가 ISS에서 분리

될 경우 우주에서 기동할 수 있게 해주는 소형 질소 분사식 추진체를 사용하는 'EVA 구조를 위한 단순화된 보조장치' 또는 SAFER라고 합니다.

24개의 고압 추진체는 피치, 롤, 요yaw, 전-후, 옆, 위-아래의 6개 축(뒤의 셋은 x축, y축, z축)으로 제어할 수 있습니다. 우주비행사는 단일 핸드 컨트롤러를 사용하여 추진체를 제어합니다. 초기 제임스 본드 영화에서 보던 것과 많이 틀리지는 않습니다. SAFER는 좌초된 우주비행사가 우주정거장의 보호구역에 도달하기 위한 마지막 수단을 제공합니다. 그러나 6시간 EVA에 충분한 추진체가 포함된 이전의 제트 팩(유인 기동 유닛)과 달리, SAFER를 사용하면 자가 구조에 쓸 수 있는 양만큼의 연료만 있습니다. 까다로운 상황에 쓸 수 있는 여분의 압력은 없습니다!

그러면 우주비행사는 어떻게 제트 팩으로 비행하는 법을 배울까요? 해답은 NASA의 휴스턴에 있는 존슨 우주센터 가상현실 연구소에 있습니다. 이 완전 몰입형 훈련시설은 우주비행사가 우주정거장으로 안전하게 돌아가기 위한 기술을 숙달할 때까지 우주비행사를 반복적으로 우주로 쏟아내는 엄청나게 현실적인 환경을 제공합니다. 생환의 비결은 먼저 구르는 동작을 멈추고 우주정거장을 찾습니다. 운이 좋으면 ISS나 지구와 같은 다른 표적을 볼 수 있습니다. 그렇지 않으면 귀중한 연료를 우주정거장을 찾는 데 소모해야 합니다. 일단 당신이 ISS를 발견하더라도 당신은 여전히 그것으로부터 멀리 떨어져 떠도는 상황입니다. 그래서 시간이 본질적으로 중요한 요소입니다. 멀리 갈수록 궤도역학 법칙 같은 더 많은 요소들이 작용해 귀환하기가 훨씬 어려워질 수 있습니다. 가장 중요한 핵심은 앞으로 추진하기 전에 우주정거장을 벗어난 지점을 정확하게 목표로 삼는 것입니다. 잘못하면 돌아가는 내내 코스와 싸우면서 결국 연료를 다 써버리게 될 것입니다.

우주비행사는 최종시험을 치르기 전에 20~30번(야간 포함) 방출-귀환 훈련을 받습니다. 자기 생명이 걸린 문제이기 때문에 이 테스트를 통과하는 데 있어 이보다 더한 인센티브는 없을 것입니다.

긴급 질문 있어요!

Q 당신이 받은 충고 중 최고의 것은 무엇입니까? -알렉스 겔러슨

A 한 선생님이 말한 건데, '인생은 쓰레기통 같아요. 당신이 넣은 것이 나옵니다'는 금언입니다. 십대에게 주는 충고로는 좀 거칠게 느껴지지만, 지난 몇 년 동안 이 충고는 나를 잘 이끌어왔습니다. 내 방식대로 열심히 하고, 인내하고, 결심해서 얻는 것 외에는 결코 기대하지 않았습니다.

Q 우주비행사가 사소한 것들에 치중하는 법을 배운다는 게 사실입니까?

A 사실입니다. 나는 그것을 시험비행사 시절에 배웠습니다. 큰 일이 잘못되었을 때 작은 일에 밝다면 다른 선택의 기회를 잡을 수 있습니다.

CHAPTER 3

ISS에서 일하기, 생활하기

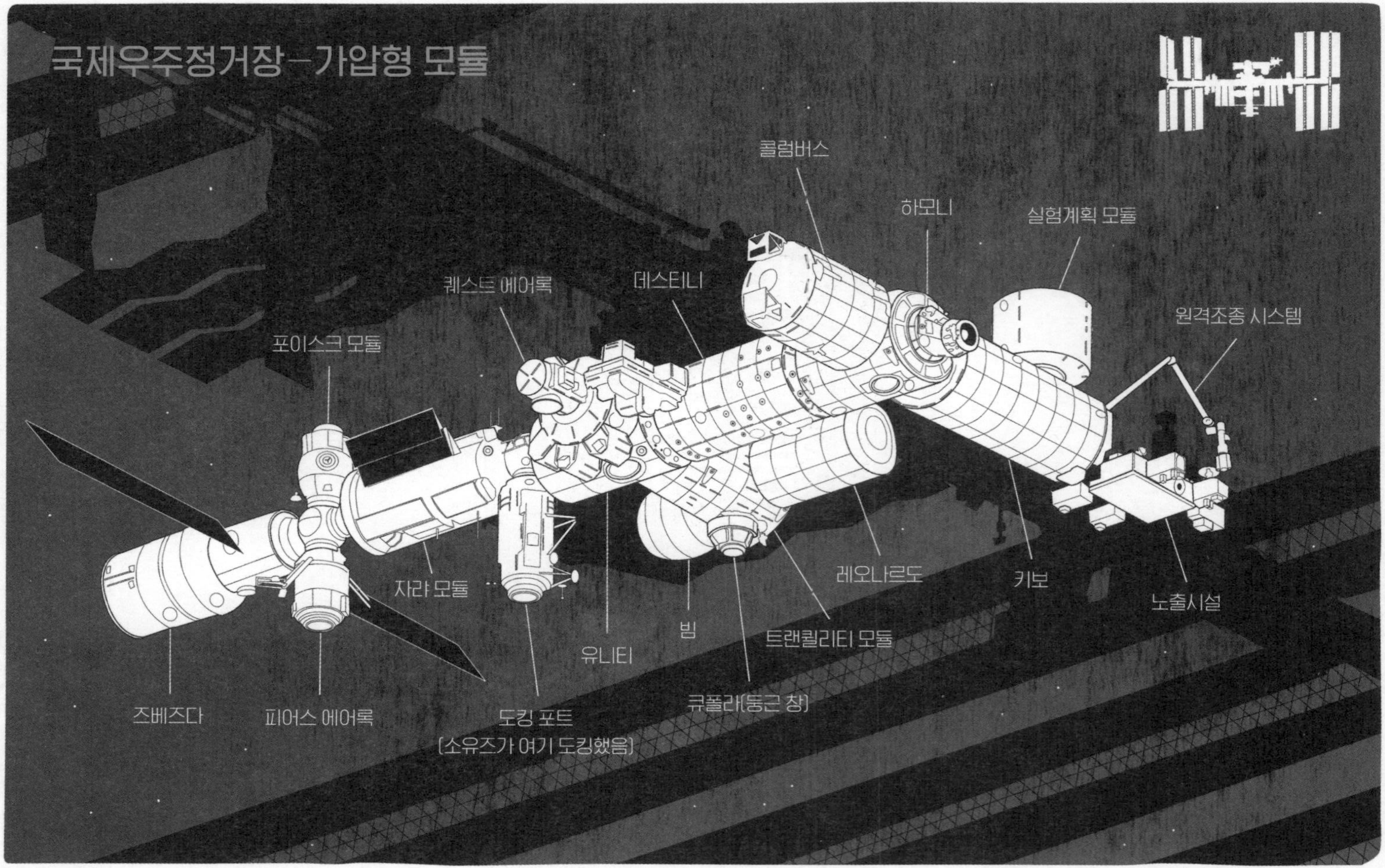

국제우주정거장–가압형 모듈

콜럼버스
하모니
실험계획 모듈
데스티니
퀘스트 에어록
원격조종 시스템
포이스크 모듈
자랴 모듈
레오나르도
키보
노출시설
빔
트랜퀼리티 모듈
유니티
큐폴라(둥근 창)
즈베즈다
피어스 에어록
도킹 포트
(소유즈가 여기 도킹했음)

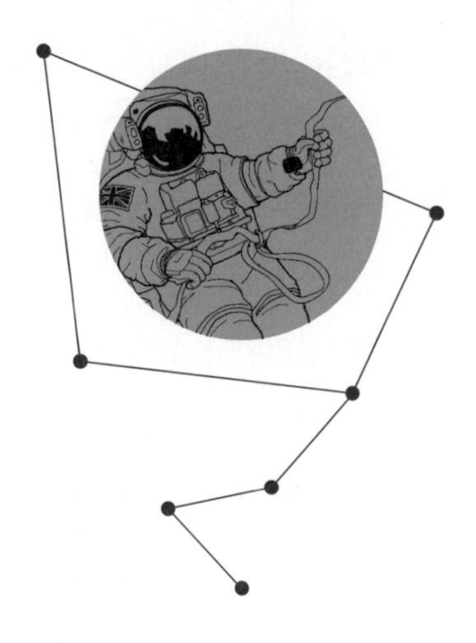

Q 국제우주정거장에서 보내는 일상은 어떻습니까?

A 내가 도착한 순간부터 ISS에서의 나날은 흥미롭고 도전적이며 자극적인 경험으로 가득했습니다. 우주정거장의 구석구석에는 과학이 만든 미니 기적이 숨쉬고 있습니다. 실험장비가 설치되지 않은 공간에서 수많은 복잡한 시스템이 끊임없이 작동하며 지구상에서처럼 많은 사람들에게 깨끗한 공기와 물을 공급합니다. ISS에서의 첫 인상은 복잡한 장비들과 수많은 컴퓨터(마지막으로 52대), 12km가 넘는 전기 배선은 근무하기에 무척 어려운 곳으로 보였습니다! 게다가 그 모든 것을 극미중력에서 해내야 한다는 도전적인 과제까지 딸려 있었습니다.

그러나 우주비행사에게 있어 무엇보다 ISS는 몇 달 동안 집이자 사무실입니다. 아침에 당신은 둥둥 떠서 출근하며, 큐폴라 창을 통해 지구의 환상적인 경치를 감상할 수도 있지만, 그보다는 열심히 일하고, 실험하고, 먹고, 자고, 운동하고, 동료들과 함께 시간을 보내는 곳이 바로 ISS입니다.

그렇기 때문에 비록 몇 밀리미터 두께의 알루미늄판이 우주의 진공으로부터 우리를 보호해주는 공간이지만, 선상의 사람들은 놀라울 정도로 빠르게 정상화되어 일상에 적응합니다. 나는 분명히 말할 수 있습니다. 우주정거장에서의 생활은 전혀 지루하지 않습니다. 이 '정상화'는 필수적인 과정입니다. ISS의 승무원으로서 효율적이고 효과적으로 기능을 발휘하려면 한눈 팔 틈이 없습니다. 총알의 10배 속도로 날면서 하루 16번 행성 주위를 공전하는 것에 대해 경외심과 경이로움을 느끼지만, 그것으로 집중력을 흩뜨리는 일은 없습니다. 우주비행사는 발사나 우주유영 중에 무언가 잘못될 가능성에 대해 끊임없이 경계해야 하지만, 우주정거장 안은 상대적으로 긴장을 누그러뜨리고 '안전함'을 느낄 수 있는 장소입니다.

우주에서의 일상생활에 대한 여러분의 질문에 답하기 전에, 지구라는 성역 너머에 생명을 품는 공학의 특별한 묘기, 곧 국제우주정거장의 이모저모를 먼저 살펴보겠습니다.

국제우주정거장이란 정확히 무엇입니까?

빠른 답변:

1. 역사상 가장 복잡하고 거대한 우주선.

2. 최첨단 과학 실험실.

3. 우주비행사의 우주 주택.

약간 긴 답변: ISS는 이제껏 인간이 만든 것으로 가장 발전된 구조물입니다. 400톤이 넘는 무게로 미식축구장만큼 넓은 지역을 덮고 있는 ISS는 지상 약 400km의 고도에서 시속 27,600km의 속도로 지구를 도는 인공위성입니다. 이는 90분마다 지구를 한 바퀴 돈다는 뜻입니다.

내가 부동산 중개인이라면 ISS는 여섯 개의 침실을 가진 집만큼 크다고 말할 수 있습니다. ISS는 2개의 욕실(샤워기는 없습니다), 체육관 및 큐폴라라 불리는 360도 대형 내단이창을 자랑합니다.

ISS의 내부 공간은 820m³로, 보잉 747-400 점보 제트기와 거의 비슷합니다. 이는 6명 이상의 승무원과 방대한 과학 실험장비를 배열하기에 충분한 공간입니다. 가격이오? 건설에 1,000억 달러(약 110조 원)가 넘는 비용이 투입되었으며, 이는 단일 구조물로서는 최고가 후보가 될 가능성이 농후합니다.

긴 답변: ISS는 15개국을 대표하는 다섯 개의 우주기구가 공동

으로 지었습니다. 곧, 미항공우주국NASA, 러시아 우주기구 로스코스모스Roscosmos, 유럽 우주국ESA, 캐나다 우주국CSA, 일본의 우주항공연구개발기구JAXA 등입니다.

ISS의 크기와 무게를 생각할 때 이것을 바로 우주로 발사할 수 있는 로켓은 없습니다. 따라서 조립완구나 레고 세트처럼 각 부문별로 제작된 것을 각기 우주로 올려 거기서 조립하는 방식을 택했습니다. 대다수의 모듈은 12년 동안 단계적으로 공급되었습니다. ISS는 러시아 궤도 세그먼트와 미국 궤도 세그먼트(유럽, 캐나다, 일본도 공유함)의 두 세그먼트로 구분됩니다.

ISS 건설은 1998년 11월 러시아의 자리야(Zarya: 새벽을 뜻함) 모듈의 발사와 함께 시작되었으며, 2주 후 US 유니티Unity 모듈이 뒤따랐습니다. 원정대 1인 NASA의 우주비행사 빌 셰퍼드와 러시아 우주비행사 유리 기젠코, 세르게이 크리칼레프가 소유즈 우주선에 도착한 2000년 11월 이후 ISS는 영구적으로 점령되었습니다. 2003년 우주왕복선 콜롬비아의 비극적인 참사로 인해 조립이 2년 반 동안 지연되는 바람에 2011년에 와서야 완성되었습니다. 2016년 4월에는 스페이스X의 CRS-8 드래건 우주선이 갖다준 팽창식 우주 거주용 모듈인 BEAMBigelow Expandable Activity Module을 설치했습니다. 이때 나는 우주정거장의 로봇 팔을 사용하여 우주선을 포착하는 영광을 안았습니다.

2017년 현재 ISS 구조물과 모듈을 지구 저궤도에 전달하기 위해 우주왕복선(27회), 프로톤(2회), 소유즈-U(2회), 팰컨 9(1회) 등 모두

32차례 로켓을 발사했습니다. 승무원, 물류, 서비스 및 재보급을 위해서는 140건의 발사가 이루어졌으며, 또한 ISS를 궤도에 조립하고 유지하는 데 1,200시간 이상의 우주유영이 요구되었습니다. ISS의 구축과 운영의 규모와 복잡성은 상상을 초월합니다. NASA의 한 엔지니어가 비유적으로 말하길, 태평양 한가운데에 컨테이너선의 모든 부품들을 떨어뜨린 다음, 바다에서 배를 조립하는 거나 비슷하다고 하는 걸 들은 적이 있습니다.

Q 우주정거장은 어떤 것들로 이루어져 있습니까?

A 우주정거장은 기본적으로 과학 실험실, 도킹 포트, 기압조정실airlocks, 창고 및 주거공간으로 사용되는 여러 가압 모듈로 구성됩니다. 그리고 전력, 냉각, 통신, 자세 제어 시스템 등과 같이 ISS를 유지하는 많은 구성요소가 포함된 우주정거장의 틀을 잡아주는 등뼈를 형성하는 '트러스'가 있습니다. 트러스는 너비 109m에 이르는 12개의 금속 격자구조로 이루어져 있습니다. 또한 트러스에는 많은 예비부품이 사전 저장되어 있는 여러 물류 플랫폼이 있습니다. 트러스의 후방 측면에는 방열판(와플형 패널 사이로 암모니아가 흘러나와 방열함으로써 스테이션에 과도한 열의 발생을 막음)이 있습니다.

트러스의 양쪽 끝에는 햇빛을 전기로 바꾸는 거대한 태양 전지판이 있습니다. 트러스에는 이 태양 전지판을 360도 회전시켜 태양

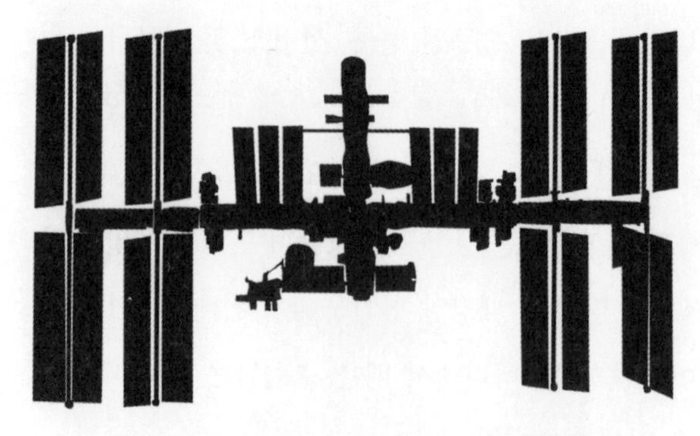

국제우주정거장 109m × 73m

런던 버스
11.23m × 4.39m

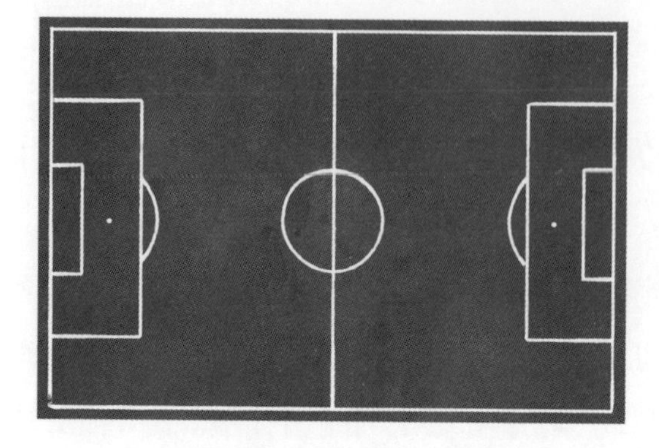

IFAB 표준 축구장 105m × 68m

을 추적할 수 있는 조인트가 있습니다. 이 넓고 평평한 태양 전지판의 총면적은 약 2,500m³(8개의 농구장 넓이에 해당)로, 최대 120킬로와트의 전기를 생산하는데, 이는 평균적인 주택 40호에 너끈히 공급할 수 있는 전력입니다. 트러스에 저장된 배터리는 낮 동안에 충전되어 ISS에 전원을 상시 공급합니다.

우주선 원격조종 시스템SSRMS으로 알려진 로봇 팔은 캐나다에 의해 제작된 것으로, 움직이는 모듈을 잡거나 이동시키고, 우주유영하는 승무원의 이동을 돕는 등으로 우주정거장 건설에 한몫을 했습니다. 로봇 팔의 양쪽 끝은 앵커 포인트 역할을 할 수 있습니다. 즉, 필요한 위치에 따라 구조의 여러 부분에다 장착하여 사용할 수 있다는 뜻입니다. 로봇 팔의 가장 중요한 과제 중 하나는 ISS에 자동으로 도킹할 수 없는 우주 화물선을 잡아 정박시키는 것입니다.

ISS에는 미국 실험실 데스티니와 유럽 실험실 콜럼버스, 일본 실험실 키보Kibo가 있습니다. 가혹한 우주환경에서 연구하는 외부 플랫폼과 트러스에 탑재된 AMS-02 또는 알파 자기 분광계(위대한 이름!)와 같은 실험도 있습니다. AMS-02는 우주선(宇宙線)에서 반물질을 측정하고 암흑물질의 증거를 찾기 위해 고안된 입자 물리학 실험입니다. 러시아는 2010년대 후반에 유럽 로봇 팔과 함께 나우카(Nauka: 과학이란 뜻)라 불리는 실험실을 발사할 계획입니다.

전체적으로 ISS는 100개 이상의 주요 부분으로 구성됩니다. 120쪽의 도표는 우주정거장의 모든 가압 모듈들을 보여줍니다.•

• 2008년 4월 우리나라 최초의 우주인인 이소연이 ISS에 머물면서 과학실험을 수행했다.

ISS 로봇 팔은 양 끝에 앵커 포인트가 있어 우주정거장 이곳저곳으로 옮겨다니면서 장착할 수 있다.

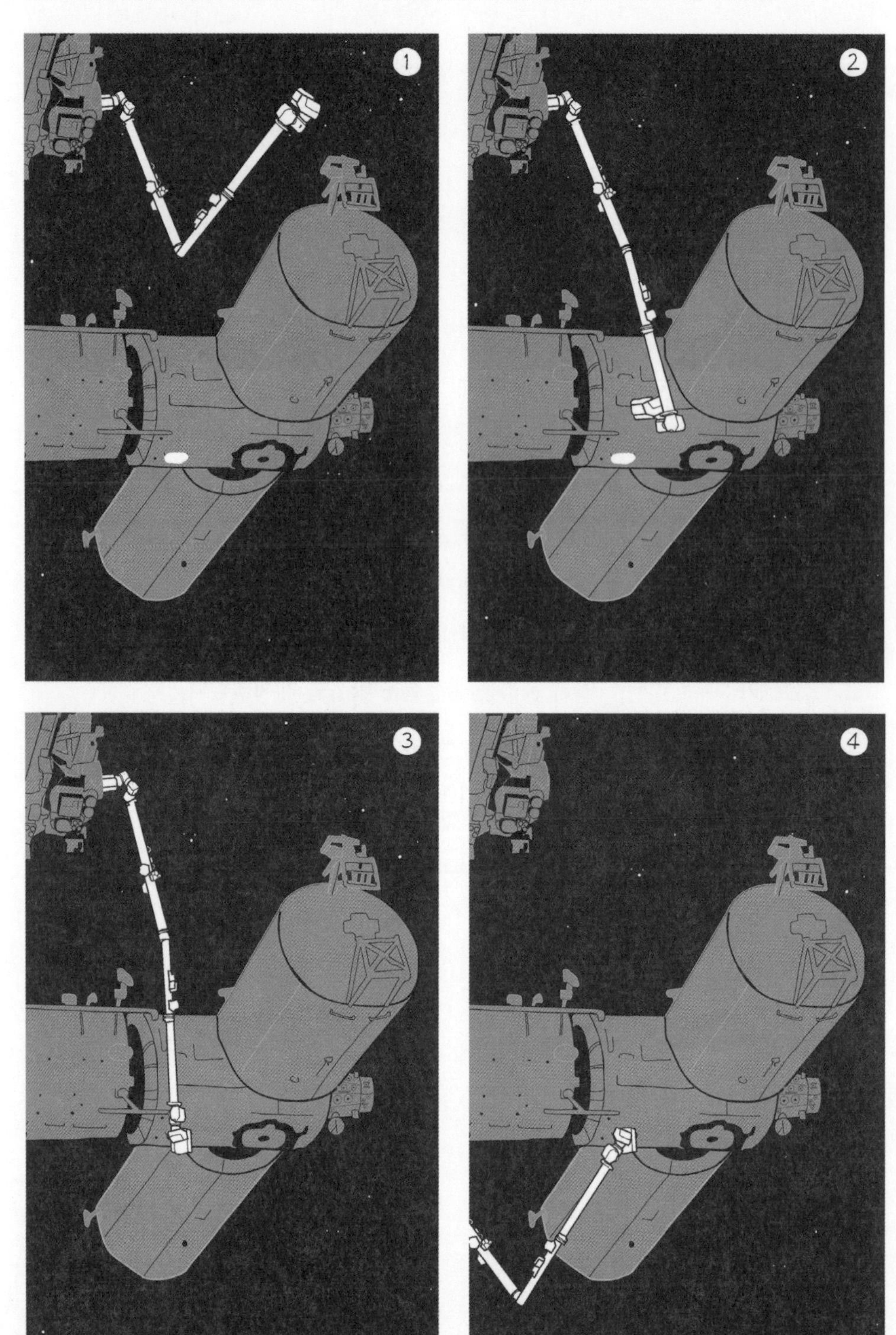

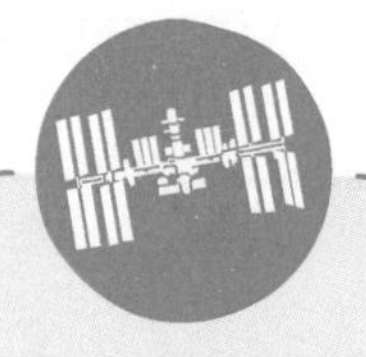

이거 아세요?

- 우주의 질량 중 약 22%는 암흑물질로 알려져 있습니다. 이런 이름을 갖게 된 것은 빛이나 에너지를 방출하지 않기 때문에 정체를 알 수 없는 존재이기 때문입니다. 비록 우리가 아직까지 그것을 발견하지는 못했지만, 별의 궤도운동과 은하의 회전을 볼 때 가시적인 물질의 질량만을 고려할 때 설명되어지지 않는 부분이 명확히 존재하기 때문에 암흑물질의 존재는 누구도 부인하지 못하고 있습니다.
  이 여분의 중력을 행사하는 존재인 암흑물질은 이른바 우주에서 잃어버린 질량이라 할 수 있습니다. 과학자들은 암흑물질의 정체를 밝히려고 반세기 이상 고군분투했지만 아직까지 그 실마리조차 잡지 못하고 있습니다. 암흑물질 입자 사이의 충돌은 과도한 하전입자를 생성하는 것으로 보고 있습니다. ISS에서 이루어지는 AMS-02 실험은 이러한 입자 방출을 검출함으로써 암흑물질의 정체에 한 걸음 더 다가설 수 있도록 도와줍니다.

- 반물질은 우주의 또 다른 불가사의한 빌딩 블록입니다. 그것은 물질의 정상적인 입자의 반대이며, 다른 전하를 가지고 있습니다. 예를 들어, 전자의 반입자는 양전자로 알려져 있습니다. ISS와 CERN의 대형 하드론 입자 가속기의 실험은 반물질 입자가 물질 입자와 결합할 때 서로 파괴하며 에너지를 생성함을 보여줍니다. 이것은 일부 과학자들로 하여금 반물질이 언젠가는 우주선에 전력을 공급하는 효율적인 연료원으로 사용될 수 있다고 믿게 했지만, 아직은 먼 미래의 일로 보입니다. 현재 반물질을 생성하려면 반물질 반응에서 얻을 수 있는 에너지보다 훨씬 더 많은 에너지가 들어갑니다.

그런데 우주정거장의 목적은 대체 무엇입니까?

- 제러미 팩스먼, 뉴스나이트

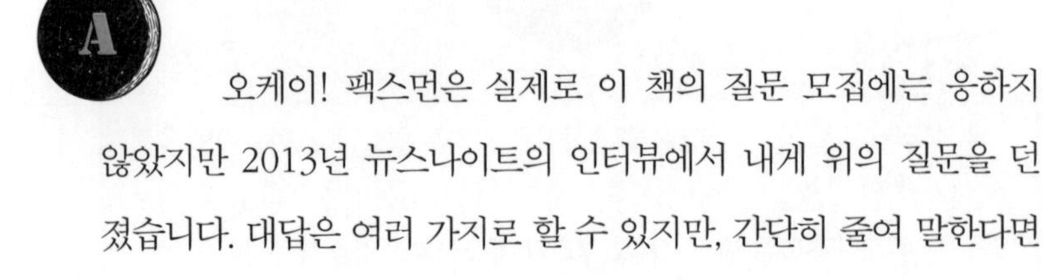

오케이! 팩스먼은 실제로 이 책의 질문 모집에는 응하지 않았지만 2013년 뉴스나이트의 인터뷰에서 내게 위의 질문을 던졌습니다. 대답은 여러 가지로 할 수 있지만, 간단히 줄여 말한다면 ISS의 목적은 다음 두 가지라고 할 수 있습니다.

- 과학적 지식과 이해를 더욱 넓힘으로써 지구 행성인들의 이익에 봉사한다.
- 우리 행성 너머로 인류의 우주탐사를 촉진한다.

ISS가 과학연구를 수행하는 매력적인 장소인 까닭은 우주의 조건이 지구의 조건과 다르다는 점입니다. 실험의 조건(또는 매개 변수)을 변경하면 다른 결과를 얻고 새로운 것을 학습할 수 있습니다. 중력은 지구상의 생명체가 진화하는 기간 동안 일정하게 유지된 유일한 환경 매개 변수입니다. 이를 변화시켜 무중력의 장기적인 영향을 연구하는 능력은 살아 있는 유기체뿐만 아니라 수많은 물리-화학적 과정을 연구하여 ISS를 획기적인 과학연구의 플랫폼으로 자리매김했습니다. ISS 연구의 결과를 보여주는 저널 간행물이 1,200개가 넘었습니다. ISS 연구는 이처럼 우리의 지식을 넓히고 기술을 새로운 한계로 끌어올렸으며, 인류 복지와 환경 개선에 이바지했습니다.

이거 아세요?

- ISS는 24시간에 대략 지구에서 달까지 왕복하는 거리를 이동합니다.

- 밤에는 ISS가 지구에서 맨눈으로도 보입니다. 반사된 햇빛으로 인해 밝은 흰색 점으로 보이며, 밤하늘에서의 밝기는 금성과 다툴 정도입니다. 한 수평선에서 다른 수평선으로 하늘을 가로질러 이동하는 데 약 10분 걸리지만, 지구의 그림자 속으로 들어갈 경우에는 그만큼 오래 볼 수는 없습니다. 비행기로 오인되기도 하지만 ISS에는 반짝이는 섬광등이 없기 때문에 구별할 수 있습니다. ISS 발견에 도전하고 싶습니까? ISS 추적 앱을 사용하면 발견 위치를 알 수 있습니다: http://www.isstracker.com.

- ISS는 구소련과 러시아의 살류트, 알마즈, 미르, 그리고 미국의 스카이랩 우주정거장에 이은 9번째 유인 우주정거장입니다. 2000년 11월에 첫 승무원이 탑승한 ISS는 지구 저궤도에서 미르가 보유한 이전 기록인 9년 357일을 능가하는 인간의 가장 긴 연속 우주 거주 기록을 자랑합니다.

- ISS에서 약 6개월 동안 3명의 승무원을 지원하려면 약 7톤의 물품이 필요합니다.

- 2017년 9월 원정대 53의 도착으로 모두 228명의 사람들이 ISS를 방문했습니다. 저는 221번째였습니다. 나의 소유즈 사령관인 유리 말렌첸코는 현재까지 ISS를 다섯 차례 방문한 유일한 우주인입니다.

ISS라는 우주의 전초기지는 과학연구에만 한정된 것이 아닙니다. 그것은 타고난 인간의 특성, 즉 탐구 욕망의 확장이기도 합니다. 우리는 평생 동안 배우려 하고 호기심이 많은 종입니다. 우리가 배우기 위해서는 탐구하고, 시험하고, 새로운 것을 시도하고, 때로는 상궤를 벗어날 필요도 있습니다. 우리의 유전적 특성에 건강한 호기심을 더함으로써, 진화는 우리를 궁극의 학습기계로 만들고 있습니다. 호모 에렉투스가 2백만 년 전에 아프리카를 넘어 모험을 시작한 이래 인류로 하여금 발견의 항해를 시작하게 한 이 원초적인 충동은 미래에 배당금을 지불할 것입니다. 분명한 것은, 우리가 한 행성의 종으로만 남는다면 멸종은 피할 수 없다는 사실입니다.

Q

ISS에 도착해서 당신이 가장 먼저 한 일은 무엇입니까?

A

팀과 유리와 내가 ISS 선상에 도착했을 때 가장 먼저 한 일은 달리기였습니다! 까다로운 사고로 인해 도킹이 예정보다 약 30분 늦었기 때문에 해치가 열렸을 때 낭비할 시간이 없었습니다. 새로운 승무원이 우주정거장에 도착했을 때 전통적으로 여는 환영식이 있습니다. 이것은 승무원과 바이코누르에 모인 가족, 친구, 손님들 간의 화상회의 형식을 취합니다.

일반적으로 승무원은 환영식이 시작되기 전에 화장실에 가거나 식사할 짧은 시간을 갖습니다. 우리의 경우에는 소유즈에서 곧바로 러시아 서비스 모듈로 이동했습니다. 비디오 스트리밍이 가능한 통신 윈도가 급속히 줄어들었기 때문입니다. 그런 다음 지상과의 첫 번째 라이브 비디오 링크를 마침으로써 우리는 마침내 옷을 갈아입고 우주에서 가장 중요한 하드웨어 중 하나인 ISS 화장실로 달려갔습니다.

Q 우주에서는 어떻게 용변을 봅니까?

A 이것은 내가 어린 친구들에게서 가장 많이 받는 질문입니다. 속 시원히 대답해주지요! 우주 변소에 가는 것은 지구에서 볼일을 보는 것과 크게 다르지 않지만, 기억해야 할 중요한 몇 가지 점이 있습니다. 첫째로, 우리는 전화 부스의 크기로 간막이된 변소를 사용하기 때문에 약간의 사생활 보호를 받습니다. 변소 내부에는 자세를 안정적으로 유지하기 위해 발 걸쇠 장치가 있습니다(주변에 떠 있는 물건이 적을수록 좋습니다). 우리는 옆에 스위치가 있는 원뿔 모양 용기가 달린 호스에 소변을 담습니다. 기억해야 할 가장 중요한 점은 팬을 작동시키는 스위치를 먼저 켜는 것입니다. 우주 변소의 전체 개념은 무중력 상태에서는 공기 흐름이 일정하며 모든 것이 한 방향으로 움직인다는 것입니다. 호스로 적절히 흡입시키면 간단히 끝납니다.

큰 볼일을 위해서는 고체 폐기물 컨테이너 위에 고정된 작은 의자가 있습니다. 이 컨테이너에는 작은 원형 개구부가 있는데, 그 둘레에는 신축성 있는 고무 주머니가 연결돼 있습니다. 주머니에 있는 수백 개의 작은 천공은 공기의 흐름은 허용하지만 고체 폐기물은 통과시키지 않습니다. 소변 호스의 동일한 스위치가 고체 폐기물 컨테이너를 통해 공기 흐름을 활성화합니다. 볼일을 성공적으로 완료하면 우주비행사는 내용물이 들어 있는(자동 밀봉) 고무 주머니를 용기 속에 떨어뜨리고 다음 승무원을 위해 새 주머니를 장착합니다. 고체 폐기물 용기는 약 10~15일마다 교체됩니다.

화장실을 통해 빨려들어간 공기는 거주공간으로 순환되기 전에 건조, 여과, 탈취 과정을 거칩니다. 우주정거장에는 러시아 세그먼트의 즈베즈다 모듈과 미국 세그먼트의 노드 3(트랜퀼리티 모듈)에 두 개의 화장실이 있습니다. 상당히 단순한 절차임에도 불구하고 우주정거장 변소의 사용은 별다른 문제를 일으키지 않았습니다.

Q 우주정거장에서 무엇이 버려집니까?

A 우주정거장에서 나온 쓰레기는 미션이 끝난 후 때 도킹 해제한 우주선에 실려 지구 대기에 재진입하면서 태웁니다. 폐기물의 대부분은 경량의 포장재입니다. 우주로 날아가는 모든 아이템은 로켓 발사의 가혹한 조건을 견뎌내야 하기 때문에 아이템을 철저히 보호하기 위해 기포 비닐 포장재가 사용됩니다.

우리는 또한 헌 옷, 음식 포장재, 실험실에서 나온 고체 폐기물 용기 등을 버립니다(생각해보세요. 지구 대기에서 다 별똥별이 될 겁니다!). 그러나 소변은 버리지 않습니다. 너무 많은 수분이 포함되어 있기 때문입니다. 소변은 정화과정을 거쳐 다시 식수로 재활용되며, 농축된 폐기물('소금물'이라고 불림)만 수집되어 다른 쓰레기와 같은 운명을 겪게 됩니다.

Q 우주정거장에서 물과 산소를 어떻게 확보합니까?

A

ISS에 있는 물의 약 70~80%는 재활용에서 생산됩니다. 소변과 함께 우리는 재활용 땀과 호흡 공기에 포함된 수분을 마십니다! 이 수준의 재활용은 상당히 인상적입니다. 불순물을 걸러내고 모든 오염물질을 제거하여 지구에서 마시는 물보다 깨끗한 물을 생산하는 소변-물처리 공정에 성공했습니다. 그러나 지구로부터 보충이 어려운 미래의 우주탐사는 100%에 가까운 재활용이 요구될 것입니다. 우주정거장은 현재 우주화물선으로 물을 추가로 공급받습니다. ISS에 충분한 물이 있어 승무원당 하루에 3~4리터의 물을 섭취할 수 있습니다. 이는 마실 것, 위생 및 음식물의 수분 보충에 충분합니다.

산소는 물을 수소와 산소로 분리하는 전기분해로 생성됩니다. 단순히 수소를 낭비하는 대신 '사바티어Sabatier'라 불리는 극히 영리한 장치가 있습니다. 이 장치는 수소와 이산화탄소(우리가 호흡하는)와 반응하는 촉매를 사용하여 다시 물을 만들며, 폐기물로는 메탄을 남깁니다. 우주정거장 내부와 외부에는 산소와 질소를 보관한 고압 탱크도 있습니다. ISS 대기를 보충하거나 우주유영을 위해 우주복을 재충전해야 하는 경우에 사용됩니다(우주복 내부에서 100% 산소를 마시게 됩니다).

무중력 상태에서 부유하는 데 익숙해지려면 얼마나 걸리나요?

좋은 소식은 우주정거장에 처음 도착했을 때 내가 얼마나 서투른지 느꼈지만 이내 극미중력에서 돌아다니는 데 익숙해졌다는 점입니다. 무중력 상태에서 신체, 특히 다리를 제어하는 것에 관련된 실제 기술이 있습니다. 우주정거장에 처음 들어서면서 나는 잘 조정되지 않는 다리가 물건에 부딪히는 것을 느꼈습니다. 하지만 1주일쯤 후 대부분의 우주비행사는 무중력에 익숙해집니다. 그러나 뒤로 공중제비하는 데는 시간이 더 걸릴 수 있습니다! 그런 점에서 '떠다니는' 것은 일종의 스포츠와 비슷하며, 실습을 통해 능숙해질 수 있습니다.

러시아 세그먼트는 모듈이 작은 지름의 공간이기 때문에 극미중력에 익숙해지기 전 처음 1시간 정도를 보낼 수 있는 좋은 장소입니다. 난간에서 너무 멀리 떨어져 있지 않아 안정감과 통제력을 회복하기 쉽습니다. 처음으로 미국 세그먼트에 떠 있을 때, 모듈 공간은 거대하고 벽은 매우 멀어 보였습니다. 이는 미국 모듈이 우주왕복선 화물칸에서 발사되었기 때문입니다. 우주왕복선은 러시아 모듈을 우주로 운반한 프로톤 로켓보다 큰 지름을 가지고 있습니다.

초기에 일본 키보 실험실에 진출할 때 우연히 난간을 놓치는 바람에 나는 공간 한가운데 부유하게 되었습니다. 모듈이 커서 난간에 손이 닿지 않았습니다. 팔과 다리의 불쾌한 실수로 몇 분이 지난 후에야 간신히 난간으로 가는 길을 헤엄칠 수 있었고, 다른 승무원에게 도움을 요청하는 상황을 피할 수 있었습니다. 물론 신참의 우스꽝스러운 투쟁은 카메라에 잡혔으며, 지상의 관제요원들에게 잠시 즐거움을 안겨주었을 것입니다.

Q 공간 부유에서 가장 좋은 점은 무엇입니까?

A 지구의 중력에 대항할 필요가 없기 때문에 매우 편안하고 멋지게 해방감을 느낍니다. 당신의 근육은 무중력 상태에서 자연스럽게 가장 편안한 자세를 취할 것입니다. 당신이 아무것도 하지 않으면, 당신의 몸은 앉거나 선 자세의 중간쯤에서 약간 구부러진 자세를 취하게 되며 어깨는 뜨려는 팔을 따라 기울어지게 됩니다.

무중력에서 떠다니는 또 다른 재미있는 점은 새로운 관점에서 사물을 볼 수 있다는 것입니다. 이 공간에는 위와 아래가 따로 없습니다. 따라서 우주정거장 내에서 사용 가능한 모든 공간을 생활과 업무용으로 사용할 수 있으며, 공간을 떠다니며 천장이나 벽도 바닥과 마찬가지로 사용이 가능합니다.

또한 간단한 고무끈이나 찍찍이가 있는 벽이나 선반에 크거나 무거운 물체를 떨어뜨릴 염려 없이 수납할 수 있습니다. 무중력은 어떤 의미에서 당신에게 더 살기 좋은 공간을 제공합니다. 공간의 효율성 면에서는 무중력이 더 유리한 환경이 된다는 것을 알 수 있습니다.

무중력의 가장 신나는 점은 손이나 발로 단순히 한 번 미는 것으로 모듈의 이쪽 끝에서 저쪽 끝까지 날아갈 수 있다는 것입니다. 새처럼 말입니다. 뿐더러 좀더 건방을 떨면, 한 번의 발차기만으로도 공중제비를 한두 번 돌 수도 있답니다.

Q ISS에서는 왜 그리니치 평균시(GMT)를 씁니까?

A ISS에서 일상생활을 하기 위해서는 정해진 시간대가 있어야 합니다. ISS에서는 그리니치 표준시와 동등한 UTC(Universal Time Coordinated: 협정 세계시)를 사용합니다. 우주정거장의 시간대를 결정할 때 ISS 프로그램(미국, 러시아, 유럽, 일본, 캐나다)의 주요 참가국들은 그리니치 표준시를 채택하기로 합의했습니다.

그리니치 표준시를 사용하면 대부분의 국가에서 낮 근무 시간과 ISS의 근무시간 중 일부가 겹쳐질 수 있습니다. 물론 이 시간대는 유럽 우주국ESA에게는 환상적이지만, 일본 우주국은 가장 불리합니다. 일본의 미션 컨트롤 센터는 GMT보다 9시간 앞선 도쿄 외곽의 쓰쿠바에 있기 때문입니다.

Q

하루에 16번이나 일출을 보는 ISS에서 일상생활은 어떻게 합니까?

A

나날의 일상생활은 12시간 정상근무(오전 7시부터 오후 7시까지)였습니다. 우리는 실제로 매일 16번의 일출과 일몰을 보았지만, 근무시간의 변동은 없었습니다. 그래도 빠르게 변화하는 주야간 주기에 금방 익숙해졌습니다. ISS에서의 일상은 과학실험, 유지-보수 활동, 기타 작업들이 다양하게 이루어지기 때문에 하루라도 같은 일정을 되풀이하는 경우는 드뭅니다. 그럼에도 불구하고 안정적인 일상을 꾸려나가는 것은 그리 어렵지 않았습니다.

나는 보통 오전 6시경에 눈을 뜹니다. 그러면 개인위생과 아침식사를 위한 약 1시간의 여유가 있습니다. 또한 이 시간 동안 나는 일정에 변화가 있는지 확인합니다. 가능하면 퇴근 전에 해야 할 업무에 대한 준비도 합니다. 어쨌든 ISS는 근무하기에 매우 바쁘고 역동적인 환경으로, 지상관제실은 승무원이 잠자는 동안 마지막 순간에 우리 스케줄을 변경할 때도 있습니다.

이 시간은 또한 그날 사진 찍을 관심 분야를 확인하기에 좋은 때입니다. 때때로 지구관측 프로그램에 의해 과학 관련 사진촬영이 요청되곤 했습니다. 예컨대, 화산활동을 모니터링하고, 빙하 퇴각, 소행성 충돌 크레이터, 연안지역이나 강 삼각주를 촬영하기도 했습니다. 물론 순전히 개인적인 관심에서 사진을 찍는 경우도 많습니다. 예를 들면, 히말라야 산맥 전체를 휩쓸고 있는 궤도나 유럽의 맑은 날씨(겨울에는 보기 드문!) 또는 피라미드 바로 위를 지나가는 경우 등입니다. 하루에도 16개 궤도를 도는 만큼 촬영 목표가 부족하지는 않습니다. 나는 이들 중 하나나 두 개를 잡을 수 있기를 희망하면서 각각의 목표에 경보를 설정하곤 했습니다.

오전 7시 일일 계획 회의DPC라고 하는 간략한 아침 회의로 그날 업무가 시작됩니다. 휴스턴에서 시작하여 헌츠빌(앨라배마), 뮌헨, 쓰쿠바(일본), 그리고 모스크바까지 전세계의 모든 미션 컨트롤 센터와 리그전 형식으로 업무점검에 들어갑니다. DPC는 약 15분간 지속되며, 그후 그날 활동에 들어갑니다. 우리의 임무는 주로 과학실험을 용이하게 하는 것으로 구성되어 있습니다.

승무원의 작업일정과 각 작업에 대한 세부지침은 우주정거장 곳곳에 있는 여러 대의 컴퓨터에 표시되어 있습니다. 최근 추가된 사항은 ISS Wi-Fi에 연결된 개인용 아이패드에 올라갑니다. 우주비행사는 현재시간을 표시하는 붉은 선에 표시된 '굵은 빨간 선'에 대해 의견을 말하며, 일정을 진행할지 보류할지 여부를 분명하게 결정합니다. 어떤 날에는 1~2회의 길고 복잡한 실험을 실행해야 하며, 또 어떤 날은 10~20개의 작은 활동에 참여할 수도 있습니다.

실험 외에도 승무원은 ISS의 유지-보수 작업, 교육-봉사 활동, 그리고 홍보활동을 수행합니다. 또한 우주화물선이 ISS를 방문할 때마다 물류처리에 많은 시간이 걸립니다. 사전 재교육 훈련도 필요합니다. 중요한 '캡처'는 모두 우주정거장의 로봇 팔로 이루어집니다. 그리고 우주유영이 계획되면, 며칠 전부터 그것은 모든 승무원의 최대 관심사가 됩니다. 승무원들은 그에 따른 모든 장비를 준비해야 하고, 양호한 상태인지 확인해야 하며, 해당 승무원은 우주에서 가장 위험한 활동을 수행할 만반의 준비를 갖춰야 합니다.

점심식사에 보통 한 시간이 잡혀 있는데, 아침 과제 중 일부에 너무 많은 시간이 쓰이면 점심시간에 벌충합니다. 오후 5시부터는 대개 운동을 합니다. 나는 심혈관과 근육 운동을 2시간 정도 했습니다. 작업은 오후 7시에 완료됩니다. 그러면 지상의 모든 미션 컨트롤 센터에 다시 리그식 호출이 있습니다. 이후 승무원은 빠른 시간 내에 저녁식사를 하고 다음날 활동을 준비합니다. 그리고 보통 야간에 1~2시간 동안 이메일을 확인하고 친구와 가족에게 전화를 걸거나 사진을 찍다가 오후 11시경에 잠자리에 듭니다.

Q 우주에서 느끼는 시간 감각은 어떻습니까?

A 인체는 24시간 리듬이라고 하는 자연스러운 시간 인식을 가지고 있습니다. 우리의 일주기 리듬은 우리가 언제 피곤하거나 기민한지를 말해줄 뿐만 아니라, 많은 신체적 기능, 곧 체온, 집중력, 인지 능력 및 소화 시스템과 같은 것들에 미묘한 방법으로 영향을 줍니다.

몸의 주기 리듬을 엉망으로 만드는 가장 손쉬운 방법은 비행기로 지구 반대편으로 여행하는 것입니다. '시차로 인한 피로'라고 하

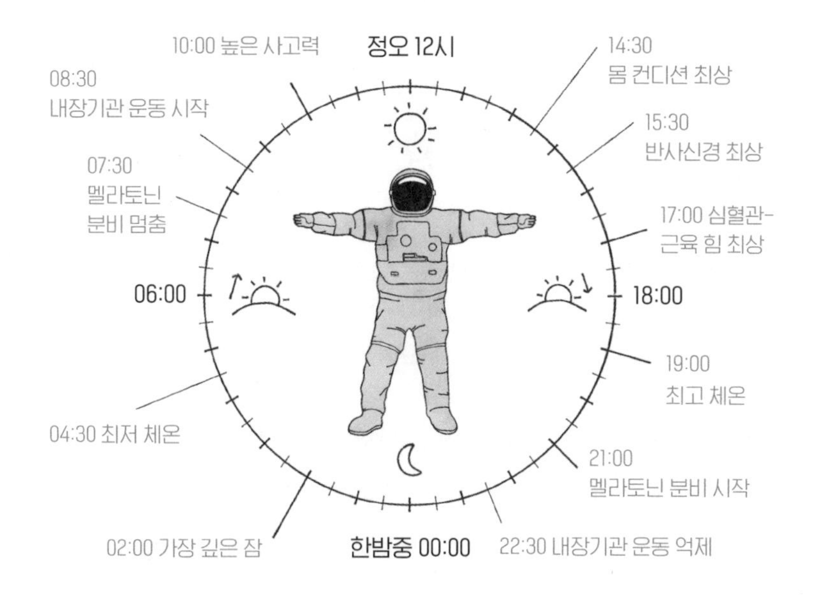

는 것이 바로 그것입니다. 우주로 가기 앞서, 각 승무원은 모스크바에서 최종 소유즈 시험을 마친 후 약 4주간을 보내고, 카자흐스탄의 바이코누르 발사기지에서 2주간 검역을 받습니다. 그러나 모스크바에서 우주정거장의 GMT(-3시간)로 이동하는 것이 바이코누르에서 GMT(-6시간)보다 쉬워지므로 검역 중에도 모스크바 시간을 계속 사용합니다. ISS에 도착하면, 우주비행사는 GMT로의 즉각적인 전환과 함께 매우 긴 발사일의 영향을 극복합니다. 유리와 팀, 나는 발사일 약 24시간 동안 깨어 있었기 때문에 우주에서 처음 며칠 동안은 시차로 인한 피로를 극복할 필요가 있었습니다.

인체의 일주기 리듬은 시간에 대한 인식을 조절하기 위해 빛에 매우 민감합니다. 우주에서 24시간 주기 리듬을 잘 유지하기 위한 비결은 하루에 16번의 궤도 선회에 따른 잦은 밤낮의 사이클에 익숙해지는 것입니다. 처음에는 잦은 밤낮의 바뀜이 아주 이상하게 느껴집니다. 오전 11시에 커피 휴식을 취할 때 바깥은 칠흑 같은 어둠이고 우리는 중국 땅 위를 날아가고 있습니다. 그리고 우리가 밤에 칫솔질을 할 때는 햇빛 환한 유럽 땅 위를 납니다. 참으로 기괴하게 느껴지죠.

나는 취침 전에 창밖을 내다보는 것이 아주 나쁘다는 사실을 발견했습니다. 태양으로부터 나오는 막대한 자외선을 쬐면 인체의 멜라토닌(졸린 기분이 들게 하는 호르몬) 생산을 멈추게 합니다. 이것은 인체의 주기 리듬에 혼란을 가져와 잠이 오지 않게 합니다. 한 번 이 실수를 한 후 나는 항상 잠자리에 들기 전에 바깥이 어두울 경우에만 창밖을 내다보도록 조심했습니다.

다행히 ISS는 분주한 장소이며 일상은 엄격한 절차로 운영됩니다. 이것은 인체의 주기 리듬을 촉진하는 데 좋습니다. 또한 매일 규칙적인 시간에 식사하고 같은 시간에 운동하는 것이 신체가 새로운 시간대로 빠르게 적응하는 길임을 발견했습니다. 우주에서 약 2주간 지내면서 나는 아주 잘 잘 수 있었고, 16-궤도의 밤낮 사이클에 영향을 받지 않았습니다.

흥미롭게도, 우리의 미션이 끝나갈 무렵, ISS는 새로운 LED 조명을 설치하려 하고 있었습니다. 기존 조명은 고정 주파수의 '흰색 빛'이었습니다. 새로운 LED 조명은 최적의 환경을 위해 흰색-파란색 빛(짧은 파장)으로 주파수를 전환할 수 있습니다. 따라서 수면 전

저녁에는 빨간색 빛(긴 파장)으로 이동합니다. 나는 이것이 승무원들에게 환영받는 환경개선이 될 것이라고 확신합니다.

Q

우주에서 자는 잠은 어떤가요? 그리고 승무원들은 어디서 잡니까?

A

ISS에 탑승한 우주비행사들은 각각 지정된 승무원 숙소가 있으며, 작은 샤워 부스 크기 정도입니다. 미국 세그먼트의 노드 2(하모니)에는 4개, 러시아 세그먼트에는 2개의 승무원 숙소가 있습니다. 나는 노드 2 '갑판' 승무원 숙소에서 잤습니다. 다른 이들은 포트, 우현, 머리 위에 있는 숙소였습니다. 물론 우주공간에서는 위아래가 없기 때문에 승무원 숙소는 어떤 방향으로도 자리잡을 수 있습니다. 우주에서 가장 좋은 잠자기 기술은 개인에 따라 다릅니다.

나는 침낭을 벽 고리에 아주 느슨하게 건 다음 그 속에 들어가 지퍼를 여미고는 그냥 공중에 뜬 상태로 잤습니다. 침낭은 아주 몸에 딱 맞는 사이즈입니다. 그 속에서 몸이 제멋대로 움직이지 않아야 숙면을 취할 수 있습니다. 원한다면 침낭의 슬롯을 통해 팔을 뻗고 긴 민소매 로브를 착용할 수 있습니다. 하지만 문제가 있습니다. 밤새 두 팔이 주변에 떠 있는 무엇엔가 부딪히고 잠을 깨울 수 있기 때문입니다.

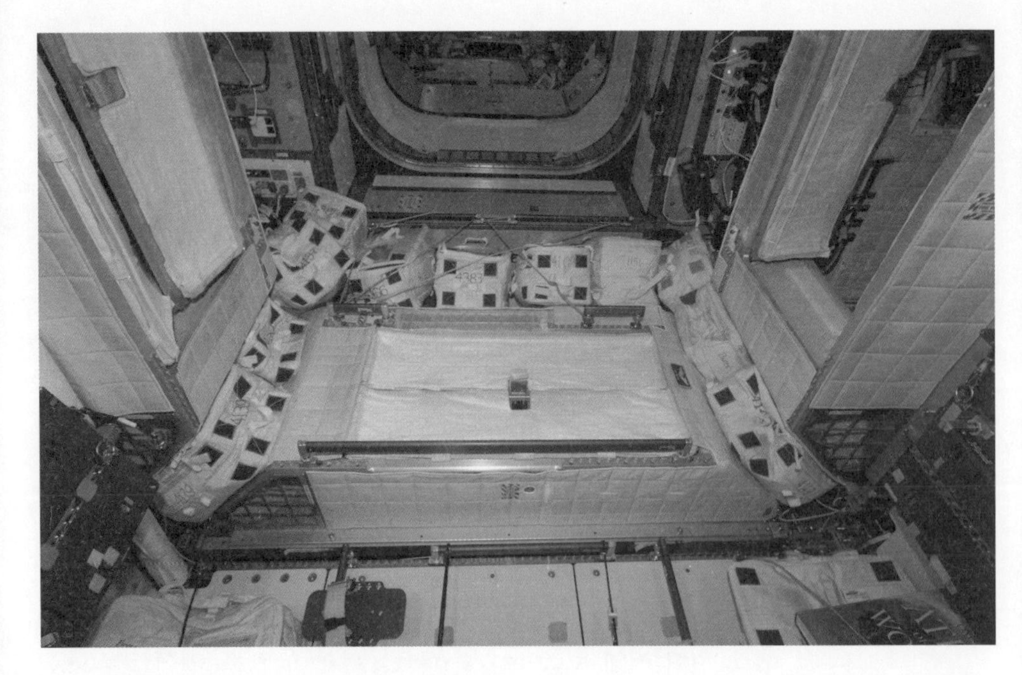

나의 승무원 숙소. 하머니 모듈의 데크 안에 있다.

어떤 일부 승무원은 숙소의 벽에 침낭을 꽉 잡아묶는 것을 선호하며, 다른 이들은 밤중에 벽에서 튀어오를 위험을 무릅쓰면서 침낭을 고정시키지 않고 밤새 떠다니게 합니다. 어쨌든 잘 자기 위해 가장 중요한 점은 일단 되도록 빨리 잠에 떨어지는 것입니다. 하루 종일 떠돌아다니며 일하던 우주에서 잠을 자기 위해 몸을 눕힌다고 잠자는 데 도움이되는 건 아닙니다. 당신이 할 수 있는 것은 조명을 끄고 떠다니는 것뿐인데, 어떤 승무원은 몸이 쉬 잠들도록 머리에 임시 베개를 끈으로 묶기도 한답니다.

2주 정도가 지나자 나는 쉽게 잠들 수 있었습니다. 일단 잠들고 나면 다른 문제는 없었습니다. 나는 보통 밤 6시에서 7시 사이에 잠을 잡니다. 그러나 그 잠이 지구에서 자던 잠만큼 양질의 것이라고 확신하지 못합니다. 때때로 위로 뜨려는 팔을 편안하게 가져가기가 어렵습니다. 나는 팔을 가슴 위에 올려 끈으로 고정시키기도 했습니다. 그리고 환기 팬 소리를 막기 위해 가끔은 귀마개를 사용했습니다. 팬은 위험한 이산화탄소 에어포켓이 선원 숙소 내부에 쌓이는 것을 막아주기 위해 24시간 선내의 공기를 순환시켜줍니다.

무중력은 경이로운 해방감을 안겨주기도 하지만, 중력이 우리에게 주는 위안을 앗아가기도 합니다. 긴 하루가 끝나 침대로 뛰어들면 부드러운 베개 위에 머리의 무게를 느끼게 해주는 중력- 이제는 우주에서 정말 느껴보고 싶은 중력의 위안입니다!

Q 우주비행사들은 모두 같은 시간에 잡니까?

A 많은 사람들이 우주정거장이 24시간 교대근무 체제일 거라고 생각하기 때문에 이것은 흥미로운 질문입니다. 육군에서는 이것을 '야간 경계근무'라 부르며, 모든 부대원들은 밤 동안 차례로 두 시간의 경계근무를 서게 됩니다. 그러나 우주정거장 승무원들은 모두 거의 같은 시간에 잡니다. 취침시간은 10시에서 오전 6시까지입니다.

ISS 지휘관은 승무원 숙소에 비상경보를 발령하고 비상시에는 나머지 승무원들을 깨울 책임이 있습니다. 물론 ISS는 대부분의 궤도상에서 전세계의 미션 컨트롤 센터들과 통신을 유지하기 때문에 실제로 우주정거장을 밀착 모니터링하는 사람들이 많이 있습니다.

Q 우주에서 꾸는 꿈은 특별히 다른 점이 있습니까?

A 나는 꿈을 많이 꾸지 않는 편입니다. 아니, 정확히 말하자면 꿈을 잘 기억하지 못합니다. 전문가들은 사람이 밤에 적어도 4~6번 꿈을 꾼다고 말하기 때문입니다. 나는 친구와 가족이 때로 세부사항까지 놀랍도록 생생한 꿈 이야기를 말하는 것을 들은 적이 있는데, 나도 그런 꿈을 꾸어봤으면 하고 바란 적도 있습니다. 우주에서 꾼 꿈 중 몇 안되는 꿈을 기억하고 있는데, 모두 지구에 있는 장소들이었고, 나는 정상적인 중력 속에서 걸어다니고 있었습니다.

한 가지 예외가 있었는데, 6개월 미션이 끝날 무렵 꾼 것입니다. 높은 책꽂이가 있는 도서관에서 천장까지 닿는 책꽂이에 있는 책을 찾고 있었습니다. 나는 거기까지 올라갈 수 없다는 것에 좌절감을 느꼈습니다. 주변에 사다리가 없는 이유가 궁금했습니다. 그러다 갑자기 이것이 전혀 문제가 되지 않는다는 것을 깨달았습니다. 나는 공중으로 떠올라 맨 위 서가를 뒤질 수 있었습니다. 무중력이 그때 내게는 정상적으로 보였습니다. 그래도 그 책을 못 찾았습니다.

당신이 가장 좋아하는 실험은 무엇입니까? 그리고 그 이유는 무엇입니까?

- 플린트셔의 카스텔 앨런 고등학교의 애덤

대답하기가 힘든 질문입니다. 나의 6개월 미션 중 250회 이상의 실험을 성공적으로 마쳤고, 많은 하이라이트가 있었기 때문입니다. 일반적으로 말해서, 나는 생명과학 실험을 정말로 즐겼습니다. 이것은 우주비행사로서 나 자신이 이러한 조사의 대상이 되기 때문입니다. 생명과학 실험은 우주에서 의료방법을 수행하는 것과 관련이 있습니다. 이는 새롭고 흥미로운 일입니다. 나는 정맥 절개술(혈액 채취), 초음파(눈, 심장, 동맥, 정맥, 근육), 안검 및 빛간섭 단층촬영(안구 이미징), 안압 측정(눈 안의 유체 압력 측정, 각막 측정 피부 보습)… 목록은 계속됩니다.

물론 생명과학 실험에 많이 참여하는 데 따른 단점은 소변, 타액, 대변, 호흡 및 혈액 등, 신체적 '기부'를 자주 요구하는 것이었습니다. 이러한 연구는 우주에서 수행될 뿐만 아니라 발사 전부터 종종 시작되며, 우주비행이 우리 몸에 미치는 영향을 완전히 추적하기 위해 착륙 후 2년 이상 계속될 수 있습니다. 한 번의 실험은 사전 사후에 통증이 따르는 근육 생체검사를 요구했습니다.

지구에서 화성 탐사 로버를 조종-평가한 시험 조종사로서의 나의 경험을 바탕으로 한 실험도 있었습니다. 내 임무는 로버를 사용하여 스티브니지(영국 잉글랜드 동남부의 도시)의 에어버스 마스 야드Mars Yard에 건설된 어두운 동굴을 탐험하는 것이었습니다. 나는 '휴먼 머신'의 조작방법과 새로운 통신 링크를 평가하면서 다양한 바위와 특징을 확인해야 했습니다. 이것은 화성으로 가는 길을 닦는 작업입니다. 미래의 우주비행사가 화성에 도착할 것을 대비해 화성에 있는 차량을 제어하고, 또한 달 궤도에서 승무원이 달 표면의 로버를 제어하기 위한 실험이었습니다.

내가 좋아하는 실험 하나만을 선택하라면 ESA의 '기도氣道 모니터링' 조사를 들겠습니다. 며칠 동안 실행된 복잡한 실험이었습니다. 우주정거장의 기압조정실airlock을 저기압실로 사용하는 것이 ISS 과학의 첫 번째 기술입니다. 우주비행사는 우주에서 더 높은 수준의 먼지에 노출됩니다. 왜냐하면 우주에서는 중력이 없어 먼지가 바닥으로 내려앉지 않기 때문입니다. 미래의 우주탐사에서는 이 상황이 훨씬 더 나빠질 수 있습니다. 예를 들어, 화성의 먼지 폭풍에 노출되는 것은 달 표면을 덮고 있는 달 먼지를 들이마시는 것처럼 매우 해롭습니다. 왜냐하면, 달에는 공기와 기후 변화가 없기 때문에 지구처럼 미세한 암석 가루를 부드럽게 만들지 못하므로 달의 암석 가루를 흡입할 경우 그 예리한 가장자리는 폐에 큰 해를 끼칠 것입니다.

Q 우주에서 행해진 연구의 이점은 무엇입니까?

A 1961년 4월 12일 유리 가가린이 첫 우주비행을 시작했을 때, 항공 군의관들은 인체가 무중력을 견뎌내지 못할 거라는 우려가 팽배했습니다. 치명적일 가능성은 수없이 많았으며, 특히 심장, 폐, 뇌 기능 장애가 가장 우려되었습니다. 그후로 인간은 무중력을 견뎌냈을 뿐만 아니라, 오랜 기간에 걸쳐 이 새로운 환경에 적응해왔습니다. 더불어 인체에 관한 것뿐만 아니라 과학연구의 거의 모든 분야와 관련된 수많은 정보가 습득되었습니다. 그리고 현재는 정부가 자금 지원하는 연구만 진행되고 있는 것은 아닙니다. ISS가 산업 및 민간부문의 혁신을 위한 우주의 교두보로 성장함에 따라 점점 더 많은 상업 회사가 우주 기반 연구의 이점을 실현하고 있습니다. ISS 연구가 우리의 일상생활에 어떻게 도움이 되었는지에 대해서는 일반적인 언급보다 구체적인 사례를 알아보는 것이 우주 기반 연구가 지구 행성인들을 위해 어떤 게임 체인저 역할을 했는지 파악할 수 있는 지름길이라 봅니다.

단백질 구조: 우리 몸에는 수만 개의 서로 다른 단백질이 들어 있습니다. 이러한 3차원 복합구조는 우리 체중의 거의 17%를 차지하며, 우리 몸의 구조를 형성하고 우리를 살아 있게 하는 과정에서 중요한 역할을 합니다. 일반적으로 단백질은 폴딩folding이라고 하는 과정을 통해 기능적인 형태를 얻습니다. 그러나 정확

하게 폴딩하지 않거나 '미스폴딩'하게 되면 이러한 단백질들이 서로 뭉쳐서 알츠하이머 병, 파킨슨 병, 헌팅턴 병, 심지어 소 해면상 뇌증(광우병)과 같은 질병을 일으킬 수 있습니다.

이 질병을 치료하는 데 사용되는 대부분의 약물은 질병 유발 단백질의 주름에 딱 맞도록 설계된 작은 분자를 방출하여 그 기능을 억제합니다. 그러나 효과적으로 작동하려면 3차원 지그소 퍼즐 두 쪽을 맞추듯이 약 분자가 잘못 폴딩된 단백질을 정확하게 맞추어야 합니다. 이것은 단백질의 구조에 대한 상세한 지식을 필요로 합니다. 이 지식이 없으면 종종 더 낮은 용량의 약물을 과도하게 투여해 유해한 부작용을 일으킬 수 있습니다. 단백질의 구조는 단백질 결정을 개발하고 X선 결정학結晶學 기술을 사용해 조사할 수 있습니다.

성공의 열쇠는 고품질 단백질 결정을 수확하는 데 있습니다. 연구진은 중력과 대류의 영향 없이 크리스털의 섬세한 구조를 뒤틀거나 파괴하지 않는 무중력 상태에서 고품질의 결정을 보다 천천히 형성하는 것이 더 쉽다는 사실을 발견했습니다. 우주에서 형성된 결정체는 지구상에서 얻은 것보다 더 크고 완벽하며 이미 듀켄씨 근이영양증 치료에 진전을 이루어냈습니다. 또한 C형 간염, 헌팅턴 병, 일부 암 및 낭포성 섬유증과 같은 새로운 표적은 현재 우주에서 시험되고 있습니다. 이것은 이 분야의 연구를 위한 잠재력의 극히 일부일 뿐입니다. 자연 속에 존재하는 100억 종의 단백질은 모든 구조가 다르며, 우리의 건강과 지구환경에 관련된 중요한 정보를 지니고 있기 때문에 이것은 ISS 연구에서 가장 흥미로운 분야 중 하나입니다.

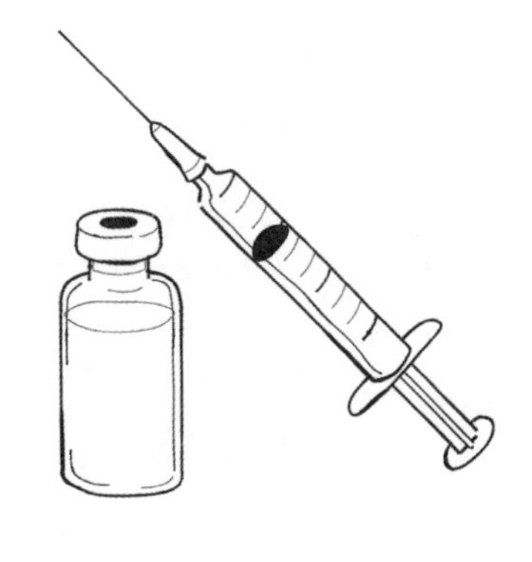

백신 개발: 우주환경은 미생물 성장률, 항생제 내성, 숙주 조직의 미생물 침투, 심지어 미생물 내 유전적 변화 등, 미생물 세포의 수많은 변화를 일으킵니다. 감염성 질환을 연구할 때 특별히 중점을 두는 것은 극미중력으로 인한 독성(병을 일으키는 미생물의 능력)입니다. 이 독성은 극미중력에서 증가하는 것으로 나타났습니다. 과학자들은 극미중력을 이용하여 가장 약한 바이러스 균주를 확인하고 지구상의 백신 개발에 사용하기 위한 후보자로 선정했습니다.

살모넬라 균은 가장 흔한 식중독 중 하나로, 살모넬라 설사는 전 세계적으로 유아 사망률 상위 3위의 원인 중 하나입니다. 상업적 기업인 아스트로제네틱스 사의 우주 기반 연구는 현재 검토 및 상업적 개발을 위한 계획단계에서 살모넬라에 대한 잠재적 후보 백신을 발견하게 되었습니다. ISS에 대한 후속 실험은 메티실린 내성耐性 황색 포도 구균MRSA의 병독성을 조사했습니다. 최근에도 여전히 연쇄상 구균 폐렴에 대한 기존 백신의 개선을 모색하기 위해 샘플들이 우주정거장으로 운반되었습니다. 이 병은 매년 1천만 명 이상의 사망자를 내고 있으며, 폐렴, 수막염 및 박테리아 혈증과 같은 질병을 일으킵니다.
이러한 결과는 극미중력 백신 개발의 일부만을 나타냅니다. 이 연구에 참여하는 과학자들은 인명을 구하는 백신의 진전을 가속화하는 데 도움이 될 일련의 미래 실험을 우주정거장에서 수행할 계획을 세우고 있습니다.

노화 연구: 극미중력에 적응할 때 인체에 급격한 변화가 일어나면 노화과정을 연구할 수 있는 고유한 모델이 제공됩니다. 여기에는 골 손실, 심혈관 퇴행 및 피부 변화, 균형 및 면역체계에 대한 연구가 포함됩니다. 이미 연구는 이 영역에서 많은 ISS 실험을 거쳐 골다공증을 위한 신약개발을 이끌었습니다. 전세계 인구의 8.5%가 65세 이상 인구로 노년층이 전례 없는 비율로 증가하고 있습니다. 미국만 해도 이 연령층에 속한 사람의 수는 향후 30년 동안 두 배가 될 것입니다. 그러나 오래 사는 것이 반드시 더 건강한 삶을 의미하지는 않습니다. ISS 연구는 고령인구의 증가로 인한 공중보건 문제에 대비하고 연령 관련 질환의 재정적 부담을 줄이고 노인들의 삶의 질을 향상시키는 데 도움을 주고 있습니다.

우주에서 보내는 하루 중 무엇이 가장 좋았습니까?

나는 항상 하루의 끝에서 짬을 내어 사진을 찍거나, 창밖을 내다보거나, 친구와 가족에게 전화할 시간을 만들었습니다. 근무는 매우 보람있는 일이지만, 우리는 항상 엄밀한 시간표에 따른 일정을 지키려고 노력했으며, 그 앞으로는 또 해야만 할 다른 작업목록이 기다리고 있었습니다. 아주 좋은 일이지요. 바쁜 일정은 약간은 버겁고 역동적인 환경을 조성해주기 때문입니다. 우리는 우주에서 열심히 일했습니다!

나는 ISS에서의 삶이 지루하지 않은지 묻는 사람들에게 놀랐습니다. 당신이 지구에서 자신의 조용한 삶을 즐기는 것과 전혀 다를 게 없습니다. 이상하게 들릴지 모르지만, 나는 저녁에 양치질하는 것이 즐겁습니다. 왜냐하면 위생구역이 큐폴라에 가까워 이 거대한 우주의 창 옆에 떠서 조용한 순간을 즐길 수 있기 때문입니다. 나는 음속보다 25배 빠르며 우주공간을 날면서 내 밑으로 지나가는 대륙 전체를 조망합니다. 이처럼 나는 가장 평범한 일상을 내 즐거움과 병치시키는 것을 좋아했습니다.

Q 여가 시간은 있습니까? 주말은 어떻게 보냅니까?

A 일주일 동안 소중한 여가시간이 약간 있어 시간이 엄청나게 빨리 가는 것처럼 느껴졌습니다. 주말에는 좀 더 편안한 상태에서 우리는 자기 관리에 대개 몇 시간을 씁니다. 토요일 아침은 우주정거장 청소시간입니다. ISS의 공기 필터에 모인 많은 먼지를 제거하기 위해 승무원이 진공청소기로 청소하는 데 몇 시간이 걸립니다. 나는 우주비행사가 우주에서 진공청소기로 청소하는 것을 보면 유머러스하다는 생각이 듭니다. 그러나 아무도 그 공간을 깨끗하게 유지할 수 없습니다! 우리는 실제로 내가 본 것 중 가장 긴 연장 코드 중 하나를 사용하여 일반 상용 AC 진공청소기를 사용했습니다.

어릴 때 내가 가장 좋아하는 책 중 하나인 로저 브래드필드의 '날으는 하키 스틱'을 기억합니다. 이 소년은 선풍기가 달려 있는 하키 스틱을 타고 시골 곳곳을 돌아다니며 모험을 합니다. 스틱 끝에는 긴 전선이 달려 있어 그것을 끌면서 다닙니다. ISS에서 진공청소기를 사용하는 것도 그와 비슷합니다. 끝없이 긴 케이블을 끌면서 우주정거장 내부 공간을 날아다니니까요.

진공 청소 외에도 미생물 성장을 최소화하고 감염의 위험을 줄이기 위해 표면 패널과 손잡이, 기타 접촉 부위를 소독제로 닦아냅니다. 각 승무원마다 약간 다르게 청소를 하지만, 미국 세그먼트를 세 개의 큰 모듈로 나누고 세 사람이 2주마다 교대로 청소하기로 결정했습니다. 이렇게 하면 한 사람이 6개월 동안 화장실 청소만 하는 사태를 피할 수 있습니다!

집안살림을 마친 후 토요일 오후는 교육 봉사 프로젝트에 바칩니다. 때로는 메시지를 녹음하거나, 라즈베리 파이•의 애스트로 파이 컴퓨터에서 학생 코드를 실행하는 것과 같은 학생 과학실험을 관리하는 작업이 포함됩니다. 다른 시간에는 50만 명의 학생들이 지켜본 '우주교실Cosmic Classroom'과 같이 우주에서 햄 라디오나 호스트 이벤트를 통해 학생들과 통신하기도 합니다.

바람직하게도 일요일은 자유시간입니다. 각 승무원은 가족들과 짧은 화상 대화를 할 수 있습니다. 행성 지구로부터 멀리 떨어져 있음에도 불구하고, 사랑하는 사람들과 연결을 유지할 수 있다는 것은 승무원들의 사기에 결정적인 영향을 미칩니다. 종종 주말에 운동 등 해야 할 일들이 있지만, 보통 사진을 보거나 친구나 가족들에게 전화할 여유는 있습니다.

• 영국의 라즈베리파이 재단이 학교에서 기초 컴퓨터 과학 교육을 증진시키기 위해 만든 싱글 보드 컴퓨터. 손바닥만 한 크기로 키보드와 모니터를 연결해 사용한다. 이 컴퓨터 수십 대를 묶어 슈퍼컴퓨터로 만든 유저도 있다. 영국 학생들이 제작한 프로그램을 탑재한 라즈베리 파이의 애스트로 파이(Astro Pi)는 2015년 12월 우주에서 진행되는 실험을 위해 ISS로 보내졌다.

Q 우주에 살면서 가장 역겨운 일은 무엇이었습니까?

A

하, 대단한 질문이네요! 우주에서 살면서 처음 몇 달 동안 발바닥이 붕괴되는 것을 지켜보는 것이 참 충격적이었습니다. 우리는 우주정거장에서 발바닥을 거의 사용하지 않습니다. 물론 운동할 때는 예외지만. 이 때문에 시간이 지나면 발바닥이 신생아처럼 부드럽게 변합니다. 우주에서의 6개월은 당신이 상상할 수 있는 최고의 페디큐어를 가진 것과 같습니다.

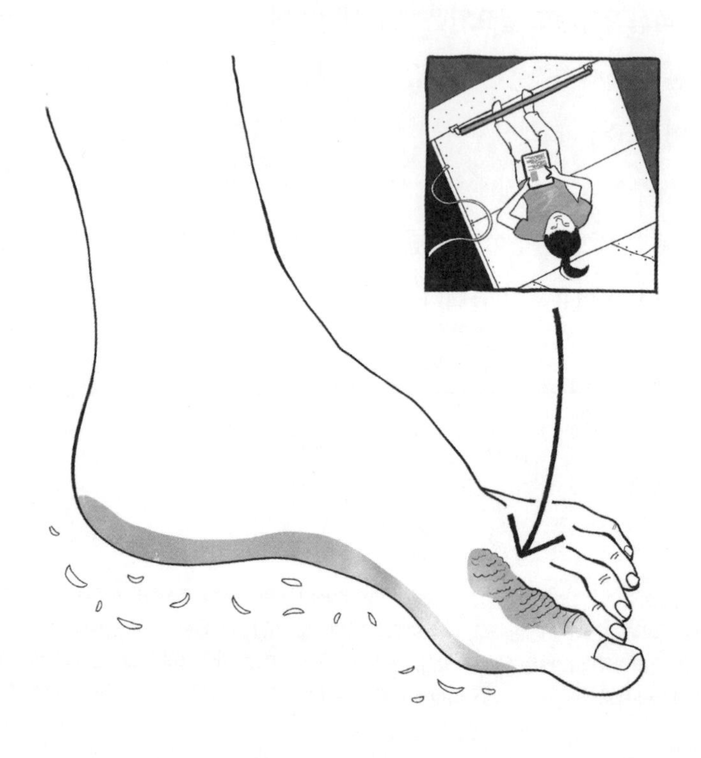

시간이 지나면서 발바닥에 쌓인 모든 죽은 피부가 벗겨지기 시작합니다. 몇 주 동안 우주에서 생활한 후에는 양말을 아주 조심스럽게 벗어야 합니다. 그렇지 않으면 피부 조각이 사방으로 날아다닐 것입니다. 극미중력에서는 바닥에 아무것도 가라앉지 않으므로 이 피부 조각들은 공기 흐름을 타고 공기순환 필터에 매달리게 됩니다. 그 사이에 당신은 급속히 가장 인기 없는 승무원이 될 것입니다!

똑같이 심한 것은 발가락 등 부분에 '도마뱀 발'이 생겨난다는 사실입니다. 우리는 끊임없이 금속 손잡이나 끈, 고무줄에 발을 걸고 이 힘을 사용해 일하는 동안 자세를 안정시킵니다. 이 마모로 인해 나중엔 발가락 등의 피부가 매우 거칠어져 비늘 모양이 됩니다. 실제로 유럽 우주국은 이를 방지하기 위해 특별히 디자인된 양말을 실험했습니다. 발가락 위쪽에 부드러운 고무 코팅이 된 이 양말은 어느 정도 도움이 됩니다.

Q 개인적인 읽을거리가 있었습니까? 우주에서 읽을 책에 대한 당신의 선택기준은 무엇입니까?

A 물론 있었습니다. 우주비행사는 우주에서 전자책을 읽을 수 있으며, 원한다면 오디오 북을 들을 수도 있습니다. 그리고 우리가 요청할 경우 우주정거장까지 통신 데이터 링크를 통해 전자책, 팟캐스트, 뉴스 기사, 음악 파일 및 심지어 TV 프로그램을 전송하는

지원 팀을 지상에 두고 있습니다.

나는 우주에서 많은 것을 읽지 않았습니다. 주로 주말과 야간의 제한된 자유시간이 사진을 찍거나 친구와 가족에게 전화하는 데 쓰였기 때문입니다. 운동을 하는 동안 나는 밀린 뉴스를 따라잡거나 팟캐스트를 들었습니다.

나는 유리 가가린의 자서전인 '별로 가는 길Rord to the Stars'의 양장본을 갖고 있었습니다. 이 책은 헬렌 셔먼•의 것으로, 1991년 미르 우주정거장에서 승무원으로 일할 때 가가린 자신이 한 서명이 들어 있습니다. 우주에서 읽을거리로 이보다 더 좋은 책을 생각할 수는 없습니다. 정말 영광이었습니다. 영광스럽게도 헬렌에게서 이 책을 빌려 우주에서 읽은 것은 기억에 남을 만한 경험이었습니다.

Q 우주정거장에서 당신에게 가장 놀라운 것은 무엇이었습니까?

A

ISS에 실제로 도착해서 놀란 부분은 거의 없었습니다. 이미 충분한 훈련으로 우주정거장의 모든 면을 샅샅이 공부했기 때문입니다. 그렇다고 ISS가 단점과 결함을 가지고 있지 않다는 뜻은 아

• 비소련 미국계 첫 여성 우주인.

닙니다. 우주비행사들은 보통 훈련을 통해 우주정거장의 부족한 부분들을 발견합니다. 훈련 초기에 배웠던 가장 놀라운 사실 중 하나는 러시아 세그먼트와 미국 세그먼트가 다른 전압으로 작동한다는 것입니다. 두 세그먼트는 우주정거장의 태양 전지판이나 그로써 충전된 배터리로부터(야간에) 전기를 100% 공급받습니다. 그러나 러시아의 경우 이 태양 에너지를 28V DC로 변환하는 데 비해, 미국의 경우 124V DC로 변환합니다.

이것은 그 자체로는 놀랄 만한 일은 아니지만, 연쇄반응 효과는 감전의 위험이 있으므로 러시아 소화기(물-거품 혼합재)를 미국 세그먼트에서 사용하는 것이 금지되어 있습니다. 반면, 미국 세그먼트에서는 이산화탄소 소화기를 사용하는데, 러시아 세그먼트에서 역시 그 사용이 금지되어 있습니다. 이산화탄소가 배출되는 경우 러시아의 생명 유지 시스템이 그러한 대량의 이산화탄소를 닦기scrubbing 위해 설계되지 않았기 때문입니다('닦는' 것은 공기에서 이산화탄소를 제거하여 다시 호흡할 수 있음을 뜻함).

일치되지 않는 것은 소화기만의 문제가 아니었습니다. ISS의 주요 성공사례 중 하나는 15개국이 역사상 가장 복잡한 엔지니어링 프로젝트를 건설하고 운영한다는 사실입니다. 그러나 많은 국가와 회사가 건설에 참여하면서 여러 세그먼트와 모듈에 무수한 '비표준' 요소가 끼어들었습니다. 사소한 것(스위치, 패스너, 명칭 등)에서부터 중요한 것(응급 장비, 통신 시스템, 생명유지 장치 등)에 이르기까지 실로 다양합니다.

Q

우주에서 차를 마실 수 있습니까?

-케이티 러프넌

A

이것은 모든 영국 우주비행사에게 필수적인 정보로, 우주 비행에서 한 잔의 차를 즐길 수 있다는 사실을 알려주게 되어 기쁩니다! 사실 NASA는 매일 각자의 취향에 맞는 세 종류의 뜨거운 음료를 선택할 수 있게 합니다. 나는 두 잔의 차와 한 잔의 커피를 선택했습니다. 뜨거운 음료를 즐기기 위해 우리가 할 일은 온수 디스펜서PWD의 호일 주머니에 뜨거운 물을 넣고 대롱으로 마시는 것입니다. 불행히도 극미중력에서는 컵으로 차를 마실 수 없습니다. 뜨거운 액체가 떠다니면 끔찍한 혼란을 야기할 수 있기 때문입니다!

NASA의 우주비행사 돈 페티트는 2008년 미션 때 저중력 컵을 개발하여 한걸음 더 나아갔습니다. 돈은 한마디로 천재입니다. 그는 수학적 모델링을 사용하여 극미중력의 우주정거장에 액체를 쏟지 않고 담을 수 있는 컵 형태를 정확하게 결정했습니다. 컵은 액체의 표면장력으로 인해 심지와 같이 작용하여 우주비행사의 입 쪽으로 향하게 하는 뾰족한 모서리를 가지고 있습니다. 커피나 차를 마시려 할 때 모세관 연결이 형성되어 우주에서 뜨거운 음료를 마실 수 있습니다. 재미를 위해 이것을 두 번 시

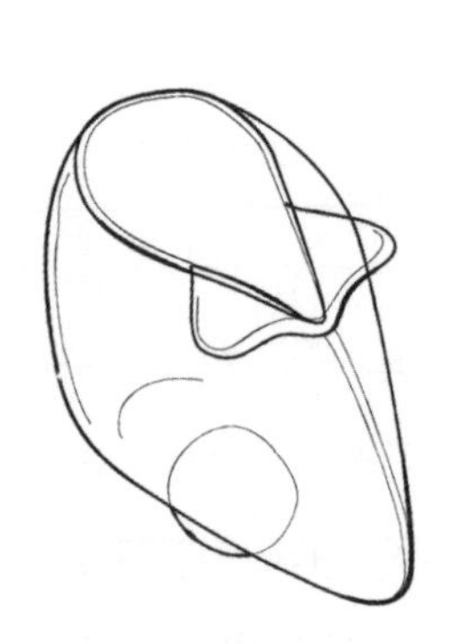

Don Pettit's cup

도해봤지만, 뜨거운 액체 한 잔을 벽 위에 찍찍이로 붙여놓는 게 영 마음이 편치 않아 여전히 훨씬 안전한 호일 주머니 옵션으로 돌아갔습니다.

Q 우주에서 영화를 본 적이 있습니까?

A ISS에서는 시간이 너무나 소중하기 때문에 영화 보기는 보통 우선 순위 목록에서 아래쪽에 표시됩니다. 하지만 우리는 2, 3개의 영화를 함께 보았습니다. 그것은 주말에 긴장을 풀고 쉬는 좋은 방법이었습니다. 가장 기억에 남는 장면은 〈스타워즈: 깨어난 포스〉입니다. NASA 우주비행사인 스콧 켈리는 2015년 12월 도착하기 전에 그 영화를 보내달라고 요청했습니다. 지상관제실은 위성통신 링크를 통해 대용량 데이터 파일을 보냈습니다. 특별한 경우에는 새로 출시된 영화가 포함될 수 있습니다.

몇 달 전 스콧은 NASA 경영진에게 우주비행사가 ISS에 프로젝터와 대형 스크린을 설치할 수 있다고 말했습니다. 이것은 몇몇 사람들이 작은 컴퓨터 화면 주위에 몰릴 필요 없이 브리핑과 화상회의, 훈련을 원활히 수행할 수 있게 해줄 것이라고 설득했습니다. 그 부분은 확실히 사실이었고, 이제 프로젝터와 스크린은 매일 사용됩니다. 그러나 우주비행사들이 이 설비에 큰 관심을 쏟는 이유는 그것이 완벽한 영화의 밤을 만들어주기 때문입니다.

극미중력의 이상한 점은 어떤 위치에서도 편안하게 떠 있을 수 있다는 점이지만, 그래도 우리에게 가장 자연스러운 것은 앉은 자세를 취하는 것입니다. 그래서 영화의 밤에는 모두 앉아서 영화감상을 즐깁니다. 〈스타워즈〉를 관람하는 것은 확실히 멋진 일로, 높은 순위를 매겼습니다. 지구 주위를 도는 우주선에서 은하 간 전투를 즐긴다… 나는 그날 밤 큐폴라 창을 닫으러 갔을 때 제국군 함대의 상징인 타이 전투기를 볼 것으로 기대하는 마음이 반은 되었습니다!

Q 우주에서 빨래는 어떻게 합니까?

A 우주정거장에는 세탁기가 없으며 물은 매우 귀중한 자원입니다. 그래서 우리는 새 옷으로 갈아입기 전에 며칠 동안 같은 옷을 입습니다. 오래 입은 옷은 버립니다. 생각만큼 나쁘지는 않습니다. 우리는 온도 조절 환경에서 생활하므로 옷이 지구에서처럼 쉬 더러워지지 않습니다. 양말과 운동기구 같은 품목 중 일부에는 항균성 물질도 들어 있습니다. 우리는 정해진 일정에 따라 옷을

갈아입습니다. 따라서 우리는 6개월 동안 지낼 수 있는 충분한 물량을 확보합니다. 예를 들어, 매주 2~3일마다 속옷, 매주 티셔츠와 양말, 바지 또는 반바지를 바꿉니다. 그 다음에 우주정거장이 때때로 저녁에 시원하기 때문에 더 멋들어진 행사, 곧 비디오 메시지나 기타 홍보활동 기록을 위해 폴로 셔츠와 스웨터 몇 장을 추가로 가지고 있습니다. 가장 열심히 일하는 의복은 운동복입니다. 우리는 1주일마다 그것을 바꿀 수 있지만, 하루 두 시간 동안 땀 흘려 운동하고 나면 그래도 새옷으로 바꾸고 싶은 마음이 듭니다.

Q ISS에서 심장 박동은 지구에 있을 때와 같습니까?

A

연구에 따르면 우주비행사의 심장은 지구보다 우주에서 약간 느린 속도로 뛰는 것으로 나타났습니다. 이것은 심장 근육이 중력에 저항해 피를 펌핑할 때처럼 힘들게 일하지 않아도 되기 때문입니다. 무중력이기 때문에 아래에서 심장으로 올라오는 피는 지구에서보다 쉽게 움직입니다. 따라서 우리의 심장은 일을 더 쉽게 할 수 있습니다. 문제는 어떤 근육과 마찬가지로 심장이 운동량의 감소에 따라 질량이 줄어든다는 것입니다. 조사에 의하면 일부 우주비행사의 심장이 위축되어 보다 구형으로 변했음을 보여주었습니다. 다행히 이러한 변화는 일시적이었고, 지구로 돌아온 후 심장은 정상 질량을 되찾고 길쭉한 모양으로 되돌아갔습니다. 이러한 인체의 변화를 연구함으로써 연구자들은 장기간 우주체류에서 건강을 유지하는 데 필요한 정확한 운동을 미세 조정할 수 있으며, 이는 달과 화성 여행에 필수적입니다. 더 중요한 점은, 심장에 대해 배우는 것은 지구 행성인들에게도 건강상 큰 이익을 준다는 사실입니다.

Q 우주에서는 어떻게 이발하고 면도합니까?

A 우주에서 머리카락 자르기는 아주 쉽습니다. 우리는 진공청소기에 고무 튜브가 딸린 머리깎기 가위 세트를 사용합니다. 진공청소기는 잘린 머리카락을 빨아들여(처음에 스위치를 켜는 것을 잊지 마십시오!) 우주정거장에서 떠다니는 것을 방지합니다. 나는 우주에서 2주마다 내 머리카락을 잘랐습니다. 하지만 지구에서 그 짓을 다시 하고 싶진 않습니다!

면도를 하는 데 전기면도기나 일반 면도기를 사용할 수 있습니다. 전기면도기를 사용하는 경우, 잘린 수염을 잡으려면 공기 순환 필터 옆에서 면도하는 것이 가장 좋습니다. 젖은 면도를 위해 우리는 따뜻한 물과 면도 거품을 사용합니다. 물의 표면장력 특성은 당신의 피부에 달라붙는 경향이 있으므로 꽤 잘 면도할 수 있습니다. 물론 면도기를 헹구기 위한 싱크대나 물줄기가 없기 때문에 우주비행사는 날카로운 물건을 사용하여 면도 칼날을 깨끗하게 닦습니다.

나는 주중에는 전기면도기로 쉽게 면도하고, 주말에는 젖은 면도를 즐겼습니다.

Q ISS의 대기는 어떻습니까?

A 우주정거장 모듈은 표준 대기 환경, 즉 지구상의 해발 0(101.3kPa*)에 서 있을 때 느끼는 것과 같은 압력으로 가압됩니다. 이것은 우주비행사의 생활을 매우 안락하게 만들어주며, 일반 항공기에서 경험하는 것보다 실제로 더 낫습니다. 당신이 대기를 통해 높이 올라갈수록 외부의 압력은 낮아지며, 기체 내부와의 압력 차가 더 커집니다. 그러므로 기체 형태를 유지하려면 구조가 더 튼튼해야 합니다. 그러려면 자연히 더 많은 무게와 더 큰 비용을 투입해야 합니다. 이런 이유로 항공기는 일반적으로 약 1,830~2,400m 대기압과 같은 공기 압력으로 내부를 가압합니다.

우주정거장의 대기는 약 21%의 산소와 78%의 질소로 구성되어, 정상적인 지구 대기와 비슷합니다. 이것은 엄청난 화재 위험을 초래할 수 있는 순수 산소 대기를 사용하는 것보다 훨씬 안전합니다. 순수 산소 대기는 아폴로 1 캡슐의 지상 테스트에서 비극을 만들었

---

* 킬로파스칼. 압력의 단위이다. 1파스칼(Pa)은 1㎡당 1뉴턴의 힘이 작용할 때의 압력에 해당한다. 1kPa은 1,000Pa이다. 단위의 이름은 프랑스 수학자 블레즈 파스칼의 이름을 땄다.

습니다. 전기 스파크가 산소가 풍부한 공기로 인해 급속하고 격렬한 화재를 발생시켜 세 승무원이 모두 사망하는 비극을 낳았습니다.

그러나 ISS 대기와 지구의 대기 사이에 큰 차이점이 하나 있습니다. ISS 대기의 이산화탄소 비중이 지구보다 10배 이상 높다는 사실입니다. 이는 단순히 이산화탄소 세정기의 효율 문제 때문만은 아닙니다. 우주정거장의 생명유지 시스템은 귀중한 자원이며, 이산화탄소 수준을 단기간 동안 낮출 수 있지만, 그 대신 이러한 시스템의 수명을 단축시킵니다. 이러한 이유로 이산화탄소의 수준은 승무원들의 안락함과 자원 관리 사이에서 항상 균형을 이룹니다. 이처럼 높은 수준의 이산화탄소는 여전히 안전선 내에 있지만, 사람에 따라 두통과 사고 장애를 일으킬 수 있습니다. 일부 승무원은 높은 이산화탄소의 증상에 다른 이보다 더 취약합니다.

Q 당신이 ISS에서 가장 좋아하는 버튼은 무엇이며, 어떤 기능을 합니까?

A

버튼에 관한 이 질문, 마음에 듭니다. 일본 실험실에는 우주정거장 안팎에서 실험을 하고, 그 실험물을 내보내거나 들여오는 데 사용하는 기압조정실이 있습니다. 이것은 우리가 우주정거장 내부의 극미중력 환경과 외부의 열 극단, 복사-진공 환경에 대해서도 배울 수 있게 해줍니다. 우리는 또한 이 소형 기압조정실을 통해 몇 개의 작은 인공위성을 통과시킨 후 로봇 팔을 사용하여 궤도에 진입시켰습니다.

우주로 나가는 문을 열면 아주 멋진 것이 있습니다! ISS에서 내가 가장 좋아하는 버튼은 '바깥 해치 개방' 스위치였습니다. 기압조정실 창문을 들여다보면 바깥 해치가 천천히 열리면서 그 너머로 서서히 드러나는 광활한 흑암의 바다를 지켜본 매혹적인 순간을 나는 결코 잊지 못할 것입니다.

예상대로 우리 소유즈 우주선도 꽤 인상적인 버튼을 가지고 있습니다. 정말로 중요한 것들은 스프링으로 덮인 금속 커버를 가지고 있습니다. '딜리트Delete 키를 누르겠습니까?'와 같은 키는 컴퓨터 기능에 돌이킬 수 없는 일이 발생하므로 버튼을 누르기 전에 무엇을 하고 있는지 확실하게 파악해야 합니다.

사실 이 소유즈 버튼들은 각기 다른 기계구성에 하드웨어로 고정 배선되어 있으므로 컴퓨터의 주요 기능장애가 있더라도 작동합니다. 내가 좋아하는 소유즈 버튼은 지구 대기에 진입할 준비가 되었을 때 우주선을 세 부분으로 분리하는 버튼입니다. 정상적인 상황에서는 자동적으로 분리되지만, 계획대로 진행되지 않을 경우에는 승무원이 수동 백업을 수행합니다. 분리가 발생하면 바로 머리 위에서 수십 개의 불꽃화살처럼 중기관총이 발사되는 것과 같습니다. 분리된 세 모듈들 중 하나만 열막이판을 가지고 있으며, 분리 후 모든 것이 잘되면, 그것이 여전히 당신이 앉아 있는 모듈이어야 합니다.

Q 우주에서 당신이 즐긴 취미생활은 무엇입니까?

A 의심의 여지없이 우주에서 내가 좋아한 취미는 사진이었습니다. 이것은 사실 놀라운 일입니다. 우주 미션에 나서기 전 나는 결코 뛰어난 사진가가 아니었기 때문입니다. 그러나 우주에서 아름다운 우리 지구 행성을 보는 것은 실로 희귀한 특권입니다. 우주비행사 훈련에 많은 시간과 돈이 투입되었기 때문에 미션 수행 전에 포괄적인 사진교육을 실시한 것은 당연한 일이기도 합니다. 내가 우주로 나갈 무렵 ISS에서 쓸 니콘 D4 카메라를 선택한 것은 합리적인 결정이었습니다.

물론 카메라의 기술적 측면이나 사진촬영 이론을 아는 것과 실제로 우주에서 좋은 사진을 찍는 것은 다른 문제입니다. 여기에는 다른 학습이 필요합니다. 이를 위해 나는 경험 많은 우주비행사 스콧 켈리와 팀 코프라, 그리고 제프 윌리엄스에게 많은 신세를 졌습니다. 새삼 감사의 말을 전합니다. 촬영의 어떤 부분은 우주에서 훨씬 쉬웠습니다. 우리는 고품질 카메라와 렌즈, 여과되지 않은 태양의 순수한 백색광, 그리고 태양계에서 가장 놀라운 피사체를 제공받았으니까요. 지구! 그러나 총알 속도의 10배로 움직이면 목표물을 식별하고 사진을 찍을 시간이 거의 없으며 종종 작업을 까다롭게 만들었습니다. 야간 촬영의 경우, 약한 빛 속에서 좋은 대상을 찾아 찍는 데 적지 않은 어려움을 겪었습니다.

화산이나 피라미드, 빙하, 도시 등의 까다로운 목표를 잡아채려면 세심한 계획이 필요했습니다. 이것은 목표의 수직 상공을 통과할 시각을 아는 것만으로는 해결되지 않습니다. 조명조건과 촬영각도, 최적의 우주정거장 창의 사용, 그리고 지상의 기상조건이 감안되어야 합니다. 이 모든 것들의 아귀를 맞추려면 시간과 인내심이 필요합니다. 그러나 완벽한 순간을 잡기만 한다면 그 보상은 훌륭했습니다. 내가 찍은 사진이 그런 거대한 만족감을 줄 것이라고 상상하지 못했습니다. 내가 좋아하는 사진 중 하나는 ISS 궤도의 남쪽에 있는 남극 대륙의 희귀한 사진입니다. 이처럼 명징한 샷을 얻는 경우는 매우 드뭅니다(화보 29 참조).

Q 우주에서 어떤 음식을 먹습니까?

A 우주에서도 지구에서 먹을 수 있는 것 같은 보통 음식을 아주 많이 먹지만, 우주여행을 위해 보다 적합한 음식이 특별히 요구되는 것도 분명합니다. 첫째, 음식은 우주로 나가야 하므로 발사 중에 부서지거나 파열되지 않는 견고한 포장재 속에 있어야 합니다. 또한 식품은 포장 후 부패하지 않도록 보관 수명이 길어야 합니다. 일반적으로 포장 후 최소 18~24개월 동안 변질되지 않아야 합니다. 당연히 음식은 비타민과 미네랄 등이 골고루 포함되어 균형 있고 영양가가 있어야 합니다. 마지막으로, 극미중력에서 다루기 적합한 식품이어야 합니다. 때때로 파삭파삭한 음식을 먹고 싶

을 때도 있지만, 무중력에서 이런 것을 먹으면 부스러기가 너무 많이 나와서 문제를 일으킵니다. 그래서 이런 식품들은 메뉴에서 사라졌습니다.

대부분 호일 파우치, 플라스틱 패킷 또는 금속 캔에 포장되어 있는 '우주 메뉴'는 100개 이상의 항목을 갖고 있는 만큼 다양한 편입니다. 그중 일부는 냉동-건조 식품이며, 우리는 이것들을 먹기 쉽게 뜨거운 물로 다시 가공합니다. 야채와 수프가 거의 그런 가공을 거칩니다. 방사선으로 쬔 식품은 포일 파우치로 제공되며, 그것을 전기 식품 히터에 약 20분 동안 가열합니다. 이 호일 주머니에는 종종 고기와 디저트가 들어 있습니다. 군용 식량이나 캠핑 음식과 조금 비슷하지만 맛이 그리 좋지는 않습니다. 우주 음식은 소금 함량이 낮기 때문에 맛이 좀 밋밋합니다. 연구에 따르면 피부에 남아 있는 나트륨은 극미중력에서 몸의 산성을 증가시키고 뼈 손실을 가속화할 수 있음이 밝혀졌습니다. 가뜩이나 뼈의 미네랄 밀도를 유지하기 위해 열심히 운동해야 하는 우주비행사에게 좋은 소식은 아닙니다.

음식을 보존하는 가장 일반적인 방법 중 하나는 통조림입니다. 미생물을 파괴하는 온도까지 2시간 동안 음식을 가열한 다음 냉각시켜 진공 밀봉 상태로 보관한 것입니다. 내가 우주에서 먹은 가장 맛있는 음식 중 하나는 통조림 식품이었지만, 단점은 나오는 폐기물이 무겁고 부피가 크다는 점입니다. 그래서 우주 식품의 극히 일부분만 통조림으로 만들어집니다.

마지막으로 '보너스' 음식이 있습니다! 이것은 각 우주비행사가 그들의 미션을 위해 선택할 수 있는 기성품 또는 특별하게 준비된 식품으로 할당된 것입니다. 보너스 음식은 열량 섭취량의 10%를 차지하므로 우주비행사는 현명하게 선택해야 합니다.

다음은 ISS에서 선택할 수 있는 '표준' 음식의 작은 샘플입니다.

조식	중식	석식	디저트	음료수
스크램블 에그	스플릿 완두 스프	쇠고기 양지머리 바베큐	초콜릿 푸딩 케이크	커피
오트밀	살사 소스 친 치킨	쇠고기 라비올리	살구구이	차
그래놀라	새우가 들어간 파스타	땅콩 소스 친 치킨	그래놀라 바	분말 우유
소시지 패티	참치-샐러드 스프레드	감자 메들리	마카다미아 초콜릿	코코아
말린 과일	브로콜리 그라탕	팥과 쌀	레몬 두부 케이크	오렌지 / 레몬 / 라임
메이플 - 머핀	토마토와 가지	크림 시금치	버터 비스킷	딸기 아침 식사 음료

우주에서 음식 맛이 다른가요?

이것은 중요한 질문이며, 당신이 누구에게 이야기했는지에 따라 대답이 다를 수 있습니다. 나는 어떤 음식은 우주에서

맛이 다르다고 생각했습니다. 주된 이유는 우리가 지구상에서 하는 것처럼 우주에서 음식 냄새를 맡지 않기 때문입니다. 우리의 먹는 음식의 맛은 상당 부분 냄새 감각에 의존합니다. 그런데 무중력에서는 대류가 없습니다. 더운 공기는 올라가지 않고 찬 공기는 가라앉지 않습니다. 우주정거장 내부의 공기는 환기 팬에 의해 이동하며 천장에서 바닥까지 인위적인 흐름이 만들어집니다. 따라서 음식 냄새 맡기가 쉽지 않습니다. 우리는 이것을 위해 완벽한 해결책을 가지고 있습니다. 음식을 거꾸로 들고 먹으십시오!

또한 우주비행사는 대류가 없더라도 때때로 냄새 감각이 둔화됩니다. 무중력에서 우리의 체액은 가슴과 머리 쪽으로 이동하여 머리속 압력을 높입니다. 우주비행사의 얼굴이 부풀어오르는 이유입니다. 게다가 ISS는 먼지 입자가 지구에서처럼 바닥에 가라앉지 않고 대기 중에 부유하기 때문에 먼지가 많은 환경입니다. 머리속 압력이 증가하고 먼지 농도가 높으면 비강 내벽에 염증이 생기고 코가 막히며 후각 기능이 차츰 떨어집니다.

그리고 우리의 미각에 영향을 미치는 것은 단지 냄새의 부족뿐이 아닙니다. 음식을 즐기는 것은 여러 감각적인 경험이며, ISS는 임상 실험실 외관, 인공 백색 조명, 강제 환기, 지구로부터의 원격 접근 등으로 항상 훌륭한 식사를 위한 분위기를 제공하기 위해 노력하고 있습니다! 나는 항상 러시아 세그먼트에서 식사를 즐겼습니다. 주방 테이블 주위에는 두 장의 포스터가 붙어 있습니다. 푸른 하늘 아래 녹색 초원과 나무, 봄꽃, 그리고 몇 채의 집이 있는 단순한 풍경입니다. 그런 풍경이 내게는 음식 맛을 더 좋게 만들어주었습니다.

다행히도 우리는 음식 맛을 북돋우기 위해 약간의 조미료 사용을 허락받았습니다. 우리는 소금물과 후추를 액체 용액(가루는 공중으로 흩어져버리므로)으로 만들어 BBQ 소스와 타바스코, 그리고 모든 중요한 케첩과 함께 베이컨 샌드위치에 넣었습니다. 소금 섭취량을 낮추기 위한 노력의 일환으로 종종 나는 타바스코를 추가하여 평소와 다른 식욕을 자극했습니다.

Q 우주 음식 중 무엇을 가장 좋아했습니까?

A 내가 우주에서 정말 즐겼던 여러 가지 음식이 있었습니다. 당연히 헤스턴 블루멘털[•]과 그의 팀이 준비한 음식이 이 리스트에 올랐습니다. 특히 케이퍼capers[••]와 알래스카 연어 통조림은 완전 좋아했습니다. 입 안에서 강렬한 맛으로 폭발하는 케이퍼와 같은 성분은 우주에서 정말 잘 작동합니다. 주말에는 평상시보다 더 편하게 식사를 즐길 수 있습니다. 그러나 특정 음식이 없는 경우에는 가장 평범한 간식이라도 더없이 반갑습니다.

• 영국의 유명 요리사.

•• 지중해산 관목의 작은 꽃봉오리를 식초에 절인 것. 요리의 풍미를 더하는 데 씀.

나는 오후의 간식으로 땅콩 버터와 잼 샌드위치 만드는 것을 좋아했습니다. 적절한 빵이 없어 대신 부드러운 밀가루 토르티야 빵을 사용했지만 꽤 맛있었습니다. 그리고 일주일에 한 번 우리는 '메이플 머핀'을 가질 수 있었습니다. 이 머핀은 멋진 하루를 시작할 수 있는 좋은 방법이었습니다. 특히 위에 약간의 꿀이 들어 있습니다.

우리가 먹는 것에서 얻는 만족의 상당 부분은 음식 그 자체의 맛과 함께 사회적 환경과 관련이 있다고 생각합니다. 그런 이유로 내가 가장 좋아한 우주 식사의 하나는 금요일 저녁에 모두 모여 하는 회식이었습니다. 보통 우리는 보너스 식품에서 가져온 물건을 모두 내놓고 진정으로 국제적인 회식을 즐겼습니다.

승무원들이 항상 기대하는 것들 중 하나는 방문 우주화물선입니다. 대개 지상요원들이 해치 근처의 상단에 조금씩 포장한 신선한 과일을 둡니다. 오랫동안 부실한 환경에서 산 영향으로, 신선한 오렌지의 냄새가 얼마나 강렬한지 깜짝 놀랐습니다. 신선한 과일은 모든 승무원에게 대환영입니다.

우주에서 처음 음식을 먹었을 때 느낌이 어땠습니까? 삼킨 음식물이 위로 올라오지 않던가요?

실제로 우주에서 음식을 잘 먹을 수 있습니다. 삼키는 것

과 소화는 중력보다는 몸 안의 근육에 훨씬 더 의존합니다. 당신이 물구나무를 서서 바나나 등을 먹어보면 알 수 있습니다. 삼키는 것은 혀와 인두, 식도 근육을 사용하여 먹은 음식을 위 안으로 짜넣는 복잡한 과정입니다. 이 근육 수축 과정을 '연동운동'이라 합니다. 음식을 삼키면 아래쪽 식도에 있는 근육섬유의 고리가 닫히고 음식과 위산의 상승을 막습니다. 이 과정이 우주에서 제대로 작동하지 않으면 우주비행사는 위산 역류로 인한 끔찍한 가슴앓이를 하게 됩니다.

일단 음식물이 위 안으로 안전하게 들어가면, 음식을 소화하고 올바른 방향으로 움직이는 데 도움이 되는 다양한 밸브와 근육이 있습니다. 그러나 식사 후 예전에 비해 음식이 위장에 더 가볍게 앉아 있는 것처럼 느낄 수 있습니다. 그래서 가능한 한 식사를 한 후에 적어도 한두 시간 이내에는 러닝머신에서 달리면 안된다는 것을 배웠습니다. 중력이 육체가 음식을 소화하는 데 필요하지는 않지만 확실히 도움은 됩니다. 우리 몸의 다른 모든 시스템과 마찬가지로, 소화 시스템 역시 극미중력에서 사는 데 적응할 것입니다.

우주비행사가 우주에서 식욕을 잃어버린다는 게 사실입니까?

이 질문에 대한 답은 매우 주관적일 수밖에 없습니다. 어떤

우주비행사는 우주에서 식욕이 크게 감소한 반면, 다른 사람들은 더욱 왕성한 식욕을 느끼는 것으로 보고합니다. 내 경우에는 식욕이 약간 줄어들었을 뿐입니다. 나는 여전히 식사시간에 음식을 먹고 싶은 강한 열망을 느꼈지만, 지구에서 먹는 것보다 적은 양을 먹고 난 후에도 '가득 찬' 느낌을 받았습니다.

나는 처음 몇 주 동안 약 5kg이 감량되었습니다. 이것은 우주에서 필요하지 않은 체액의 손실(과잉 체액은 우주비행사에게 '부푼 얼굴'을 갖게 하는 원인입니다)에다 충분한 식사량을 섭취하지 못한 결과입니다. 우리의 식사는 정기적으로 모니터링되며, 첫 번째 영양평가 후 더 많은 칼로리를 섭취하라는 놀라운 지적을 받았습니다. 나는 이것을 매일 저녁 초콜릿 푸딩 케이크나 맛있는 디저트를 먹을 수 있는 면허로 해석했습니다! 나는 좋은 식사와 강도 높은 훈련으로 미션 기간 동안 내 체중의 대부분을 회복했습니다. 지상에 착륙할 때 나의 체중은 발사 전 몸무게인 70kg의 소수점 이하만 떨어져나갔을 뿐입니다.

Q 우주에서 아프거나 다치면 어떻게 합니까?

A 모든 우주비행사는 응급처치 수준이 매우 높습니다. 또한 적어도 2명의 승무원 의무장교Crew Medical Officers: CMO가 탑승하며, 이들은 치아의 봉합이나 채우기-제거와 같은 기본적인 치과수술과

치료를 할 수 있습니다. 팀 코프라와 나는 모두 훈련된 CMO였습니다. 또한 우주정거장에는 진통제, 항히스타민제, 수면 보조제, 항생제, 국소 마취제 등이 보관된 의약품 캐비닛이 있습니다. 질병과 부상의 대부분은 긴급하거나 생명을 위협하는 수준은 아닙니다. ISS에서는 대개 환자를 잘 치료할 방법을 결정하기 전에 승무원이 지상의 항공 군의관과 세부적인 상담절차를 거치게 합니다.

우리가 맹장염과 같은 심각한 질병을 앓은 상황은 항공 군의관에 의해 평가될 것이며, ISS에 남아서 항생제(가장 가능성 높음)로 치료할 것인지, 지구로 귀환하는 것이 더 나은지 결정을 내립니다. 이 점에서 우주정거장은 지구상의 어떤 오지보다 덜 고립되어 있는 셈입니다. 예컨대, 남극대륙의 연구기지들은 대부분 겨울철에 접근할 수 없으며, 승무원 대피는 선택사항이 아닙니다. ISS에서 소유즈 우주선은 우리 미션 기간 동안 구명정으로 남아 있습니다. ISS 프로그램에 큰 영향을 미치긴 하지만, 응급상황 발생시 우주비행사가 몇 시간 내에 지구로 돌아갈 수 있는 옵션이 있는 셈입니다. 하지만 좁은 우주선은 이상적인 구급차가 아니며, 복막염 직전의 사람은 물론이고 건강한 개인조차도 지구 대기 재진입은 가혹한 시련입니다. 그럼에도 불구하고 그것은 선택사항입니다.

보다 즉각적인 상황을 위해 ISS에는 AED(자동 심장 충격기)가 비치되어 있습니다. 훈련 도중 각 승무원은 심폐 소생술 중 골수 내 주입(골수 내로 직접 약물 주입)을 포함해서 여러 가지 비상 시나리오를 시행합니다. 무중력에서 심폐 소생술을 시행하는 것은 그리 쉽지 않습니다! 첫째, 들것에 환자를 단단히 고정시켜야 하며, 그 다음에 인공호흡기는 자신의 허리나 무릎을 감싸는 끈을 사용하여 몸이 뜨는 것을 방지해야 합니다. 흉부 압박 중 일부 승무원이 대신 두 다리로 환자를 누르거나 천장을 밀기 위해 물구나무서기를 하기도 합니다.

어쨌든 우주비행사가 가장 잘 입는 부상은 열상과 골절, 안구 부상 등입니다. 해치와 모퉁이를 돌며 무중력 상태에서 부주의하게 지퍼를 잠그면 금속에 머리가 부딪힐 수 있습니다. 우리는 지구에서 할 수 있는 것보다 우주에서 훨씬 쉽게 물건을 옮길 수 있습니다(145kg의 EVA 우주복 같은 것). 이들은 무게는 없지만 질량이 많아 조심스럽게 다루지 않으면 위험한 모멘텀을 형성하여 뼈를 부숴뜨릴 수도 있습니다. 우주비행사는 지구상에서 수백 킬로그램이나 나가는 실험용 랙을 기울이는 훈련을 종종 받는데, 그 과정에서 신체부위가 집혀들지 않도록 항상 주의해야 합니다. 눈은 또한 환기 시스템으로 인해 떠다니는 작은 이물질에 취약합니다. 공구나 장비를 사용하여 작업할 때 작은 금속 부스러기가 생기지 않도록 최대한 주의를 기울여야 합니다.

천만다행으로 이제껏 국제우주정거장에서 심각한 의료 응급상황은 발생하지 않았으며, 우리 미션 중에는 어떠한 상해도 발생하지 않았습니다.

이거 아세요?

우주비행사가 비행 전에 맹장을 제거하는 것은 표준절차가 아닙니다.

Q 우주정거장에서 화재가 나면 어떻게 합니까?

A 임무를 수행하는 동안 몇 차례 긴급 '화재' 경보가 있었지만 다행히도 모두 거짓 경보로 밝혀졌습니다. 그러나 우리는 모든 상황을 실제 비상사태처럼 취급합니다. 우주정거장에 화재가 발생하면 가장 먼저 해야 하는 일은 화재를 발견한 승무원이 다른 사람들에게 경고를 발하는 것입니다. 그런 다음 모두 안전한 장소에 모여 문제해결에 착수합니다. 실제로 1997년 미르 우주정거장에서 화재가 발생한 적이 있습니다. 산소 깡통이 점화되어 선체에 손상을 입혔으며, 승무원의 생명을 위험에 빠뜨릴 수 있는 격렬한 화재가 발생했습니다. 당시 선상에 있었던 NASA 우주비행사 제리 리넨저 박사는 화재를 '격렬한 토치 같았다'고 묘사했습니다.

ISS에 근무하는 우주비행사들은 최대 공포가 화재라고 생각할 것입니다. 미르 화재가 특히 위험했던 이유는 크기와 강도가 급속히 증가한 불길이 모듈의 먼 벽면까지 번져나가 그 방향으로 선체를 태우려 위협했기 때문입니다. 만약 그런 일이 발생했다면 우주정거장의 대기가 급속히 우주로 빠져나가 승무원들은 몇 분 안에 죽음을 면치 못했을 겁니다. 더욱 나빴던 것은 불길이 소유즈 우주선으로 통하는 길을 막고 있었고, 대피할 수 있는 옵션도 없었다는 점입니다. 다행히도 승무원들은 가까스로 화재를 진압했고, 자욱한 연기가 선체 안을 가득 채웠음에도 불구하고 대기를 정화하고 선상에 살아남을 수 있었습니다.

작은 화재도 위험하긴 마찬가지입니다. 특히 발견하기 어려워 더 위험할 수도 있습니다. 이를 발견하려면 불타는 냄새를 감지하거나 연기 탐지기 경보에 의존해야 합니다. 우주정거장은 전기설비를 덮고 있는 수백 개의 패널이 있는 넓은 장소입니다. 화재가 번지기 전에 승무원들을 신속하게 위치시키고, 전기를 제거하고(전기가 가장 위험한 점화원임), 화재를 진압하는 것이 필수적입니다.

우주비행사는 발생장소와 상황의 심각성에 따라 화재의 모든 가능성에 대비한 처리절차를 가지고 있습니다. 승무원은 종종 화재를 진압하기 위해 몇 팀으로 나뉩니다. 예를 들어, 2인 1조의 한 팀은 안전한 피난처에 남아 지상과 통신하고 컴퓨터를 통해 우주정거장을 제어합니다. 또 다른 팀은 화재진압 팀으로, 불난 곳을 찾아내 끄기 위해 호흡장비를 하고 현장에 접근, 이산화탄소, 물분무기, 또는 포말 소화기를 사용하여 소화합니다. 세 번째 팀은 소방팀을 지원하며, 장비를 회수하고 영향받지 않는 모듈의 해치를 닫아 연기 확산을 방지합니다. 이 모든 활동에는 신중한 조정이 필요하며, 우주비행사는 화재에 대한 적절한 대응이 제2의 천성이 될 때까지 지상팀과 함께 많은 훈련을 받습니다.

연기 탐지기는 ISS의 자동 반응 시스템을 작동시켜 화재시 모든 환기 시스템을 정지시켜 산소공급을 차단하고, 우주정거장 전체로의 연기 확산을 줄입니다. 승무원은 공기가 일산화탄소나 다른 유해 가스로 오염되었는지 여부를 알려주는 특수 수동 감지기를 갖고 있습니다. 이 장비는 언제 호흡기구를 제거하는 것이 안전한지를 알려줍니다. 그리고 특수 공기 필터와 부대 장비들이 화재 진압 후 대기를 정화하여 ISS를 건강하게 되돌려줍니다. 화재를 잡을 수 없는 극한상황에서는 최후의 수단으로 승무원들은 ISS를 버리고 소유즈 우주선으로 대피하는 것을 고려합니다.

재미있는 점은 소유즈에는 어떤 소화기도 없다는 사실입니다. 불이 나면? 우주복의 헬멧을 잠그고 감압장비를 작동해 기내의 공기를 모조리 빼버립니다. 산소가 없으니 불도 꺼지게 됩니다.

Q 우주에서 인터넷 속도는 어떻습니까?

A ISS에서 개인용 pc로 인터넷에 접속하는 것은 힘들고 느렸습니다. 그러나 우주비행사가 우주공간에서 얼마나 빨리 인터넷을 접속할 수 있는지 질문하고 대답하고 있다는 사실조차도

놀랍습니다. NASA 우주비행사인 T. J. 크리머가 우주에서 첫 번째 트윗을 보낸 2010년 1월부터 ISS에서 인터넷을 사용할 수 있습니다. 우주에서 지구로의 통신은 우주정거장이 지상관제실 위를 통과할 때 갈라진 음성으로 통화하던 초기부터 시작해 먼 길을 걸어왔습니다.

확실히 해둬야 할 점은 우주정거장은 지구와의 데이터 연결이 매우 빠르다는 것입니다. 이것은 우주정거장 위의 지구 정지궤도에 있는 추적-데이터 중계 위성TDRS 네트워크에 의해 제공됩니다. 이 데이터 연결은 ISS 모니터링과 명령, 과학실험을 실행하고 결과를 다운로드하는 데 필요한 데이터를 업로드하는 데 주로 사용됩니다. 우주비행사가 저녁시간에 트위터를 따라잡을 수 있는 고속 데이터는 없습니다! 나는 보다 빠른 인터넷 연결 속도를 선호했는데, ISS의 지구관측 도구가 매우 제한적이기 때문에 구글 어스와 같은 응용 프로그램을 사용할 수 있도록 하기 위해서였습니다. 사실 승무원은 종종 우리가 이전에 촬영한 지형지물이나 도시를 확인하기 위해 '랜드 맥널리 세계지도'를 뒤적여야 했습니다.

인터넷 속도는 승무원이 사용하는 데 할당된 대역폭에 따라 다릅니다. 때로는 한 웹 페이지를 여는 데 1분 이상 걸리고, 다른 경우에는 빨라야 5~10초 정도 소요되지만, 스트리밍 비디오를 고려하면 결코 빠른 속도가 아닙니다. 대체로 과학 페이로드가 높은 대역폭을 요구하지 않고 개인용도로 할당할 수 있는 저녁에 인터넷 속도가 약간 향상되었습니다.

됩니다! ISS는 미국 세그먼트 내에 두 개의 벨에어BelAir 무선 액세스 포인트를 통해 Wi-Fi를 제공합니다. 이것은 개인 네트워크용이 아닌 운영 네트워크 장치를 연결하는 데만 사용됩니다. 그러나 아이패드를 사용하여 업무 처리순서와 일정, 기타 앱에 접근할 수 있기 때문에 업무 효율성이 크게 향상되었습니다. 우리는 작업 전에 우주정거장의 여러 장소를 돌아다니며 도구와 장비를 모으고 나중에는 모든 것을 올바른 위치에 다시 챙겨넣어야 합니다. 나는 내 무릎의 아이패드 찍찍이와 함께 필요한 모든 정보를 가까이하며 우주정거장 주변을 누빌 수 있는 자유를 즐겼습니다.

우주에서 트위터와 페이스북을 어떻게 사용했습니까?

우리 승무원 구간에는 두 대의 노트북이 있었습니다. 하나는 '운영 네트워크'에 연결되어, 일정, 업무 절차, 이메일을 비롯해, 수많은 다른 도구 및 앱과 같이 일상업무에 필요한 중요 데이터에 접속할 수 있었습니다. 그러나 운영 데이터를 보호하는 방화벽을 설정할 목적으로 우리는 '승무원 지원 네트워크'에 연결된 두 번째 노트북으로 트위터와 페이스북에 '라이브' 게시를 위해 인터넷에 접속했습니다.

이 두 번째 컴퓨터는 실제로 인터넷에 연결되어 있지 않지만, 대신 인터넷에 접속된 휴스턴의 다른 컴퓨터에 원격 데스크톱을 통해 연결되었습니다. ISS의 보안 문제를 피하기 위한 간단하지만 현명한 방법입니다. 트위터와 페이스북에서 라이브 게시 및 댓글보기는 지구상에서 일어난 일과 연결될 수 있는 좋은 방법이지만 시간이 많이 걸렸습니다.

트위터에 사진을 게시하려면 먼저 내 승무원 숙소의 '운영 네트워크' 컴퓨터에 데이터를 업로드해야 합니다. 그런 다음 지구상의 내 이메일 계정으로 사진을 보낸 후, 승무원 지원 네트워크' 컴퓨터를 사용하여 개인 이메일 계정에 접속하여 휴스턴의 원격 데스크톱에 사진을 저장한 다음 트위터에 로그인하여 사진을 업로드함으로써 포스팅이 완료됩니다. 휴! 그 전체 과정은 빨라야 5분이었습니다.

트위터와 페이스북을 사용하는 훨씬 더 효율적인 방법이 있었습니다. 그것은 사진과 게시물을 유럽 우주국ESA의 지원팀에 직접 이메일로 보내는 것입니다. 우리의 경험을 전달하고 지구 이미지를 공유하는 일은 우리 작업의 중요한 부분이며, 소셜 미디어는 이를 수행하는 데 매우 유용한 도구입니다. ESA에는 내 사진과 비디오, 게시물을 관리하는 작은 팀이 있었습니다. 우리가 우주에서 하는 대부분의 일과 마찬가지로, 우리는 혼자서 하는 것이 아닙니다. 반드시 팀워크가 필요합니다. 이를 위해 대부분의 우주비행사는 우주공간에서 소셜 미디어에 거의 시간을 보내지 않습니다. 비결은 항상 모든 일을 가능한 한 효율적으로 추진하는 것이며, 이는 필요한 경우 지상요원의 도움을 구하는 것을 의미합니다.

Q

우주에 잘 적응하기 위해 어떤 운동을 합니까?

-앗시야(영국 레스터의 멜러 커뮤니티 초등학교)

A

우주에 적합하게 몸 상태를 최상으로 유지하는 것은 참으로 중요합니다. 무중력에서 단지 효과적으로 신체기능을 발휘할 수 있는 것뿐만 아니라, 미션이 끝나 지구로 귀환한 후 다시 중력에 잘 대처하기 위해서입니다. 다행히도 우리 몸은 새로운 환경에 적응하는 데 아주 능숙합니다. 신체의 모든 기관은 그대로 두고서도 우리 몸은 우주에서 살기에 완벽한 존재로 변신하려 할 것입니다. 이는 지구로 귀환하거나 미래에 달이나 화성에 진출하는 데도 아주 중요한 문제입니다. 이를 위해 우주비행사가 우주에서 하는 운동은 극미중력에 의해 비롯되는 부정적인 영향들 즉, 근육 질량과 그 강도, 골밀도와 심혈관의 약화 등을 극복하는 데 중점을 두고 있습니다.

우주비행사는 ISS에서 건강하게 지내기 위해 러닝머신[T2], 실내 자전거[CEVIS], ARED 등 여러 가지 기구로 운동합니다. 특히 '선진 저항 운동기구'쯤으로 불릴 만한 ARED[Advanced Resistive Exercise Device]는 골밀도 감소 방지에 뛰어난 효과를 입증했습니다. 멀티 체육관과 비슷한 ARED는 270kg의 저항 부하(물론 무중력에서는 실제 중량이 쓸모없습니다)를 만들기 위해 2개의 피스톤 구동 진공 실린더를 사용합니다. 이것은 우리가 스쿼트 스러스트squat thrusts*와 발뒤꿈치 올리기, 어깨 운동, 벤치 프레스**, 윗몸 일으키기 등과 같은 많은 운동을 사용하여 모든 주요 근육 그룹을 자극할 수 있게 해줍니다. ARED의 추가 보너스는 큐폴라 창 바로 위에 위치하므로 짧은 휴식을 취할 때 승무원에게 완벽한 조망과 휴식을 즐길 수 있게 합니다.

T2 러닝머신은 벨트와 고무줄을 사용해 가짜 체중을 만들고 우주비행사를 러닝머신에 붙들어맵니다. 고무줄의 장력은 길이를 조정하는 금속 후크를 추가하거나 제거하여 수정할 수 있습니다. 대부분의 우주비행사는 대체로 달릴 때 체중의 약 70%를 목표로 합니다. T2는 심장혈관과 근육 및 뼈 건강에 효과적인 기구입니다.

세 번째 운동기구는 실내 자전거CEVIS입니다. 주로 심장혈관을 강화시키는 운동기구입니다. 우주 실내 자전거의 가장 큰 장점은 안장이 필요없다는 것입니다. 대신 우주비행사는 자전거 신발을 페달에 집어넣고 손잡이를 잡고 자세를 안정한 후 페달을 밟기만 하면 됩니다.

우주비행사가 ISS에 처음 도착하면, 각 운동 기구에 익숙해지기까지 시간이 걸립니다. 확실히 T2 벨트는 바로 적응하기 어렵습니

---

* 두 손을 바닥에 짚고 두 다리를 쪼그렸다 폈다 하는 운동.
** 벤치 같은 데 누워 역기를 들어올리는 운동.

다. 또한 ARED를 할 때도 주의를 기울여야 합니다. 무중력에서 무거운 하중을 다루다 보면 불안정한 신체 움직임으로 인해 부상을 입을 수 있습니다. 대개 우주비행사는 최선의 몸 상태로 지구로 돌아오기 위해 미션 기간 동안 운동의 강도를 차츰 높여가는 것을 목표로 삼습니다.

나는 언제나 우주에서 운동하는 것을 즐겼습니다. 왜냐하면 귀환 후 지구에도 잘 적응하고 싶었기 때문입니다. 또한 운동시간은 머리를 쉬는 데 최상의 기회입니다. ISS에서 일하는 것은 세부사항과 업무에 관한 많은 읽을거리로 인해 최고의 집중력을 필요로 합니다. 힘든 운동을 하면서 좋아하는 음악을 틀거나 흥미로운 팟캐스트를 듣는 것보다 머리를 쉬는 데 더 좋은 것은 없습니다.

Q 우주에 가기 위해 무슨 짐을 꾸렸습니까?

A 우주비행사는 우주비행에 오르기 오래 전부터 짐꾸리기를 시작합니다. 짐을 꾸리는 데는 면밀한 생각과 사전계획 그리고 조정이 필요합니다. 우리가 우주에서 필요로 하는 대부분의 품목들(보너스 음식, 옷, 세면용품, 멀티 도구, 토치 같은 소규모 장비 선택)은 포장되어 우주화물선에 실립니다. 승무원이 ISS에 도착할 때까지 충분한 자원이 확보되도록 사전에 비행해야 하는 개인용품에는 T2 러닝 벨트, 자전거 신발, 달리기 도구 같은 운동장비가 포함됩니다.

필수사항을 결정한 후, 우주비행사에게 일정 한도의 개인용 화물이 허용됩니다. 두 개의 신발상자 크기에 해당하는데, 그 안에 개인용품을 꾸릴 수 있습니다. 대체로 우주비행사는 친구, 가족, 자선단체 또는 제휴기관을 위해 비행할 수 있는 다양한 항목을 선택합니다. 이것은 실제로 앞으로 계획에 포함됩니다. 나는 런던 마라톤에서 달리기를 원했기 때문에 2016년 경기를 위해 1년 넘게 러닝셔츠가 필요했습니다. 나는 또 열렬한 럭비 팬이기 때문에 RBS 6개국 챔피언십에 대비해 잉글랜드 럭비 셔츠도 챙겼습니다. 그밖에도 여러 자선단체와 교육 프로그램을 위한 용품들을 꾸렸지만, 마지막으로 영국인으로서 공식적인 행사를 준비해야 한다고 결정해 턱시도 티셔츠를 넣기로 했습니다. 그 모든 것을 가방에 담고 나니 공간이 별로 남지 않았지만, 친구와 가족사진을 우겨넣었습니다. 또한 언제나 사려 깊은 아내는 내 두 아들 토머스(6살)와 올리버(4살)가 덮고 자던 담요 모서리를 잘라낸 조각을 넣어주었습니다.

우리는 또 소유즈 우주선에서 일정 한도(1.5kg)의 개인용품 휴대를 할당 받았습니다. 발사 날이 가까웠기 때문에 품목을 결정하기가 더욱 쉬웠습니다. 나는 헬렌 셔먼으로부터 빌린 가가린 자서전 <별로 가는 길Road to the Stars>외에도 우주로 가져갈 약간의 개인용품을 선택했습니다. ISS에 이미 충분한 의료용품이 있지만 그래도 6개월간 개인적으로 사용할 약간의 의약품을 실을 수 있습니다. 가장 중요한 것은 EVA 우주복 장갑이었습니다. 우주복의 나머지 부분은 ISS에 있으며, 모듈식으로 제작된 맞춤형이지만, 장갑은 개별적으로 크기가 조정되며 언제나 소유즈에서 우리와 함께 여행합니다.

Q 우주에서 가장 재미있었던 일은 무엇입니까?

A 우주생활에서 가장 기억에 남는 것은 지구의 놀라운 광경이나 무중력의 자유로움 같은 게 아니라, 동료 승무원들과 공유했던 경험입니다. 그 점에서 나는 엄청난 행운아였습니다. 동료들은 모두 뛰어난 인재들이었고, 그들과 함께 ISS에서 보냈던 시간들은 참으로 축복과도 같았습니다. ISS 사령관은 종종 근무 분위기를 설정하는 역할을 하는데, 내가 도착했을 때 사령관은 1년 미션에서 벌써 9개월째 접어든 스콧 켈리였습니다. 그는 몸을 사리지 않는 일꾼이었고, 날카롭고, 무자비하게 효율적이며, 남의 실수에 관대한 리더였습니다. 유머 감각 또한 뛰어납니다.

무슨 수단을 썼던지 스콧은 고릴라 복장을 손에 넣었고, 이것을 아는 사람은 거의 없었습니다. 그가 내게 고릴라 복장에 대해 속삭이듯 말했을 때, 나는 농담을 하는 줄 알았습니다. 아니면 아마 고릴라 얼굴 마스크인가보다 했지요. 누가 우주정거장으로 고릴라 복장을 갖고 올 수 있단 말입니까? 그런데 내가 틀렸습니다. 그날 밤 3번 노드에서 온몸이 털로 뒤덮인 고릴라와 마주쳤던 것입니다. 스콧의 계획은 팀 코프라의 승무원 구간에 숨었다가 뛰쳐나와 잔뜩 겁을 주는 것이었습니다. 스콧은 나에게 부탁하기를, 팀에게 미션 컨트롤에 전화할 필요가 있다고 전하라는 것이었습니다. 이 장난을 할 수 있는 최적의 장소는 우리 선원들의 구간임을 알았습니다.

스콧이 적당한 곳에 숨어 있는 동안 나는 팀을 찾아가서 비행 지휘관이 당신 전화를 기다린다는 말을 전했습니다. 물론 그는 자신의 승무원 구간으로 곧장 갔지만, 거기서 만난 것은 털북숭이 고릴라였습니다. 기절초풍했지요. 참으로 재미있는 볼거리였습니다. 그것이 내가 겪은 우주생활 중에서 아마 가장 재미있는 순간이었을 겁니다.

긴급 질문 있어요!

Q 우주비행사는 어떤 시계를 차나요?

A 현재 ESA 우주비행사에게는 ESA 우주비행사와 협력하여 개발된 오메가 스피드 마스터 X-33 스카이 워커(Skywalker)가 지급되며, 이 시계의 여러 특징 중 하나는 배경 소음을 극복하기 위해 우주비행에 적합한 특수 다중 경보 기능입니다. 우주비행사는 NASA의 안전 요구사항을 충족시키면 그들이 좋아하는 시계를 찰 수 있습니다. 그러나 특정 시계 배터리는 허용되지 않으며, 사파이어 크리스털과 같이 충격을 받으면 파편이 부서질 수 있는 시계 유리도 안됩니다. 무중력 환경에서 눈에 심각한 부상을 야기할 수 있기 때문입니다. 따라서 내마모성의 물질, 예를 들어 헤잘라이트(hesalite) 결정이 대신 사용됩니다.

Q 우주정거장에서 당신에게 가장 필수적인 아이템, 도구는 무엇이었습니까?

A 나는 항상 작은 손전등과 래더맨(Leatherman)• 멀티 연장을 지니고 다녔습니다. 두 가지 모두 하루에도 여러 번 사용했습니다. 우리는 종종 우주정거장의 어두운 구석에 박혀 있는 물건을 찾아야 했으므로 손전등이 필수품이었습니다.

• 미국의 유명 공구 브랜드.

CHAPTER 4
우주유영

이동 생명유지 시스템(PLSS)

얼굴 가리개

헬멧

표시 제어 모듈

우주복 고형 웃통
(HUT)

순환 냉각 액체 의복
(LCVG)

연장 가방

최대 흡수복(MAG)

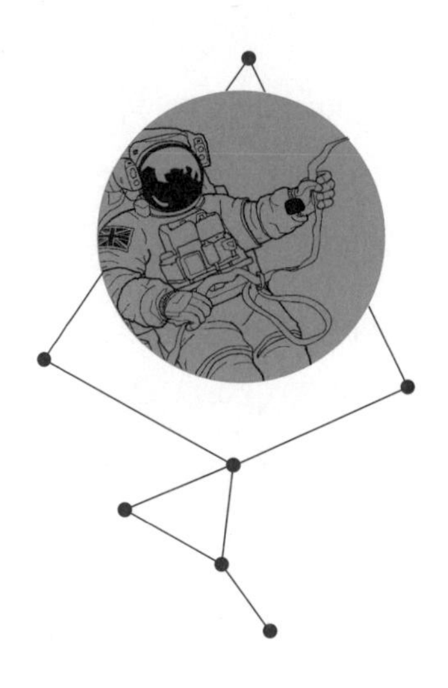

국제우주정거장에서 있었던 일 중 가장 놀라운 경험은 무엇입니까?

- 스텝 웹

2016년 1월 15일 금요일 오후 12시 55분, 동료 우주비행사 팀 코프라와 나는 지상관제실로부터 퀘스트Quest 에어록* 바깥으로 나가라는 메시지를 받았습니다. 우리는 연장가방과 소형 냉장고 크기의 교체용 전압 조정기를 가지고 우주로 나가 고장난 태양전지판을 수리하기 시작했습니다. 전기 기술자들이 보통 지구에서

* ISS의 첫 번째 기압조정실이다. 이전에는 조인트 에어록 모듈로 불리었다. 이를 통해 미국의 선외 활동 우주복(EMU)과 러시아의 올란 우주복도 선외 활동을 행할 수 있도록 설계되었다.

하는 작업입니다. 유일한 차이점이라면 우주 진공에서 해야 한다는 점입니다. 우리는 우주정거장이란 안전한 피난처를 떠나, 온도차가 지독한 환경에 뛰어든 것입니다. 양지와 그늘의 온도차가 섭씨 200도에서 −200도까지 벌어질 수 있습니다. 밤은 45분 만에 낮으로 변합니다. 그리고 언제 어디에서나 소용돌이치는 운석 조각에 얻어맞을 수 있습니다. 더 심한 경우에는 손잡이를 놓쳐 우주공간에 표류할 수도 있습니다.

내 최초의 선외활동EVA, 곧 우주유영은 나의 우주생활 중에서 가장 생생한 기억으로 남아 있는 것입니다. 그것은 단지 4시간 43분간의 경험이었지만, 나는 그것을 위해 몇 년 동안이나 훈련받고 준비했기에 결코 잊지 못할 날입니다. 지구 행성 위 높은 곳에 매달린 채 위험한 작업을 수행하면서 와이드 스크린으로 바라보는 지구의 아름다운 모습은 참으로 초현실적이었고 스릴 넘치는 순간이었습니다. 하지만 내 우주유영의 경험을 여러분과 더욱 자세하고 실감나게 공유하기 위해 발사 며칠 전의 시간으로 돌아가봅시다.

Q 역사상 최초의 우주유영을 한 것은 언제입니까?

A 2015년 11월 30일 월요일 아침, 나와 팀 코프라, 유리 말렌첸코는 러시아식 조찬 뷔페가 차려진 긴 테이블 뒤에 서 있었습니다. 다양한 육류와 치즈, 빵, 과일, 페이스트리로 구성된 훌륭

한 뷔페식이었습니다. 이른 아침의 이 축하 자리는 발사 전에 치르는 러시아 전통 중 하나였습니다.

시간은 오전 8시를 약간 지난 때였는데, 보드카 잔을 손에 든 한 러시아 노신사가 열정적인 축사를 하고 있었습니다. 노신사는 바로 50년 전 역사상 최초의 우주유영을 한 81세의 알렉세이 레오노프로, 두 차례나 영웅 칭호를 받은 사람입니다. 그의 쩌렁쩌렁한 목소리는 좌중을 압도했습니다. 그가 하는 말 한마디라도 놓치지 않으려고 귀기울이는 사람은 나뿐만이 아니었습니다. 이 원로 우주인은 우리의 미션에 행운을 빌어주었습니다.

1965년 3월 18일, 소련 공군 전투기 조종사였던 레오노프는 비교적 안전한 보스호트(Voskhod: 해돋이라는 뜻) 2 우주선에서 미지의 세계로 뛰어드는 모험을 감행했습니다. 4년 전 유리 가가린이 지구 궤도를 돈 데 이은 이 우주유영은 미국에게 두 번째 패배를 안긴 우주 진출이었습니다. 레오노프는 비록 12분 9초 동안 우주 속을 헤엄쳤지만, 그것은 위대한 개척이자 위험한 업적이었습니다.

우주의 진공 속에서 그의 베르쿠뜨(Berkut: 골든 이글) 우주복은 풍선처럼 팽창하여 우주선에 연결된 안전로프로 몸을 끌어당길 수 없을 정도가 되었습니다. 부풀어오른 옷 안에서는 손가락이 장갑에서 빠져나갔고 발은 더이상 부츠에 들어가지 않았습니다. 그래도 레오노프는 관제실에 알리지 않은 채 그가 할 수 있는 유일한 조치를 시도했습니다. 우주복 조절장치에 손을 뻗어 우주복을 서서히 감압하기 시작했습니다.

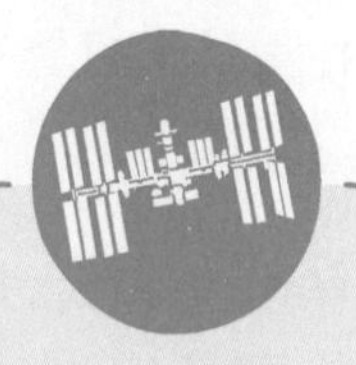

이거 아세요?

우주의 진공 속에서 역사상 가장 많은 누적 시간을 보냈던 유능한 우주유영자 10명을 살펴보면 다음과 같습니다(목록은 2017년 7월 현재까지입니다).

랭킹	우주비행사	우주기구	EVA (우주유영) 횟수	총시간 (시간 : 분)
1	아나톨리 솔로비예프	RSA*	16	82:22
2	마이클 로페스 -알레그리아	NASA	10	67:40
3	페기 윗슨(여)	NASA	10	60:21
4	제리 L. 로스	NASA	9	58:32
5	존 M. 그런스펠드	NASA	8	58:30
6	리처드 마스트라치오	NASA	9	53:04
7	효도르 여치킨	RSA	8	51:53
8	수니타 윌리엄스(여)	NASA	7	50:40
9	스티븐 스미스	NASA	7	49:48
10	마이클 핀크	NASA	9	48:37

* RSA(Roscosmos State Space Corporation for Space Activities)는 러시아 우주 프로그램입니다.

우주복이 감압되면서 산소가 부족해 치명적인 감압병에 걸릴 수도 있었지만 그는 기압조정실로 돌아가지 못하면 목숨을 잃을 거라고 생각했습니다. 마침내 우주선의 옆면에 부착된 팽창식 직물 튜브(기압조정실로 사용)에 도착했을 때, 그는 이미 손발 저림증(감압병의 첫 징후)을 느끼고 있었습니다. 그리고 육체적 움직임은 그의 체온을 급격히 상승시켰습니다. 레오노프는 가까스로 기압조정실로 진입했습니다. 발 쪽을 먼저 들이밀었습니다. 기압조정실의 좁은 문은 우주복은 받아들였지만 해치를 닫기 위해 몸을 회전시킬 만한 공간은 없었습니다. 고열과 땀으로 범벅이 되어 일사병의 문턱에 다다른 레오노프는 사력을 다한 끝에 가까스로 해치를 닫을 수 있었고, 다시 캡슐로 돌아갈 수 있었습니다.

나는 이 놀라운 사람과 악수를 나누면서 그의 발자취를 따라 ISS 바깥으로 모험에 뛰어들 기회가 과연 나에게도 있을까 생각해 보았습니다. 그런데 기회는 곧 왔습니다! 미션이 시작된 직후 팀과 나는 ISS에서 192번째 우주유영을 배정받았습니다. 평생의 꿈을 이룰 수 있는 기회를 얻었던 것입니다.

Q 우주유영 중 가장 좋았던 것은 무엇입니까?

A 2016년 1월 15일, 팀 코프라와 내가 기압조정실을 빠져나가 우주로 나간 목적은 태양 전지판의 고장난 전압 분류기SSU를 교체하는 것이었습니다. 그것은 우주정거장의 우현 가장 먼 가장자리에 있는 태양 전지판 바닥에 붙어 있었습니다. SSU는 솔라 패널에서 받은 거친 전압을 조절함으로써 전체 태양 전지판이 일정한

전압과 부하에서 작동하게 합니다. SSU가 고장나면 우주정거장은 전력의 8분의 1이 손실되므로 이의 교체는 중요한 일이었습니다.

팀과 나는 안전하면서도 신속하게 작업현장으로 가야 했습니다. 타이밍은 우주유영에서 절대적입니다. SSU는 태양전지판에서 거친 전압을 받기 때문에 스위치를 끌 방법이 없습니다. 안전하게 그것을 바꿀 수 있는 유일한 방법은 태양이 지기를 기다리는 것입니다. 태양이 없으면 발전도 멈추니까요. 우리는 제때 현장에 위치해 일몰 직전에 장비 교체 준비를 다 갖추었습니다. 우리는 순조롭게 진행해 예정보다 10분 앞서 준비를 마쳤습니다. 관제실은 우리에게 실패 위험을 감수하기보다는 해가 지기를 기다리라고 말했습니다. 우주정거장 맨 끝에 떠 있는 우주유영 중 10분 동안 빈둥거리면서 일몰을 지켜보라는 것은 전례가 없는 일입니다. 덕분에 나는 5분 동안 촬영 기회를 잡아 우주유영 '셀카'를 포함해 주변 상황을 카메라에 담았습니다.

우주유영 중 가장 경이롭고 경외감을 느꼈던 부분은 우리가 막 낮과 밤의 경계선을 넘었을 때, 아이맥스 극장의 맨 앞자리에서 보는 것과 같은 우주의 풍경이었습니다. 그때의 느낌은 맨 처음 큐폴라 밖으로 우주를 내다보았을 때 받은 느낌과 비슷했지만, 그 충격은 비교가 되지 않았을 정도였습니다.

나는 어떤 방향으로도 향할 수 있는 자유를 얻었습니다. 연약하고 아름답기 그지없는 지구가 한순간에 어두운 그늘 속으로 우아하게 미끌어져들어가는 광경은 경탄스러움 그 자체였습니다. 그러나 다음 순간 끝 모르게 펼쳐지는 우주의 광대한 암흑에 맞닥뜨리고는 와락 두려움을 느꼈습니다. 그것은 확실히 '원근법'이라는 단어에 새로운 의미를 부여했습니다. 중력의 영향을 받지 않고 우주복의 무게를 느끼지 못하며, 눈앞에 얇은 바이저를 쓴 것도 잊어버린 채 그 순간 나는 지구와 문명, 우주정거장으로부터 완벽하게 격리된 기분이었습니다. 나는 측량할 길 없는 엄청나게 광대한 우주 속에서 내 자신이 티끌 같다는 느낌을 받았고, 그 순간 나는 내 인생에서 가장 큰 경이를 느끼며 겸허해지는 감정에 빠져들었습니다.

Q 어떤 시점에서 두려움을 느꼈습니까?

A 가능한 한계까지 밀어붙이며 우리가 가진 기술을 실행하는 것은 믿을 수 없을 만큼 흥미진진한 일입니다. 물론 그에 따르는 위험부담도 있습니다. 우주유영 전에 나는 앞으로 맞닥뜨릴 모든 상황에 대해 완벽하게 대비할 수 있도록 집중함으로써 그러한 우려를 억누를 수 있었습니다. 나아가 그것은 나에게 평온을 갖다주었습니다. 팀이 우주로 통하는 해치를 열어젖히는 순간, 나는 모든 걱정이 사라지는 것을 느꼈습니다. 밤이 다가오고 있었고 태양은 수평선 위에 낮게 걸려 있었습니다. 감압된 에어록 안으로 갑자기 햇빛이 넘쳐흐르는 것을 보자 나는 '마지막으로 일할 시간!'이라는 생각이 떠올랐습니다.

우주의 진공 속으로 발을 들여놓는 것이 아무리 편안하게 느껴지더라도, 잘못된 진행에 대한 경계심을 절대 늦추어서는 안됩니다. 다른 우주비행사와 우주유영의 경험을 공유할 때 내가 알아차렸던 하나는 우주의 환경이 얼마나 극단적으로 엄혹한가 하는 점입니다. 한 우주비행사는 그 위험한 느낌을 '만져질 것 같은 것'으로 묘사했습니다. 우주비행사가 스릴을 추구하는 사람이거나 아드레날린 중독자라는 뜻은 아니지만, 우주정거장 밖에서 보낸 몇 시간 동안의 그 위태위태했던 상황은 내가 평생 동안 거의 느껴보지 못했던 것이었습니다.

우주비행사가 우주에서 '잠수병'에 걸릴 수 있다고 들었습니다. 어떻게 그럴 수 있으며, 어떻게 치료할 수 있습니까?

이 질문에 답하기 위해 우주복 내부의 압력에 대해 약간 얘기할 필요가 있습니다. 만약 우리가 가압 우주복을 입지 않고 우주의 진공 속으로 풍덩 뛰어든다면 어떻게 될 것 같습니까? 약 15초 안에 의식을 잃을 것이고, 얼마 안되어 목숨을 잃을 것입니다. 우리 몸의 혈액과 피부조직 속에는 질소와 산소 등 많은 가스가 녹아 있는데, 지구의 대기압이 그 상태를 유지시켜줍니다. 만약 그런 압력을 제거하면 체액에서 위험한 거품이 생기기 시작합니다. 약하면 피부 가려움증과 관절 통증을 유발하지만, 최악의 경우에는 거품이 뇌에 전달되어 마비와 죽음을 초래합니다. 이것이 감압병 또는 '잠수병'으로 알려져 있습니다.

따라서 우리는 가압 상태의 우주복이 필요합니다. 그러나 우주의 진공에 대항해 해수면 압력, 곧 지구 대기압만큼 우주복을 가압한다면, 미쉐린 타이어 맨처럼 보일 것입니다. 그러면 우주복은 강도는 높아지고 그 속에서 물리적으로 움직이기가 아주 어렵게 되겠지요. 그래서 우주복 안의 압력은 안전과 유연성 사이의 균형인 압력만을 유지하게 하는데, 대략 대기압의 3분의 1 정도입니다. 그것은 신체의 용해된 가스를 용액으로 유지하는 데 필요한 최소한의 압력이지만, 그래도 꽤 낮습니다. 이 낮은 압력은 뻣뻣한 몸통에 비해 팔과 손가락을 쉽게 구부릴 수 있게 하지만, 시간이 지남에 따라 신체의 용해된 질소가 미세한 기포를 형성하고 이윽고 잠수병을 일으킬 수 있는 단계에 도달하게 됩니다.

이러한 위험을 줄이기 위해 우주비행사는 우주유영 전에 가능한 한 많은 질소를 몸 밖으로 배출합니다. 방법은 우주유영이 잡힌 날 잠에서 깨어난 직후, 우주선의 산소 공급장치에 긴 호스로 연결된 호흡 마스크를 쓰고 100% 산소를 '사전 호흡'합니다. 그런 다음 우주복을 착용하는 동안 기압조정실의 기압을 대기압의 70% 수준으로 감압합니다. 그리고 얼마 지나지 않아 적절한 시간에 50분 동안 가벼운 운동(다리 올려차기)을 실시합니다. 이 모든 조치는 우주비행사가 우주유영 중에 '잠수병'에 걸릴 위험을 줄이는 데 도움이 됩니다. 또한 우주비행사는 감압병의 위험성에 대해 교육받고 우주유영 후 징후나 증상이 나타나는지 항상 감시합니다.

이거 아세요?

● 우주복 내부의 압력(4.3psi)은 대기압의 약 30%로, 해발 9,000m 이상의 지구상 고도와 같습니다. 이것은 에버레스트산 정상(4.89psi)의 압력보다 낮습니다. 그러나 우주비행사는 우주복 속에서 100% 산소를 마시기 때문에 이런 낮은 압력에서도 맑은 정신 상태를 유지합니다.

이거 사실이에요?

Q 우주복을 착용하지 않고 우주 속으로 뛰어들면 우리 몸 속의 피가 끓어오르나요?

A 엄밀히 말하자면 아닙니다. 우주의 진공에 몸을 노출하면 혈류의 용존 기체가 거품을 형성하므로 사진을 찍을 수 있다면 약간 끓는 액체처럼 보일 수 있지만, 혈장이나 세포는 '엄격한 의미에서' 비등하지 않을 겁니다. 하지만 다른 많은 나쁜 일들이 동시에 진행될 것이기 때문에 그다지 오래 버티지 못한다는 사실을 명심하기 바랍니다.

우주비행사가 잠수병이 걸릴 경우 상태가 심각하면 바로 우주정거장으로 되돌려보냅니다. 일단 우주정거장 안에 들어가면 그곳의 압력에다 우주복 속의 압력이 더해져 가스 거품이 다시 체액 속으로 녹아들게 됩니다. 그런 다음 항공 군의관의 세심한 지도하에 천천히 정상압력으로 감압합니다. 실제로 우리는 지구에서 하는 것과 비슷한 방법으로 우주복을 잠수병을 치료하는 개인 감압 챔버로 사용합니다.

Q 당신은 개인용 우주복을 갖고 있나요, 아니면 다른 우주비행사와 공유합니까?

A

두 종류의 우주복이 있습니다. 먼저 우주비행사가 ISS로 가거나 ISS에서 떠날 때 우주선에서 입는 가볍고 부드러운 우주복이 있습니다. 이 우주복은 좌석에 벨트로 묶을 때 편안하도록 설계되었으며, 대개 우주선을 사용하여 산소나 공기를 공급하여 가압하거나 통풍합니다. 보통 우주선 자체가 더 이상 승무원을 보호할 압력을 유지할 수 없는 긴급사태가 발생할 경우에만 우주복을 가압하게 됩니다. 소유즈의 경우 이 우주복을 '소콜'(Sokol: 매라는 뜻)이라 부릅니다.

소유즈 승무원들은 개인별로 맞춤 소콜 우주복을 사용합니다. 우주복은 비좁은 하강 모듈에 정확하게 맞아야 합니다. 작은 변화와 개인적인 편의를 위해 팔, 다리, 가슴 및 복부에 조절 띠가 있습니다.

우주비행을 하기 전 우리는 소유즈 좌석에 묶인 채 완전 가압된 소콜 우주복을 입고 두 시간에 걸친 적합성 점검을 받아야 합니다. 일단 가압되면 우주복이 약간 팽창하여 불편해집니다. 다리 길이가 딱 맞지 않으면 여분의 물질이 무릎 뒤쪽이나 발목을 찌를 수 있습니다. 5분쯤이면 약간 신경 쓰이는 정도지만, 한 시간을 넘기면 상당한 자극이 되어 큰 불편을 줄 수 있습니다. 그것이 적합성 점검의 목적입니다. 로켓에 몸을 매기 전까지 문제를 바로잡기 위한 것입니다. 나는 매우 운이 좋아(아마도 172.7cm의 키 덕분인 듯) 전혀 불편함을 느끼지 못했고, 그래서 점검시간 내내 잠을 잤을 정도로 우주복이 너무 편했습니다.

이와는 대조적으로 우주유영에 사용되는 우주복은 미니 우주정거장과 비슷합니다. 미국의 우주복은 선외 이동 단위Exravehicular Mobility Unit: EMU라 불리며, 무려 145kg이나 됩니다. EMU는 혹독한 우주환경에서 우주비행사를 최대 8시간(때로는 그 이상) 살아 있게 해야 합니다. 우리는 개인용 EMU 우주복을 가지고 있지 않습니다(너무 비싸고 비효율적이라). 대신 우리는 다른 우주비행사와 함께 우주복을 공유하지만, 거의 완벽하게 자기 몸에 맞게 조정할 수 있습니다. 고형 웃통Hard Upper Torso은 소, 중, 대, 초대형의 4가지 사이즈가 있지만, 그중 소형은 아직껏 우주로 나가본 적이 없습니다.

부츠 크기는 중간 또는 큰 크기이며, 틈새를 메우는 삽입 옵션이 있습니다. 선택할 수 있는 장갑의 크기는 약 50~60종이나 됩니다. 우주유영 중 손과 손가락의 움직임을 적합하고 원활하게 하기 위해서입니다. 가압 장갑은 서투른 느낌이 들지만, 우리의 우주복 엔지니어는 착용감을 완벽하게 하기 위해 최선을 다합니다. EVA 장갑을 끼고 일하는 것을 이해하고 싶다면, 오븐 장갑을 낀 손으로 신발끈을 매어보면 알 수 있습니다. 우리의 팔과 다리는 옷에 딱 맞게 금속 간격 링과 직물 죔끈으로 조절할 수 있으며, 헬멧은 모든 사이즈에 맞습니다.

우주비행사는 훈련 중 수영장에서 EMU를 입는 데 많은 시간을 할애하고 있으며, 때로는 우주복 엔지니어가 착용감을 최적화하는 방법에 대해 조언해주기도 합니다. 마지막으로, 미션에 나서기 전에 우리는 '클래스 I' EMU 우주복을 입습니다(이것은 수영장에서 사용하는 훈련복과는 달리 실물입니다). 우주복의 적절한 착용감을 보장하려면 가능한 한 최선을 다해 우주 조건을 재현해야 합니다. 따라서 우주유영에 앞서 모든 것을 테스트하기 위해 휴스턴에 있는 존슨 우주센터의 진공실을 이용합니다.

진공실 훈련에서 나는 아주 흥미로운 사실 세 가지를 기억합니다. 첫째는 내 우주복이 완벽한 착용감을 보여주었다는 점입니다. 둘째, 진공 상태에서 물에 어떤 변화가 일어나는지 보여주기 위해 작은 그릇에 물을 담아 바닥에 두었습니다. 진공실 내부의 압력이 감소함에 따라 물이 갑자기 끓어오르더니 곧 얼어붙은 다음 승화되었습니다(액체 상태를 거치지 않고 고체가 바로 기체로 바뀌는 현상). 처음 보는 광경이었습니다. 셋째는 인상적인 자유낙하 실험입니다. 나는 깃털과 동전을 가지고 진공실에 들어갔습니다.

진공 상태에 있을 때, 나는 그 둘을 한 장의 카드 위에 놓고 동시에 떨어뜨렸습니다. 동전이 떨어지는 것은 평소 보던 것과 다를 게 없었지만, 깃털이 동전과 똑같은 속도로 떨어지는 것을 보고는 입을 다물 수 없었습니다. 깃털의 낙하속도를 늦출 공기저항이 없었기 때문입니다. 일찍이 갈릴레오가 피사의 사탑에서 한 실험이 맞다는 것을 실제로 확인한 순간입니다. 갈릴레오는 아리스토텔레스의 주장을 반박하면서 가벼운 물체든 무거운 물체든 작용하는 중력의 크기는 같음을 실험적으로 증명했던 것입니다. 하지만, 가벼운

이거 아세요?

● 러시아인은 올란(Orlan: 바다독수리의 뜻)이란 별도의 우주유영용 우주복을 가지고 있습니다. EMU와 비슷하게 약 7시간 생명유지 기능을 가지며, 무게는 약 120kg입니다. 이 우주복은 5.8psi의 높은 압력에서 작동하기 때문에 작업하기가 더 어렵지만, 대신 잠수병 위험은 더 낮습니다.

● 대개 러시아 우주비행사는 올란 우주복을 입고 ISS의 러시아 세그먼트에서 우주유영을 하며, 미국, 캐나다, 일본, 유럽 우주비행사는 EMU를 사용하여 ISS의 미국 세그먼트에서 우주유영을 합니다. 이 규칙에도 몇 가지 예외는 있습니다. 나는 두 우주복으로 다 훈련받을 수 있는 행운을 누렸지만, 우주유영 때는 EMU를 착용했습니다.

깃털이 무거운 동전과 똑같은 시간에 바닥에 착지하는 것을 보는 것은 여전히 참으로 신기했습니다!

Q ISS에서 우주유영을 하기 위해서는 경로를 어떻게 정합니까?

A

우리는 우주유영의 경로를 '번역 경로'라고 부릅니다. 우주비행사가 실제 우주유영을 하기 전에 최선의 경로를 선택하기 위해 지상의 수영장에서 여러 번 시뮬레이션을 합니다. 여기에는 경험 있는 우주비행사를 포함하는 지상 EVA 팀이 투입되어 가장 안전하고 효율적인 경로를 개발하고 몇 시간 동안 연습, 수정, 학습된 후 ISS의 승무원에게 보내집니다. 이 개발된 경로가 우주공간으로 옮겨지면 '번역 경로'가 되는 것입니다.

경로 설정에서 많은 요소가 고려됩니다. 예컨대, '접근금지 지역', 위험지역, 응급 승무원 복구 옵션, 최적의 효율성 및 난이도와 같은 요소들입니다. 우주정거장의 어떤 부분은 손에 잡을 것이 많아 비교적 이동이 쉬우며, 장애물이 별로 없습니다. 그러나 그 반대의 지역도 있습니다. 어떤 지역을 횡단하는 것은 오버행으로 가파른 암벽등반을 하는 것과 같습니다! 물론 우리는 그런 지역을 가급적 피하려 합니다. 우리는 또한 안전 밧줄에 아주 정신을 집중합니다. 우주유영을 할 때마다 우리는 거미줄과 같은 얇은 강철 선로를

엮습니다. 이 와이어가 서로 얽히거나 동료 승무원에게 장애가 되지 않도록 번역 경로를 설정하는 것이 참으로 중요합니다.

마지막으로 우주유영을 수행하는 승무원은 EVA 팀과 합의하여 경로를 변경할 수 있는 옵션을 갖습니다. 우리는 컴퓨터 가상현실VR: Virtual Reality 소프트웨어를 사용하는 외에도 단순히 창문 밖을 보면서 번역 경로를 계획하는 데 몇 시간을 보냈습니다. VR 소프트웨어는 기획을 위한 훌륭한 도구지만, 실제상황을 연구하는 것보다 나은 것은 없습니다. 우주정거장 창문을 통해 바깥을 바라보면서 실제경로를 관찰하면 우주유영 중에 엄청난 이점이 있습니다.

우주유영을 준비하는 나의 접근방식은 비행훈련 초기에 출격을 계획하는 것과 비슷합니다. 중요한 '시험비행'을 앞둔 전날 밤, 나는 내 방에 앉아 처음부터 끝까지 전체 출격시나리오를 세밀하게 시각화합니다. 내가 통제할 수 있는 것은 무엇인가? 어떤 주파수의 무슨 신호를 써야 하나? 비상사태시 취해야 할 조치 등등… 이 같은 접근법을 채택함으로써 우주정거장 밖으로 나가기도 전에 이미 우주유영을 완성한 것처럼 느껴졌습니다. 캐나다 우주비행사 크리스 하드필드는 '작은 것들에 땀흘리지 않는 우주비행사는 죽은 우주비행사다'라고 말했습니다.

Q 우주유영 중에는 화장실에 어떻게 가나요?

A 우주비행사가 우주유영을 하는 날에는 12시간 이상 우주복 속에 갇혀 있을 수 있습니다. 이런 이유로 우주비행사는 필요가 생길 경우를 대비해 냉각 우주복 속에 성인 기저귀를 착용합니다. 이들은 소유즈 발사 중에 착용하는 것과 같은 '최대 흡수복MAG'입니다. 보통 EVA 승무원은 우주유영 날 아침 오전 6시 30분쯤에 일어나며, 개인위생을 위해 몇 분을 보낸 후, 조심스럽게 가슴에 전극을 부착해서 항공 군의관이 우주유영 중 승무원의 심장박동을 모니터할 수 있게 합니다. 곧이어 MAG, 긴 속옷, 액체 냉각통풍 의복Liquid Cooling and Ventilation Garments: LCVG을 착용합니다.

그 다음 우리는 '잠수병'에 대한 예방책으로 얼굴 마스크를 통해 100% 산소호흡을 한 시간 정도 실시합니다. 그리고 우주복을 입기 전에 여전히 산소 마스크를 쓴 채 마지막으로 화장실에 갑니다. 우리 몸에서 질소를 제거하는 과정은 오래 걸립니다. 그래서 우주로 나가기 전에 우리는 이미 우주복에 약 5시간 갇혀 있게 됩니다. 그런 다음 또 6시간의 우주유영이 우리 앞에 기다리고 있는 것입니다. 결과적으로 나는 내 MAG를 사용할 필요가 없었지만, 그래도 만약을 위해 하나를 착용하게 되어 기뻤습니다!

이거 아세요?

- 우주유영과는 별개로, 소변을 참는 것은 당신이 할 수 있는 일 중 최악의 것이 될 수 있습니다. 그것은 매우 고통스러울 뿐만 아니라 방광 합병증을 일으킬 수 있습니다. 불행히도 우주 미션 이전에 이런 일이 일어났으며, 우주비행사는 제대로 소변을 보기 위해 7일 동안 치료를 받아야 했습니다. 이것은 작업수행 능력에 심각한 영향을 미칠 뿐만 아니라 미션 자체를 위태롭게 할 수도 있습니다. 그러므로 우주유영 중에 소변을 봐야 한다면 참지 마세요. 그냥 하는 게 훨씬 낫습니다!

Q 스쿠버 다이빙에는 다이버들이 위로 올라오고 싶지 않은 '수면에 대한 두려움'으로 알려진 증후군이 있습니다. 우주유영에서 그런 것을 느껴본 적이 있습니까?

A 나는 이 현상에 대해 읽었으며, 더 오래 머물고 싶은 유혹이 강한 곳에서 멋진 다이빙을 즐긴 적도 있습니다. 하지만 우리 모두는 집에 돌아갈 때를 알았습니다.

우주유영은 확실히 가장 짜릿하고 놀라운 경험 중 하나이며, 나는 기꺼이 우주정거장 밖에서 몇 시간 더 머물고 싶었습니다. 그것은 매우 유혹적입니다. 어쨌든 그 소중한 순간들은 의심의 여지없이 내 인생에서 가장 기억에 남을 것입니다. 미국으로서 최초의 우주유영에서 에드 화이트는 우주유영을 한 지 23분 만에 귀환명령을 받고 이렇게 말했습니다. "이것은 정말 재미있다. 하지만 나는 돌아가고 있다." 그러면서도 그는 몇 분 더 꾸물거리다가 마침내 제미니 캡슐로 돌아와 그의 사령관 짐 맥디빗에게 말했습니다. "그것은 내 인생에서 가장 슬픈 순간이었습니다."

그러나 우리의 우주유영 상황은 기압조정실로 돌아갈 때라고 분명히 말했습니다. 팀의 우주복이 결함을 일으켰고, 그의 머리 뒤쪽 환기 덕트를 통해 물이 헬멧 안으로 들어가기 시작했습니다. 그 시점에서 팀과 나는 별개의 작업을 하고 있었지만 우리 사이의 거리는 그리 멀지 않았습니다. 내가 팀의 헬멧 안을 볼 수 있게 되었을 때, 이미 그의 바이저 앞에 골프공 크기의 물이 맺혀 있었습니다.

우주왕복선 승무원이자 경험이 풍부한 팀과 같이 2년 넘게 훈련받으면서 나는 그가 차분하고 겸손하며 빼어난 재능의 소유자임을 알았고 그로부터 엄청난 도움을 받았습니다. 나는 우주유영에서 내 인생을 맡길 사람으로 팀 이외에는 누구도 생각할 수 없었습니다. 팀의 헬멧에 담긴 물의 양을 관제실에 보고하면서 우리는 사태의 심각성을 이해했습니다. 상황이 이대로 진행된다면 불어난 물로 인해 통신 두절, 시계 불량, 호흡 곤란으로 발전할 수 있었습니다.

다행히도 우리가 미션을 일찍 끝내 ISS를 최대한으로 회복시키는 목적을 완수했기 때문에 바로 기압조정실로 퇴각해 우주유영을 성공적으로 끝낼 수 있었습니다.

이거 아세요?

● 우주유영 중 헬멧에 물이 차는 사고는 전에도 있었습니다. 원인 조사 결과 나온 NASA 보고서는 물 분리기가 막힘으로써 환기 루프로 물이 흘러들어가는 결과를 낳았다고 밝혔습니다. 그후 위험을 줄이기 위해 절차와 장비, 교육에 몇 가지 개선이 이루어졌습니다. 그 결과 두 가지 사항이 우주복에 반영되었습니다. 첫째, 우주비행사는 이제 헬멧에서 우주복 허리까지 이어지는 스노클을 부착합니다.
이렇게 하면 물이 헬멧에 들어갈 경우에 물이 차지 않은 공간으로 호흡할 수 있습니다. 두 번째 변경사항은 헬멧 뒤에 헬멧 흡수 패드인 HAP(수정된 기저귀와 비슷)을 두는 것입니다. 이것은 환기 루프에서 헬멧으로 들어오는 물을 잡습니다. 우주비행사는 누수 상태를 탐지하기 위해 우주유영 중 머리 뒤쪽에 HAP의 '느낌'을 확인할 수 있습니다. 해결책은 의외로 단순하게도 스노클과 패드였습니다. 나는 때때로 아주 복잡한 문제가 가장 단순한 방법으로 해결되는 것을 좋아합니다.

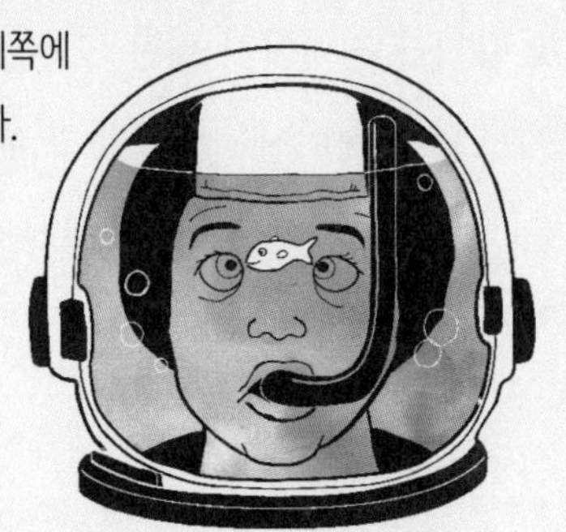

Q 우주비행사는 우주유영 훈련을 왜 물속에서 받습니까?

A

물은 우리에게 무중력과 같은 중성(中性) 부력•을 주기 때문에 수중 환경에서 우주유영을 훈련하는 데 많은 시간을 들입니다. 수영장에서 훈련할 때 우주복은 대개 공기나 산소로 채워집니다. 이 공기는 호흡에 쓰일 뿐 아니라 우주의 진공에 대한 압력으로도 필요합니다. 우주복을 공기로 가득 채우면 큰 풍선과 같이 물 위에 뜨게 됩니다. 그러나 우주유영 훈련을 수중에서 해야 하므로 우주복에 무거운 물체를 달아 부력과 균형을 잡아 뜨거나 가라앉지 않게 합니다. 그리고 물속의 특정한 깊이에 놓아두면 한 지점에 그대로 있게 됩니다.

이 섬세한 균형을 이루는 것을 '무게 달기weigh-out'라고 하며, 지원 다이버들의 전문기술에서 나온 것입니다. 수중에서 6시간 교육받으면 이 방법으로 모든 중력과 부력의 차이를 만들 수 있습니다. 무게 달기가 정확하지 않은 경우, 우주복이 계속 가라앉거나 뜨려고 해서 많은 에너지를 소모하고 빠르게 피로해지게 됩니다.

어쨌든 중성 부력은 우주비행사에게 우주의 진공과 비슷한 환경을 제공해 수중에서의 모의 우주유영 훈련은 우주정거장 밖에서

• 부력과 중력의 힘이 동일한 상태로, 중성부력을 유지하면 물에서 뜨지도 가라앉지도 않는다.

하는 실제의 우주유영에 도움을 줍니다. 물론 중성 부력은 무중력과 같지는 않으며 몇 가지 중요한 차이가 있습니다. 우주에서는 묶여 있지 않는 모든 물체는 움직입니다. 아주 작은 힘만 가해도 물체를 회전시켜 우주로 쏟아내고는 결코 다시 볼 수 없게 됩니다. 이처럼 우주에서 물건을 움직이는 것은 매우 쉽지만 물에서는 아주 힘듭니다. 물속에서 무엇이든 앞쪽으로 밀어보십시오. 물의 저항으로 좀체 움직이지 않습니다.

우주에서는 '무거운' 물체를 매우 조심해야 합니다. 물론 무중력이라 무게는 없지만 그래도 질량은 여전합니다. 지구상에서 100kg인 물체는 여전히 우주에서도 100kg의 질량을 가집니다. 무게는 변하지만 질량은 변하지 않습니다. 이는 공간에 있는 물체가 쉽게 운동량momentum을 형성할 수 있음을 의미합니다(운동량은 물체의 질량에 속도를 곱한 것임). 수영장에서 훈련할 때, 무거운 물체를 빨리 움직이면 제어하기 힘들어집니다. 물의 점성과 저항력이 속도를 늦추는 데 도움이 됩니다. 그러나 우주공간에서는 운동하는 다른 물체와의 충돌이나 충격을 제외하고는 이 추진력을 멈출 수 없습니다.

우주비행사로서 육체적으로 가장 힘들었던 것은 무엇입니까?

재미있는 질문입니다. ESA의 7일 동굴탐험이나 NASA의

12일 수중 NEEMO 미션, 러시아의 생존훈련 기간 동안 받았던 얼음물 속에서 견디기 같은 겨울 훈련은 육체적 극한을 경험케 하는 것들입니다. 이런 훈련의 목적은 우리에게 혹독한 상황을 관리할 수 있는 자신감과 기술을 제공하는 것입니다. 또한 여러 차례 국제선을 타고 러시아, 독일, 캐나다, 일본, 미국 등으로 떠도는 2년 반 동안의 훈련일정은 또 다른 면에서 신체적인 시련과 인내의 한계를 안겨주었다고 생각합니다.

그러나 나에게 육체적으로 가장 힘들었던 한 가지를 선택한다면 EVA 교육이 될 것입니다. 우주유영은 참으로 끔찍하게도 어려운 일입니다. 그래서 우주유영에 대비한 특별한 훈련이 필요합니다. 여기에는 신체적인 노력이 포함됩니다. 우주비행사는 우주복의 압

이거 아세요?

- '우주유영(spacewalk)'이라고 불리지만, 선외활동에서 우주비행사는 다리를 거의 사용하지 않습니다. 대부분의 작업은 상체, 특히 어깨, 팔뚝, 손목 및 손가락에 의해 이루어집니다. 때때로 우주비행사는 발 고정장치를 사용하여 작업시 안정성을 높일 수 있습니다. 이것은 발을 금속 발판에 고정시키는 것인데, 그렇게 하지 않으면 다리가 우주유영 중에 꽤 걸리적거립니다.

력과 맞서며, 팔이나 어깨, 손가락을 조금만 움직이더라도 엄청난 에너지가 소비되며 심장 박동수가 뛰어오릅니다. 우주유영은 정신적으로도 최고의 집중력을 요구합니다. 사소한 실수 하나가 심각한 결과를 초래할 수 있기 때문입니다.

Q

찍찍이가 우주비행사가 우주복을 입은 채 코를 긁적이기 위해 발명된 거라는 게 사실인가요? 할아버지께서 저에게 말씀하신 건데요, 그것이 사실이라면 헬멧 안에 찍찍이가 있나요?

- 솔로몬, 6세

A

솔로몬 군, 할아버지가 찍찍이hook-and-loop fastener의 쓰임새를 잘 말한 것 같네요. 나도 할아버지에게 그런 얘기를 들었다면 아마 믿었을 겁니다. 내가 좀 알아본 바에 의하면 NASA가 찍찍이를 발명했다는 말은 사실이 아닌 듯합니다. 실제로 조르주 데 메스트랄이라는 스위스 전기 기술자가 1940년대에 찍찍이에 대한 아이디어를 내놓았습니다. 1941년에 알프스를 등산할 때 자신의 옷이나 애견 털에 붙은 야생 우엉 실에서 힌트를 얻어 1948년에 연구를 시작했고, 1951년 특허출원하여 1955년에 인정되었답니다. 인간이 우주로 모험하기 몇 년 전의 일입니다. 스위스의 벨크로Velcro S.A. 회사가 찍찍이를 생산하여 브랜드 이름이 벨크로가 되었습니다.

이 찍찍이는 가벼운데다 강한 접착성이 있으며, 난연성 소재로 제작될 수 있고 극한의 열에 견딜 수 있어 우주비행에 광범위하게 사용되고 있습니다. 우리는 헬멧 안에 찍찍이를 사용하는데, 코를 긁는 것과도 관련이 있습니다. 그래서 할아버지 말이 그렇게 틀린 말은 아닌 셈입니다.

NASA에서 우주 찍찍이 지프가 개발되어 널리 사용되고 있습니다. 아폴로 우주선은 무중력의 우주공간에서 물건을 벽이나 계기판에 고정해두는 데 사용했습니다.

우주유영 중 당신을 놀라게 한 것이 있습니까? 있었다면 그것이 정말로 당신의 눈을 사로잡았습니까?

팀과 내가 교체한 고장난 SSU를 가지고 기압조정실로 돌아가던 중이었습니다. 주 트러스 구간을 기압조정실에 연결하는 얇은 금속 지선을 따라 내려가야 했습니다. 이 돌출된 손잡이를 따라가다가 아래를 내려다보니 호주 대륙이 지나가고 있는 광경이 보였고 갑자기 현기증이 났습니다. 나는 본능적으로 손잡이를 꽉 움켜쥐었습니다. 그러자 웃음이 절로 났습니다. 그때 나는 이미 한 시간 이상 선외활동을 한 시점이었습니다. 나는 내 발 아래로 400km나 떨어진 대륙 전체가 흘러가는 광경을 보고는 압도당했습니다.

NASA 우주비행사 크리스 캐시디는 우주에서 무언가로 정신이 아찔할 때는 발가락을 부지런히 꼼지락거리면 마음이 차분해진다고 조언했습니다. 그의 말대로 했더니 과연 효과가 있었습니다!

Q 우주유영 중 우주정거장으로부터 떨어져나가 버리면 어떻게 됩니까?

A

우주정거장에서 떨어지는 것은 우주인에게는 최악의 악몽입니다. 2013년 영화 〈그래비티〉의 오프닝 장면에서 샌드라 블록의 캐릭터는 우주왕복선에서 분리되어 우주로 튕겨져나갔습니다. 어떠한 제어수단도 없었기 때문에 그 운명은 물리법칙의 자비에 맡겨졌습니다. 이런 상황에서는 결국 우주비행사는 숨쉬는 공기에서 이산화탄소를 제거하는 능력이 천천히 떨어지거나 배터리가 방전되어 몇 시간 후 질식사를 피할 수 없게 됩니다. 우주비행사가 우주로 튕겨나가는 참사를 막기 위해 우주유영 중 극히 짧은 거리를 유지하는 것은 당연한 일입니다.

실제로 우주비행사는 우주유영 중 놀랍게도 우주정거장에서 떨어지기 쉽습니다. 우리가 착용하는 우주복 장갑은 부피가 크고 둔합니다. 손바닥에 잡는 힘을 세게 해주는 특수 고무 소재가 코팅되어 있지만, 장갑이 워낙 두꺼워 느낌이 충실하지 않습니다. 무언가를 단단히 잡는다는 것이 쉽지가 않습니다. 대체로 처음에 우주비행사는 지나치게 꽉 붙잡는 경향이 있지만, 훈련을 받으면서 차츰 손에 힘을 풀고 암벽 등반가처럼 잡게 됩니다. 우주정거장 바깥 면은 우리가 잡을 수 있는 손잡이와 기타 구조물로 덮여 있습니다. 그러나 우리가 접근하기에 위험한 곳도 많습니다. 우리가 우주정거장에 손상을 입히기 쉬운 영역도 있으며, 또는 날카로운 부분이 장갑을 찢어놓을 수 있는 위험한 장소도 많이 있습니다. 따라서 우주정거장으로부터 떨어지는 것을 막는 첫 방어선은 좋은 계획과 준비 그리고 훈련으로 귀결됩니다. 내가 어디로 가는지를 명확히 알아야 합니다.

나는 우주유영을 하는 동안 따라야 할 경로를 공부하고, 손 잡을 곳 사이의 간격을 분석하고, 어려운 간격을 건너가기 위해 최선의 자세를 찾아내는 한편, 예정대로 일이 진행되지 않을 경우를 대비해 대체경로를 계획하는 데 몇 시간씩을 보냈습니다. 또한 계획된 노선과 작업장소를 암기하는 것 외에도 준비하지 않은 지역에서 일할 필요가 있을 경우를 대비하여 순간 대처 능력을 갖춰야 합니다. 우주유영을 위한 수중훈련 시간은 우리에게 필요한 기술과 자신감을 주었습니다.

두 번째 방어선은 모든 신인 우주비행사가 귀에 딱지가 앉을 정도로 듣는 '만트라'(산스크리트어로 주문이라는 뜻)입니다. '멈추면 잡아매라'. 이 말은 곧 움직임을 멈출 때마다 가장 먼저 할 일은 짧은 로컬 밧줄(1m 길이)을 사용하여 자신을 우주정거장에 붙잡아매라는 것입니다. 우주비행사는 공구와 장비를 사용하고 업무를 수행하기 위해 종종 양손을 우주정거장에서 떼어야 할 때가 있습니다. 만약 온몸이 우주정거장에서 떨어지고 싶다면 밧줄로 묶는 것을 잊어버리면 됩니다. 그럼 당신은 곧 캄캄한 우주 속으로 영원히 떠갈 것입니다.

세 번째 방어선은 안전 밧줄입니다. 이것은 대형 낚시 릴과 같습니다. 한쪽 끝이 우주정거장에 고정되어 있고 다른 쪽 끝이 우주복에 부착되어 있으며, 스프링이 장착된 개폐식 릴에 얇은 강철 와이어를 풀어줍니다. 그리고 우리가 어디 있든 이 줄이 우리를 잡아당겨줍니다. 그러나 이 얇은 강철 와이어는 양날의 검으로, 우주비행사는 자신이나 승무원의 안전 밧줄에 얽히지 않도록 끊임없이 살펴야 합니다. 우주비행사는 우주유영을 계획할 때 별도의 경로를 사용하거나 잠재적 얽힘을 피하는 전략을 생각하기 위해 특별한 주의를 기울입니다.

마지막으로, 다른 모든 것들이 실패하면 제트 팩 카드를 쓸 수 있습니다. 우리 우주복은 SAFER라고 불리는 내장 제트 팩을 가지고 있습니다. 이 제트 팩으로 우주를 질주하는 것은 듣기만 해도 신나지만, 그래도 이 마지막 수단을 사용하고 싶다는 생각을 품은 우주비행사는 본 적이 없습니다.

우주유영 중에 물건을 떨어뜨리면 어떻게 됩니까?

유감스럽게도 우주유영 중 물건을 떨어뜨릴 때가 있으며, 하드웨어 고장으로 우주정거장에서 물건이 분리되는 경우도

있습니다. 특히 무중력에 관해 우리에게 낯선 점은 손에서 무엇이든 놓치기만 하면 손가락 끝에서 벗어나는 순간 천천히 떠돌아다닌다는 것입니다. 귀중한 연장이나 패널이 우주의 까만 공간으로 표류해가는 것을 대원은 하릴없이 지켜볼 수밖에 없습니다.

2017년 3월, 도킹 포트 위에 4개의 대형 보호 패널 설치 미션을 받은 숙련된 두 우주비행사의 우주유영을 보았습니다. 3개의 패널을 제자리에 놓은 상태에서 최종 패널을 찾았을 때 그 패널은 ISS 아래로 빠져나가 지구를 향해 천천히 떠나가고 있었습니다. 원칙적으로 이것은 결코 일어나서는 안되는 사건입니다. 많은 사고의 경우와 마찬가지로, 한 사람의 행동 또는 단일장비 고장에서 오류가 유발되는 경우는 거의 없습니다. 실수를 유발할 수 있는 일련의 불행한 사건들이 중첩됨으로써 오류가 발생합니다. 항공에서 우리는 이것을 '스위스 치즈' 모델이라 부릅니다. 모든 구멍이 일렬로 늘어서면서 오류가 통과되고 사고가 발생합니다.

우주비행사는 우주에서 물건을 잃어버리지 않기 위해 우주유영 중 엄격한 묶기 규약tether protocol을 준수합니다. 모든 것이 다른 어떤 것에 묶여 있으며, 최종적으로 우주정거장으로 돌아가는 사슬에 묶여 있습니다. 예컨대, 소켓은 도구상자에 묶여 있는 드라이버에 부착돼 있고, 도구상자는 우주정거장에 묶여 있는 우주비행사에게 결속되어 있습니다. 우주비행사가 서로 도구를 주고받거나 우주정거장에 물건을 부착할 때마다 항상 '풀기 전에 묶습니다'. 먼저 우리는 새 밧줄을 장비에 올려놓고 묶인 밧줄을 풀기 전에 새 밧줄로 묶은 다음 '잡아뽑기'를 해서 묶인 상태를 확인해야 합니다. 또한 각 밧줄 고리는 사고로 열리지 않게 하기 위해 해체하려면 두 단계 작업을 거쳐야 합니다. 이 모든 작업들은 고도로 훈련받은 사람만이 할 수 있습니다.

우주유영을 준비할 때 어떤 작업을 위해 어떤 도구가 필요한지, 또 어떤 순서로 필요한지를 세밀하게 고려합니다. 우주비행사는 얽힐 위험을 줄이기 위해 필요한 밧줄 수를 최소화하고, 정확한 순서로 공구를 배치하기 위해 도구상자와 장비를 구성합니다. 물론 극미중력에서는 모든 것이 주변에 떠다니고, 때로는 승무원들의 최선의 노력에도 불구하고 우주유영 중에 밧줄에 얽히거나 뒤죽박죽이 될 수 있습니다.

드물긴 하지만 묶기 규약이 지켜지지 않을 때도 있습니다. 장비가 제대로 고정되지 않은 상태에서 물건이 우주로 날아갈 수도 있고, 승무원이 밧줄 연결을 만들었지만 고리를 제대로 채우지 않아 풀려버릴 수도 있습니다. 이유가 무엇이든, 무언가가 우주에 떨어뜨린다면 그것은 대개 영원히 이별입니다. 모든 승무원이 가능한 한 정확하게 놓친 장비의 종류와 속도, 방향을 지상에 보고해야 합니다. 무엇보다 좋은 비디오 이미지를 얻는 것이 좋습니다. 이를 통해 관제실의 전문가들은 잃어버린 물건을 즉시 식별, 추적하여 우주정거장에 위험을 초래할 가능성을 판단할 수 있습니다.

아이템을 우주에서 잃어버린 순간 그것은 우주 파편이 되어 우주정거장과 거의 같은 궤도를 돌게 됩니다. 나중에는 우주정거장에서 멀어지다가 결국 고도가 떨어져 지구 대기에서 타버릴 가능성이 높습니다. 그러나 놓친 물건은 우주정거장과 마찬가지로 음속 25배로 날면서 90분마다 지구 행성을 돕니다. 이는 관제실에서 그 우주 파편이 다음 궤도에서 우주정거장에 충돌하지 않을 것을 확인하는 데 90분이 걸린다는 뜻입니다.

Q 우주유영 중에 무엇을 먹을 수 있습니까?

A 유감스럽게도 우주유영 중에는 수분 공급만 가능합니다. 우주유영에 들어가기 전에 우주비행사는 약 1리터 용량의 물 가방에 식수를 채웁니다. 이것은 소금이나 카페인, 에너지 물질이 추가되지 않은 보통 우주정거장 물(실온 재활용 오줌)입니다. 물 가방은 우주복 앞에 찍찍이로 부착되어, 우리가 우주복의 고형 웃통HUT에 들어가면 가슴에 닿는 것이 느껴집니다.

물 가방에는 우주비행사 턱 쪽으로 뻗어 있는 작은 빨대에 물을 빨아들이는 고무 마우스피스가 붙어 있습니다. 훈련 도중, 우주비행사는 빨대와 마우스피스에 대해 완벽한 해결책을 찾을 때까지 다양한 위치를 시도합니다. 빨대를 너무 높이 올리면 머리를 움직일 때마다 턱걸이에 걸리거나 성가시게 됩니다. 너무 낮으면 입이 닿지 않을 위험이 있습니다. 훈련 도중 나는 물을 꿀꺽꿀꺽 빨아 마시고는 조심성없이 빨대를 놓아버렸습니다. 그러자 물이 안쪽에서 튀어나와 바이저 안쪽에 퍼졌습니다. 남은 몇 시간의 시뮬레이션 우주 유영 동안 잘 움직이지 않는 물방울을 피하려고 꽤나 신경 썼습니다. 신참의 실패담이지요. 주변의 지원 요원들이 많이 재미있어했을 겁니다.

Q 추운 우주에서 몸을 어떻게 따뜻하게 합니까?

A 우주의 물체는 극도의 고온과 저온 사이를 오갑니다. 이 엄혹한 상황은 우리 우주복뿐만 아니라 다른 모든 것에 대해서도 심각한 도전이 됩니다. 우주에서 온도에 대해 이야기할 때는 한 가지 명심해야 할 점이 있습니다. 우리가 지구에서 하는 것처럼 기온에 대한 것이 아니기 때문입니다. 우주는 진공이므로 공기가 없고, 따라서 대류도 없습니다. 열의 전달은 접촉(우주정거장과 접촉하는 경우)과 복사에 의해서만 이루어집니다.

태양의 고온 플라스마는 에너지를 띤 광자를 방출하는데, 그중 일부는 우주의 물체에 흡수되어 따뜻하게 합니다. 동시에, 광자는 절대온도가 0보다 높은 물체로부터 끊임없이 방출됩니다. 끊임없이 광자를 받고 내놓고 균형이 물체의 온도를 결정합니다. 예컨대, 우주정거장 밖의 직사광선에 노출된 금속 조각은 섭씨 260도까지 가열되는 반면, 그늘에 있는 물체는 영하 100도 이하로 떨어질 수 있습니다.

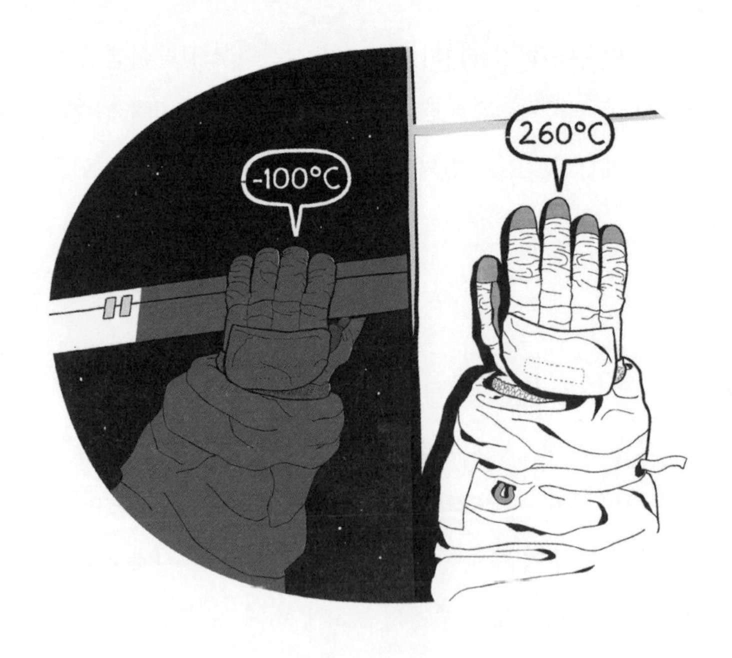

우주정거장을 구성하고 있는 각 요소는 서로 다른 열 속성을 가지고 있으며 다양한 햇빛 노출 수준을 경험합니다. 또한 우주비행사는 우주유영 중 필연적으로 온도변화에 따른 물체를 만질 것이고, 장갑은 이러한 열 극단을 다루어야 할 것입니다. 또 다른 문제는 우주비행사가 그늘과 양지 사이를 빠르게 오가면서 일함에 따라 우주복이 급격한 온도변화를 겪을 수 있다는 것입니다.

이러한 극단적인 온도변화에 대처하기 위해 우주복은 열 손실과 열 이득을 막는 여러 층의 절연재료로 설계되었습니다. '다층 단열재' 또는 MLI라고 불리는 이 물질은 실제로 온도변화를 억제하고 민감한 장비를 보호하기 위해 우주정거장 밖에서 광범위하게 사용됩니다. 내 우주복 역시 열과 추위를 잘 견뎌 우주탐사 중 5시간 만에 두 번 온도조절을 했을 뿐입니다.

그래서 어떻게 우주에서 따뜻하게 지내냐고요? 글쎄, 우리는 기본적으로 신체의 열에 의지합니다. 우주유영 중 우리는 꽤 열심히 일하고, 몸에서 많은 열을 만들어내며, 가급적 땀을 흘리지 않습니다. 몸의 열기는 우리 몸을 따뜻하게 유지하기에 충분합니다. 가끔 손가락은 시릴 수도 있습니다. 이를 방지하기 위해 장갑에는 전기 히터가 있어 손끝을 따뜻하게 해줍니다. 우리가 일몰에 접근할 때마다 지상관제실에서는 우리에게 장갑 히터를 켜라고 경고합니다.

우리 몸이 열을 만들어내고 우주복이 효과적으로 그 열을 잡아주면 우주에서도 몸을 따뜻하게 할 수 있답니다.

Q 우주에서 어떻게 시원하게 지낼 수 있습니까?

A 우주비행사는 시원하게 지내기 위해 우주복 아래 액체 냉각-통풍복LCVG이라는 특수복을 입습니다. 몸에 가깝게 착용하는 이 옷은 매우 가는 투명 플라스틱 튜브 코일이 들어 있습니다. 필요한 경우 이 튜브로 차가운 물을 주입해 몸을 차게 합니다. 그렇다면 시원한 물을 어디에서 얻을 수 있을까요? 정말 영리한 방법이 동원됩니다. 우주복의 물 공급장치 중 일부는 물을 우주의 진공에 노출시키는 다공성 판인 '승화 장치'를 통과합니다. 이 물은 얼어붙어

서서히 증기로 승화되어 배출됩니다. 이것은 물이 통과할 수 있는 일종의 얼음 팩을 형성하여 물을 식히고 우리 몸에 의해 생성된 열을 제거합니다.

우주복 앞에는 열 조절 밸브TCV라는 금속 다이얼이 있습니다. TCV는 차가운 물과 승화기를 우회한 물을 섞습니다. 따뜻한 물과 차가운 물을 섞는 샤워 장치와 비슷합니다. 이것은 우주비행사가 튜브를 통해 주입되는 물의 온도를 선택할 수 있게 합니다. 이 시스템은 효과적이어서 체온 식히기가 매우 쉽지만, 다시 따뜻하게 하기가 더 힘들 때도 있습니다. 이러한 이유로 우주비행사는 냉각 밸브를 조정할 필요가 없게끔 우주유영 중 안정된 작업속도를 유지하는 데 집중합니다.

그것, 사실이에요?

Q 영화 〈그래비티〉에서 샌드라 블록은 그녀의 우주복 아래에 핫팬츠와 민소매 탑을 입었습니다. 우주에서 그래도 됩니까?

A 안됩니다! 우리 우주복에는 기저귀, 발목까지 오는 긴 내복, 긴팔 탑, 그리고 LCVG를 착용합니다. 핫팬츠와 민소매 셔츠처럼 섹시하지는 않지만 실용적입니다.

우주공간의 어둠 속에서 작업하기가 어렵습니까?

낮에는 태양이 매우 밝아서 우주비행사가 우주유영 중에 금빛으로 코팅된 바이저를 내려써야 합니다. 예, 이것을 쓰면 정말로 멋지게 보인다는 것을 잘 알고 있습니다. 그러나 실제로 우리가 바이저를 내리는 이유는 태양이라는 거대한 원자로를 자칫 잘못 보다가 실명하는 것을 방지하기 위해서입니다. 일몰에 접근할 때, 관제실은 지구 그림자 속으로의 신속한 전환을 대비하여 우리에게 바이저를 올리라고 경고합니다.

궤도의 '야간' 부분에서 우주유영을 하는 것은 매우 어려울 수 있습니다. 우리는 헬멧 조명을 가지고 있지만(우주유영 중에 계속 켜져 있습니다), 그것은 우리 앞에서 작은 빛 동그라미 안만 직접 비춥니다. 우리가 한 지점에 고정되어 있을 때, 이 빛은 우리가 작업을 하기에 충분합니다. 사실 한 지점에서 나는 작업에 열중한 나머지 밤 하나가 몽땅 지나가는 줄도 몰랐습니다. 어둠은 문제가 안되었습니다.

그러나 어둠 속에서 우주정거장의 다른 부분으로 이동하는 것은 상당히 어려운 일입니다. ISS는 큰 장소입니다. 낮에는 어디로 가는지 알기가 쉽습니다. 그러나 밤에는 방향을 찾기가 어렵습니다. 헬멧 조명은 ISS라는 큰 그림의 퍼즐 한 조각일 뿐이기 때문입니다.

미션 컨트롤은 종종 우주정거장 주변의 외부조명을 켜서 우주비행사가 우주유영을 도와줍니다. 이것은 유용할 수 있지만, 때로는 조명이 우주의 어둠 속에서 '떠다니는 것'처럼 보일뿐 아니라, 방향을 바꾸면 자신의 현재 위치와 가고자 하는 방향에 대한 공간 감각을 유지하기가 쉽지 않습니다. 이것을 돕기 위해, 특히 긴급 사태의 경우 우주정거장 밖의 모듈에 칠해진 몇 개의 화살표가 기압조정실로 돌아가는 방향을 가리킵니다. 간단하면서도 효과적입니다.

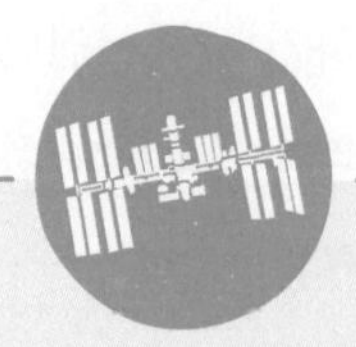

이거 아세요?

● 우리가 쓰는 바이저가 얇은 금박으로 코팅된 이유는 세 가지입니다. 첫째, 금은 연성이 아주 좋아 가공하기 쉬운 소재입니다. 이 특성은 우주비행사의 시야를 확보할 수 있도록 매우 얇고 투명한 층으로 제조될 수 있기 때문에 중요합니다. 둘째, 금은 변색되지 않습니다. 따라서 부식이나 녹이 발생하지 않습니다. 그래야 반사율을 유지할 수 있기 때문에 이것은 바이저의 필수적인 특성입니다. 마지막 이유는 금이 유해한 자외선을 비롯한 태양의 유해한 복사를 반사하는 데 매우 뛰어나다는 것입니다. 유해 복사를 막지 못하면 우리 눈에 영구적인 손상을 줄 수 있습니다.

우주유영 중 우주 파편에 부딪치면 어떻게 됩니까?

A 우리의 우주복에는 우주비행사를 보호하기 위해 각기 다른 소재로 이루어진 14개 층이 있습니다. 이 모든 소재 층이 열 보호만 위해 설계된 것이 아니라, 일부는 압력 온전성, 방염, 미소 운석 방어를 위한 것입니다. 특히 우주복의 외층은 구멍이 잘 안 뚫리는 방탄 소재로 된 TMG복Thermal Micrometeoroid Garment으로 구성되어 있으며, 파편 조각의 충격을 견딜 수 있도록 설계되었습니다.

우주인의 가슴과 등은 단단한 재질로 제작된 고형 웃통 우주복과 휴대용 생명유지 시스템PLSS으로 보호되고 있으며, 둘 다 여러 금속 구성요소가 포함되어 있습니다. 그러나 우주 파편이 그것에 구멍을 뚫을지에 대해서는 확답하기 어렵습니다. 파편의 유형과 속도, 충격 지점에 따라 각기 다르기 때문입니다. 지구 저궤도에는 자연과 사람이 만든 많은 파편들이 있긴 하지만, 우주는 광활한 곳이며, 우주비행사는 점처럼 작습니다. 우주비행사가 우주유영 중에 파편에 맞는다면 대재앙이 될 수도 있지만 그 가능성은 지극히 낮습니다.

그러나 우리의 불행한 우주비행사가 미소 운석에 맞았다고 가정해봅시다. 이것은 고속 발사체에 사격을 가하는 것과 비슷합니다. 그 우주인은 이미 음속 25로 운동 중이기 때문에 우주인과 우주 파편 사이의 충돌 속도는 엄청나게 빨라질 가능성이 큽니다. 충돌 시 우주복은 14겹의 재료를 통해 충돌 에너지를 분산시키고 가압된 우주복의 파열을 막기 위해 노력할 것입니다. 성공할 경우, 사소한 충돌은 우주유영 중에 지각되지 않을 수도 있으며, 나중에 우주복 검사 때나 발견될 것입니다.

소행성 부스러기가 가압된 우주복에 구멍을 뚫는다면 그 구멍을 통해 산소가 우주공간으로 새나가기 시작할 것입니다. 이것은 분명 좋은 상황은 아니지만, 파국이 아닐 수도 있습니다. 구멍 지름이 6mm 이하인 경우, 2개의 기본 탱크의 산소는 계속해서 압력을 유지시킵니다. 우주비행사는 관제실로부터 'O2 USE HIGH' 메시지를 받게 되고, '휴스턴, 우리는 문제가 있다'는 사실을 모든 사람들에게 알리게 될 것입니다. 탱크 압력이 낮아지면 두 개의 2차 산소 탱크가 작동합니다. 더 많은 경고 메시지가 있을 것이며, 이 시점에서 우주비행사에게는 30분 정도의 산소가 남습니다. 시간이 별로 없지만 더 이상의 문제만 없다면 안전하게 기압조정실로 철수할 수 있습니다.

구멍이 6mm보다 크면 상황이 조금 심각해집니다. 우주복에서 제공할 수 있는 최대 산소량은 시간당 3.2kg이며, 우주복에 커다란 구멍이 뚫린다면 탱크에 남아 있는 산소의 양에 관계없이 우주복 내의 압력을 유지하기는 어렵습니다. 이 경우 우주복 안의 압력이 급격히 떨어집니다. 압력이 3psi(약 12,200m 고도에 상응)에 이르면 우주비행사는 'SUIT P EMERGENCY' 메시지를 받습니다('P'는 압력을 의미합니다). 그리고 곧 정신을 잃게 됩니다. 물론 지금까지의 얘기는 다 가정입니다. 하지만 상쾌한 대답은 아니군요. 미안합니다!

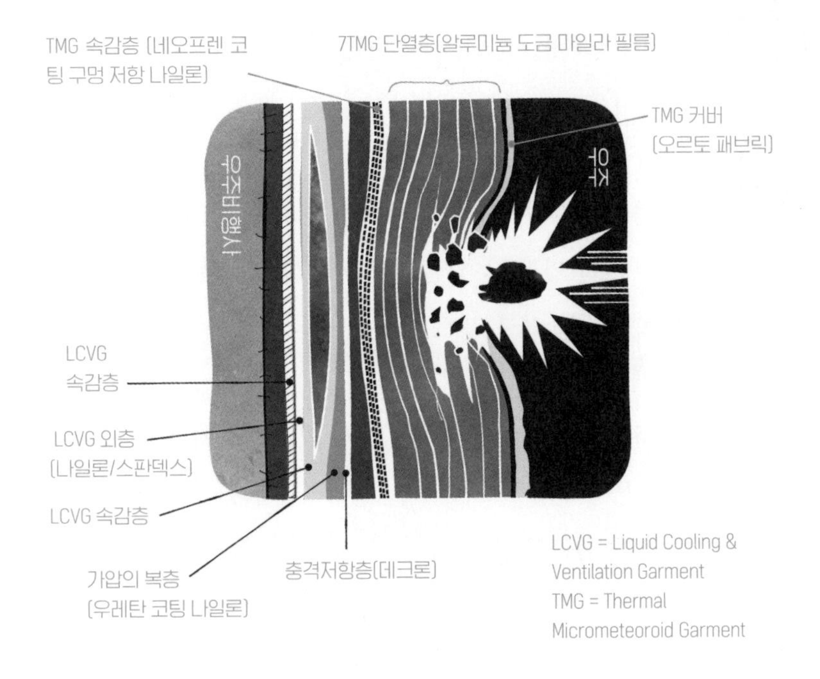

이거 사실이에요?

Q 영화 〈마션The Martian〉에서 매트 데이먼은 덕트 테이프를 사용하여 헬멧의 구멍을 막습니다. 이게 효과가 있나요?

A 있을 겁니다. 누출하는 우주복의 구멍 크기는 삶과 죽음을 가를 수도 있습니다. 구멍을 막거나, 크기를 줄이거나, 수선하려는 시도는 좋습니다. 물론 테이프는 우주복 안의 압력을 견뎌낼 수 있어야 합니다. 공기 누출 속도를 줄이면 안전에 이르는 시간을 벌 수 있습니다.

Q 어떤 우주비행사가 당신을 우주비행사로 이끈 영웅입니까?

A

질문은 분명한 선택을 바라는 것 같지만, 대답이 짧기는 어려운 듯합니다. 저 별과 같이 빛나는 유리 가가린, 존 글렌, 알렉세이 레오노프, 닐 암스트롱, 발렌티나 테레시 코바… 존경받는 남녀 우주비행사들의 명단은 깁니다. 누가 이들에게서 영감을 얻지 못했겠습니까? 하지만 나의 영웅을 딱 집어서 말하라면 저 이름없는 영웅, NASA의 우주비행사 브루스 맥캔들리스입니다. 그는 나에게 가장 큰 영감을 준 인물입니다.

1984년 2월 12일, 맥캔들리스는 유인 우주왕복선 챌린저 화물실의 안전장치에서 100m 떨어진 거리에서 제트 추진식 배낭으로 자유롭게 비행한 최초의 우주비행사가 되었습니다.

상황을 잘 이해하기 위해 우주유영의 개념을 알아야 할 필요가 있습니다. 우리가 오늘날 하는 우주유영은 모두 우주정류장에서 분리되지 않은 상태에서 하는 것입니다. 손으로든 밧줄로든 결속된 상태에서 하는 우주유영입니다. 따라서 대단히 위험합니다. 결속이 풀리면 바로 우주 속으로 내동댕이쳐져 다시는 돌아오기 어렵기 때문입니다.

5,000시간 이상 비행한 뛰어난 해군 비행사 맥캔들리스는 1966년 아폴로 시대의 우주 비행사에 선발되어 아폴로 11의 달 상공 선외활동에서 CAPCOM(우주선 승무원과의 지상 연락원)이 되었습니

다. 그는 18년을 기다린 끝에 첫 우주비행을 했으며, 이때 그가 참여해 개발했던 질소 추진 배낭 MMU[Manned Maneuvering Unit]을 매고 끈 없는 우주유영에 성공함으로써 우주유영의 역사상 굵은 한 획을 그었습니다.

나는 종종 맥캔들리스가 행성 위에 홀로 떠 있었던 그 고립감의 정도가 궁금합니다. 나의 우주유영 동안 우주정거장의 가장 먼 가장자리에서 고개를 돌려 오른쪽 어깨 너머를 보았을 때, 우주공간의 거대한 검은 공허를 보는 것만으로도 기분이 좋았습니다. 사실 맥캔들리스가 제트 팩 하나만을 맨 채 그 어둠 속으로 모험을 떠나기 위해서는 자신의 장비에 대한 확고한 믿음이 없이는 불가능했을 것이며, 그것을 믿는다는 자체가 엄청난 용기였을 것입니다.

맥캔들리스는 무중력의 우주공간에서 148kg인 MMU의 무게를 전혀 느끼지 못한 채 수동제어판을 조작해 초당 24.4m의 속도로 자유자재로 움직였고, 지구 위성 궤도로부터 98m까지 최장거리의 우주산책 기록을 갖게 됐습니다.

결국 맥캔들리스는 4시간의 MMU 비행시간을 포함하여 312시간 이상 우주체류를 기록했습니다. 자기만의 꿈에 초점을 맞추고 노력을 집중한다면 이루지 못할 것은 없다는 사실을 보여줍니다.

CHAPTER 5

지구와 우주

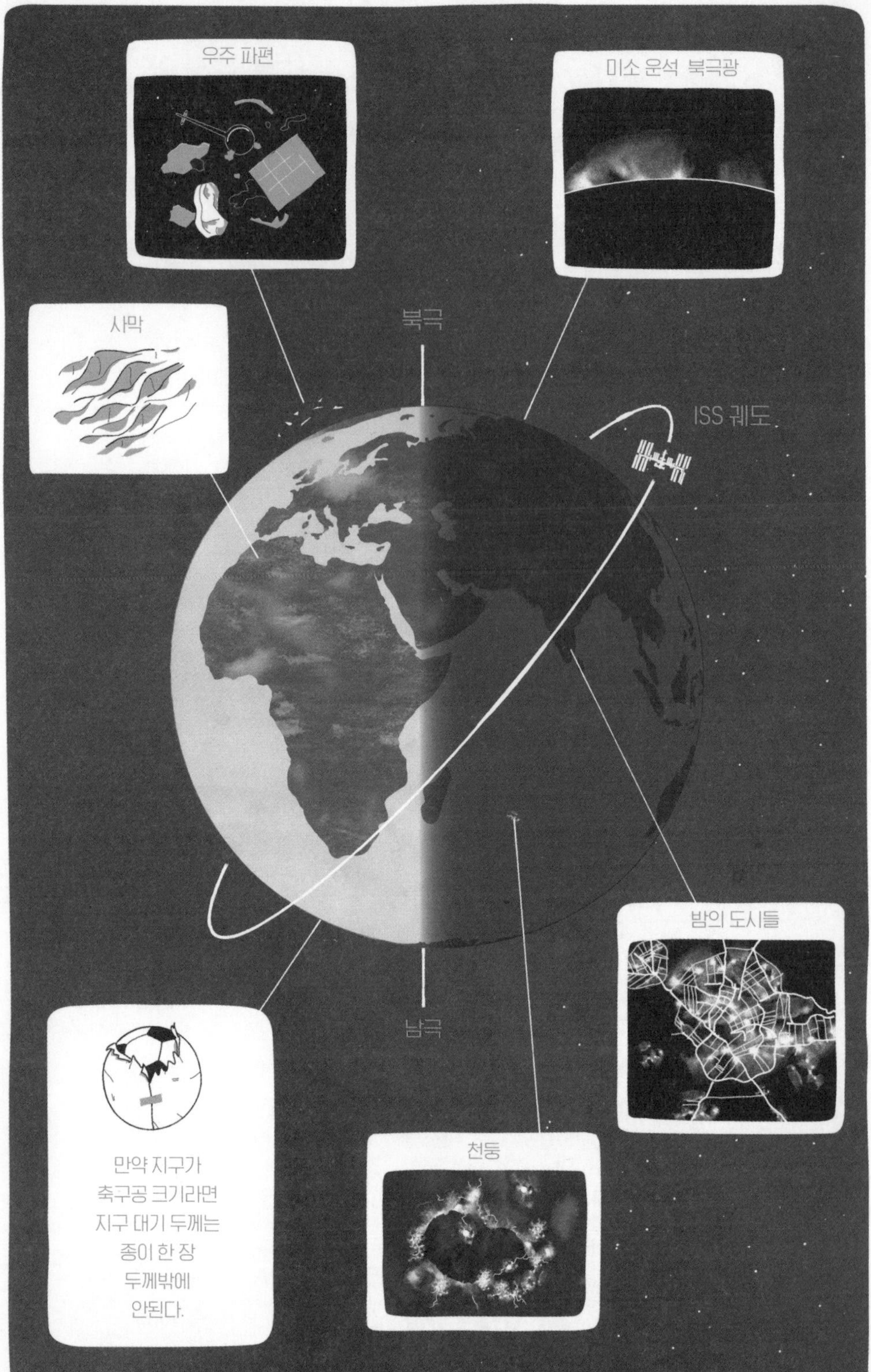

우주 파편

미소 운석 북극광

사막

북극

ISS 궤도

밤의 도시들

남극

만약 지구가
축구공 크기라면
지구 대기 두께는
종이 한 장
두께밖에
안된다.

천둥

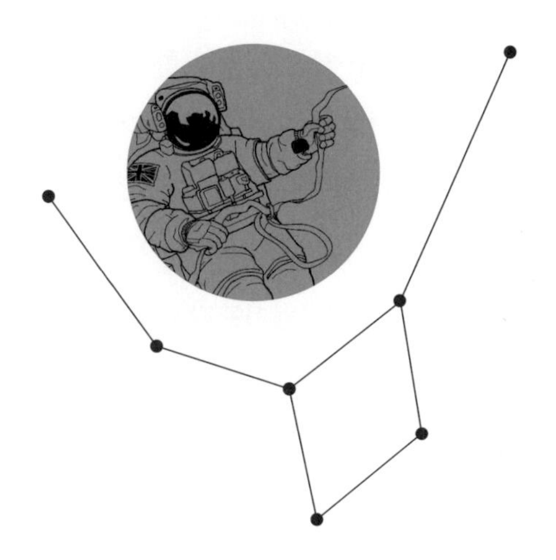

우주에서 볼 때 낮의 지구와 밤의 지구 중 어느 쪽이 더 아름다워요?

-스레야, 영국 레스터의 멜러 커뮤니티 초등학교

지구 행성은 낮과 밤 모두 놀랍습니다. 나의 미션 기간 중 밤의 지구에서 관찰하기를 좋아했던 것 중 하나는 번개와 오로라였습니다. 겨울 동안 우리는 아름다운 오로라를 많이 목격하게 되어 운이 좋았습니다. 오로라는 태양 활동의 증가에서 비롯되는 것입니다. 태양으로부터 온 하전 입자가 지구 자기장을 통과하여 대기의 원자와 분자들과 충돌하게 됩니다. 그 결과는 우주정거장 아래에서 또는 수평선에서 뱀처럼 춤추는 녹색과 적색의 장엄한 오로라를 보여줍니다.

밤에는 우주에서 볼 수 있는 뇌우가 특히 인상적이었습니다. 지구상에서 아마 직접 목격할 수 있는 폭풍 지역은 50km 내지 60km 지역일 것입니다. 그러나 우주에서는 수백km 뻗어 있는 폭풍전선을 볼 수 있습니다. 눈에 띄는 것은 폭풍우 시스템 내에서 쉼없이 발생하는 엄청난 번개들입니다. 남아프리카 해안을 따라 수백km 뻗어 있는 폭풍전선을 본 적이 있는데, 번개가 너무 강렬해서 밤하늘을 끊임없이 비추는 스트로브 빛 같았습니다.

지구가 밤의 영역으로 들어가면 지상의 도시들이 불을 밝히고 사람들이 사는 지역들의 불빛이 보이기 시작합니다. 이것은 우주에서 매우 아름답게 보일 수 있지만, 사실 지상의 대도시들이 내뿜는 빛 공해가 광범하게 지구를 뒤덮고 있는 광경이기도 합니다. 낮의 지구에서는 인간 거처의 흔적을 찾아내기가 훨씬 더 어렵습니다. 대신 지구의 광대한 지질학적 특징들이 한눈에 보입니다. 대륙 전체에 걸쳐 45억 년의 시간이 천천히, 그러나 쉼없이 조각해놓은 풍경들을 볼 수 있습니다. 지구상에서 가장 잘 알려지지 않은 지역 중 일부는 캄차카의 화산, 파타고니아의 빙하, 사하라 사막의 모래 언덕, 카자흐스탄과 중국의 장대한 산맥들은 우주에서 볼 때 가장 아름다운 풍경을 만듭니다.

확실히 지구의 아름다움을 부정하는 것은 없습니다. 제가 선택해야 한다면, 낮의 지구 모습이 가장 놀랍다고 하겠습니다. 정말 푸른 보석, 우주의 검은 공허와는 완전히 대조되는 삶의 오아시스입니다. 달에 간 아폴로 우주비행사와 같이 우주로 멀리 나가본 사람들이라면 고향 지구에 대해 사무치게 소중함을 느꼈을 거라고 생각합니다.

이 장은 우리의 고향 행성과, 그것을 우주에서 보았을 때 얻은 독특한 관점에 대해 다룹니다. 그러나 그것은 또한 큐폴라 창으로 본 다른 관점, 즉 광대한 흑암의 우주공간과 언젠가 우리 새로운 보금자리가 될지도 모르는 별과 행성들의 반짝이는 파노라마에도 주목할 것입니다. 인류가 이 두 환경에서 생존하려면 우리는 그들을 존중하고 보호하는 방법을 배워야 합니다. 그러기 위해서는 이 모든 것을 뒷받침하는 과학을 이해하고 탐구하지 않으면 안됩니다.

Q 우주정거장에서 지구의 대기를 볼 수 있습니까? 어떻게 보이나요?

A

네, 우주에서 지구의 대기를 볼 수 있습니다. 그러나 내가 처음 지구 대기를 보았을 때 나는 깜짝 놀랐습니다. 그것은 내가 처음으로 지구 행성을 내려다보았을 때 경험했던 평온함, 경외감, 경이와는 전혀 다른 느낌이었습니다. 저게 대기라고? 참으로 너무나 얇았습니다. 저 얄따란 가스 띠가 지구상의 그 많은 생명체를 품고 있다는 거야? 지구 대기는 정말로 얇습니다. 지구를 축구공 크기로 줄인다면 대기는 종잇장 두께밖에 안됩니다. 대부분의 공기는 단지 16km 높이의 띠에 담겨 있습니다. 그 두께는 영국 도버와 프랑스

칼레 사이에 있는 영국 해협의 반도 안됩니다!

낮의 대기를 보려면 지구의 곡률이 우주의 검은색과 만나는 지평선을 바라보아야 합니다. 지구 대기는 지구 표면 가까이에는 매우 얇은 흰 띠처럼 보입니다. 그 위로는 옅은 푸른빛이 점차 짙은 색으로 변하다가 마침내 우주공간의 검은색과 섞입니다. 지구 하늘이 푸르게 보이는 것은 햇빛이 공기분자들에 의해 산란된 결과입니다. 빛의 파장보다 훨씬 더 작은 분자들과 입자들에 의해 산란되는 것을 '레일리 산란'이라 합니다. 푸른빛이 더 잘 산란되기 때문에 하늘이 푸르게 보이는 것입니다.

지구 행성을 똑바로 내려다보거나 비스듬히 바라보면 대기는 보이지 않고 지구의 표면이 자연색 그대로 보입니다. 구름, 기상변화, 화산재, 모래폭풍도 볼 수 있습니다. 아래에서 매우 활발한 대기운동이 있음을 상기시켜줍니다. 언젠가는 지중해를 내려다보다가 사하라 사막에서부터 시작하여 프랑스, 스페인, 포르투갈까지 이르는 거대한 모래폭풍을 보았습니다. 모래폭풍이 지평선에 있을 때 태양의 광자가 모래의 미세입자에 반사되어 대기의 일부가 오렌지색 아지랑이처럼 보였습니다.

밤에는 대기의 맨 꼭대기만 볼 수 있습니다. 그것은 녹색을 띤 얇은 주황색 띠처럼 보이는데(몇 장면을 카메라에 담을 수 있었습니다), 이 시각적 효과를 '대기광airglow'이라 합니다. 이런 현상은 대기 상층부의 희미한 빛 방출로 인해 발생합니다. 그것은 발광(宇宙線이 대기 분자에 부딪혀 발생), 화학 발광(산소와 질소가 이온과 반응해서 발생), 낮 동안 태양에

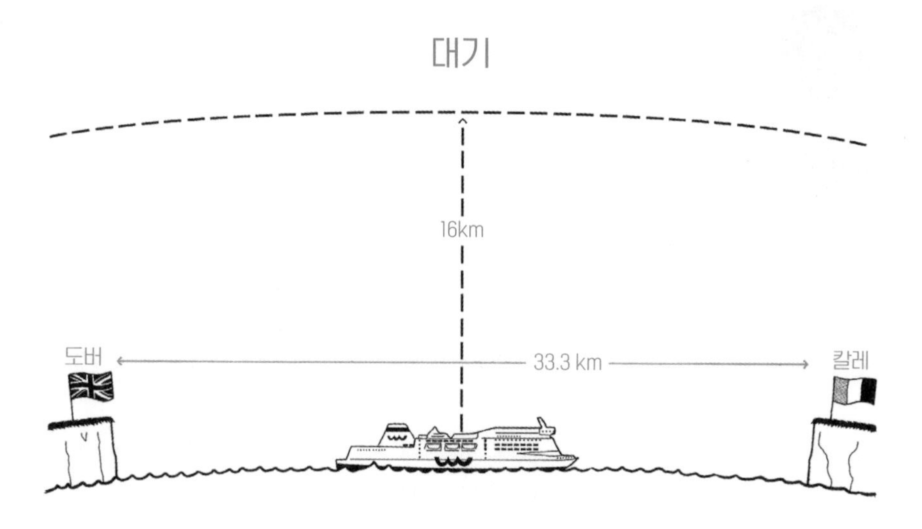

지구 대기의 두께는 영국 해협의 반에도 못 미칩니다.

의해 광이온화된 원자의 재조합 등의 경로로 빛을 방출합니다. 이 대기광 효과는 대기의 상층부에서 발생하기 때문에 지구 대기를 볼 때 낮보다 밤에 더 두껍게 보입니다.

그렇습니다. 우리는 우주정거장에서 지구 대기를 잘 볼 수 있습니다. 그것은 아름답지만, 놀랄 만큼 얇고 연약하게 보입니다. 인류는 물론, 지구의 모든 생명들을 위해 대기를 오염시키지 않고 건강하게 유지하는 것보다 중요한 일은 없을 것입니다.

Q

우주에서 지구를 본 후, 당신이 지구로 귀환해서 가장 먼저 찾아보고 싶은 여행지는 어디입니까?

A

나는 운 좋게도 지구상의 많은 아름다운 장소를 방문했습니다. 나는 모험을 좋아하는 편이라 어떤 고통이 따르더라도 멀고 춥고 험한 곳을 잘 찾아나섭니다. 내가 가장 좋아하는 여행 추억의 하나는 19살 때 롤리 인터내셔널 자선단체와 함께한 3개월간의 알래스카 원정 여행입니다. 지역사회에서 천연자원을 관리하고 안전한 식수와 위생시설을 개선하며 취약한 환경을 보호할 수 있도록 지원하는 자선활동의 하나였습니다.

알래스카는 분명히 저에게 영원한 인상을 남겼습니다. 우주에 머무는 동안 나는 알류샨 군도를 지날 때마다 주의를 기울여 아래 풍경을 지켜보았습니다. 카메라를 들고 큐폴라 창 앞에 서서는 알래스카의 산과 빙하, 구불구불한 해안선의 아름다움에 경탄을 금하지 못했습니다. 그럴 때마다 추억의 풍경 속을 거니는 듯한 기분이었습니다.

아마 10대 때 대자연과의 만남은 내가 찾아가고 싶어하는 이 장소들의 목록을 설명하고, 내가 우주에서 경탄의 눈으로 바라다보았음을 말해줄 것입니다(화보 31~34 참조).

- 남아메리카 안데스 산맥
- 러시아 극동의 캄차카 반도의 화산

- 중국의 남 초 호수(해발 4,718m로 세계에서 가장 높은 곳에 있는 염호), 몽골에서는 '텐구르 누르(Tengur nuur)'로 알려져 있는데, 이는 '하늘의 호수'라는 뜻.
- 코스트 산맥, 캐나다 브리티시 컬럼비아 주, 태평양 연안을 따라 로키 산맥과 나란히 연속된 산맥.
- 카자흐스탄의 알라콜 호수와 알마티 지역

Q 우주에서 비행기를 볼 수 있습니까?

A 우주에서 맨눈으로 작은 물체를 보는 것은 쉽지 않습니다. 예외적으로 좋은 인간의 눈은 약 1분각(1/60도)의 시력을 갖습니다. 계산해보면 400km 떨어진 거리에서 맨눈으로 볼 수 있는 가장 작은 크기(화면의 최소 픽셀 크기와 비슷)가 116m임을 알 수 있습니다. 즉, ISS에서 볼 때 지구상에 있는 물체가 116m보다 커야 식별할 수 있다는 뜻입니다. 그러나 단순히 모양을 알 수 없다고 해서 보이지 않는다고는 할 수 없습니다. 물체의 밝기도 관계가 있습니다. 예를 들어, 지구에서 맑은 날 밤 1,000km가 넘는 고도에서 머리 위쪽을 통과하는 크기 10m 미만인 작은 위성을 볼 수 있습니다. 이것은 그들이 햇빛을 반사하며 반짝이기 때문입니다.

우주에서 대형 컨테이너 선을 보거나 항공기를 발견할 기회를 얻으려면 정확한 위치를 알아야 합니다. 한 가지 방법은 먼저 배의 항적이나 항공기의 비행운을 찾아내 이 표시 신호를 따라가는 것입니다. 날카로운 시력의 소유자라면 분명 배나 비행기의 작은 얼룩을 볼 수 있을 겁니다! 때로는 밤에 검은 바다에서 배가 작은 빛점으로 눈에 띄기도 합니다. 또는 타이 만의 어선의 경우에는 녹색 빛 집어등이 드넓은 수면을 밝히는 광경을 보여줍니다. 어부가 오징어를 잡기 위해 플랑크톤을 유인하는 것이 마치 외계인 생명체가 깊은 곳에서 떠오르는 것처럼 보입니다.

Q A

당신의 오로라 사진은 맨눈으로 본 광경인가요, 아니면 카메라 노출을 많이 주어 색상이 더 강렬해진 건가요?

오로라를 촬영할 때, 0.5초 노출과 6400의 빛 감도 설정ISO이 우리가 맨눈으로 보는 색과 명암에 가장 가까운 이미지를 제공한다는 것을 발견했습니다. 그 대상이 무엇이든(나는 당신을 실망시키고 싶지 않지만) 우리 맨눈으로 보는 것이 가장 멋지게 보입니다. 카메라는 오로라가 뱀처럼 물결치는 모습을 잡아낼 수 없습니다.

Q

우주정거장에서 별과 행성들을 볼 수 있습니까? 지구에서 볼 때와 다르게 보이나요?

A

예, 우주정거장에서 별과 행성을 볼 수 있습니다. 실제로 우주에서 보는 별은 더욱 뚜렷하고 안정되게 보입니다. 지구에서 볼 때 별이 반짝거리는 것은 지구 대기의 흐름이 별빛을 굴절시키기 때문입니다. 이런 이유로 해서 세계의 많은 천문대들은 산 정상에 자리잡고 있는 것입니다. 물론 그런 곳이 비교적 빛 공해가 적다는 이유도 있지요.

물론 우주정거장 창문 밖에는 대기가 없습니다. 그래서 지구에서 볼 때보다 행성들이 더 밝게 보였습니다. 목성, 화성, 금성이 특히 그랬습니다. 나는 금성이 지구 뒤쪽에서 떠오르는 광경을 비롯해 목성, 화성, 토성을 촬영할 수 있었습니다. 대부분의 우주정거장 창들은 아래의 지구 쪽을 향하고 있습니다. 그래서 우리는 행성들이 뜨고 지는 모습을 보기는 하지만, 우주정거장 위에 있을 때는 보기가 훨씬 어렵습니다. 금성이 일출 직전에 떠오르는 광경을 화보에서 볼 수 있습니다(사진 30).

우주에서 흥미로운 점은 거리를 어림잡는 것입니다. 대기의 간섭이 거의 없기 때문에 물체는 먼 거리에서도 선명하게 보입니다. 상업용 우주화물선인 시그너스가 재보급 임무를 마치고 우주정거장에서 출발했을 때 우리는 가장 화려한 광경을 보았습니다. 우주선이 점점 멀어져감에 따라 작아졌지만, 거리가 멀어졌음에도 불구하고 여전히 엄청 선명하게 잘 보여, 실제로 거리가 얼마나 떨어져 있는지 어림잡기가 어려웠습니다. 지구에서는 얻을 수 없는 경험이지요.

Q

왜 어떤 사진은 우주에 별이나 행성은 전혀 없이 검게만 보입니까?

A

햇빛 속에서 사진을 찍을 때 노출을 밝은 피사체에 맞게 잡습니다. 우주정거장이나 지구 같은 피사체의 밝기는 별 같은 천체의 수천 배입니다. 그러니 배경의 어두운 천체들이 사진상에 나타날 수가 없는 거죠. 천체사진가들이 밤에 천체사진을 찍을 때도 카메라 렌즈를 장시간 열어 빛을 모아야 제대로 된 천체의 모습이 드러납니다. 우리의 눈도 이와 비슷하게 작동합니다. 밝은 곳에 있다가 바로 어두운 밤하늘을 보면 별들이 그리 많이 보이지 않지만, 눈이 차츰 어둠에 익숙해지면 점점 더 많은 별들을 볼 수 있게 됩니다.

우주에서 별과 행성을 찍으려면 지구 그림자 속으로 들어갈 때까지 기다렸다가 카메라 센서가 별빛을 충분히 잡을 수 있도록 긴 노출 시간(약 1~2초)을 주어야 합니다. 노출 시간이 길어지기 때문에 카메라를 아주 안정되게 유지하는 것이 중요합니다. 그렇지 않으면 이미지가 흐릿해집니다. 야간촬영을 위해 나는 안정화된 '보겐 암'을 사용합니다. 마찰 노브가 달린 카메라 마운트로 원하는 각도로 카메라를 고정시켜주는 도구로, 인간의 손이 할 수 있는 것보다 훨씬 카메라를 안정되게 유지할 수 있습니다. 우주에서 가장 좋아하는 사진 중 일부는 이 방법을 사용해 찍었습니다. 수평선 위로 떠오르는 은하수 사진과, 밤의 오로라, 뇌우, 지구의 저속촬영 시퀀스 등입니다.

Q

A

우주에 머문 경험과 우주에서 지구를 바라본 것이 지구와 삶에 대한 당신의 관점을 바꾸었습니까? 아니면 별로 변화가 없습니까?

아주 좋은 질문입니다. 그리고 많이 받는 질문이기도 합니다. 우주에서 지구로 다시 돌아오는 것은 어떤 면에선 오래 전에 떠나온 초등학교를 방문하는 것과 비슷합니다. 어렸을 때의 우리 모습을 되돌아보면, 우리가 사는 세상은 매우 한정되어 있으며, 보통 집, 학교, 가족, 친구를 중심으로 돌아갑니다. 그러나 나이를 먹고 성장함에 따라 바깥 세상과 접촉하게 될 때 우리의 시각은 바뀝니다. 예전 초등학교를 방문하여 기억을 되살려보면, 그때와 지금의 내가 얼마나 많이 바뀌었는가를 실감할 수 있습니다.

우주공간으로 나가면 확실히 당신의 지평선이 넓어집니다. 문자 그대로! 당신은 지구에 대한 총체적인 인식을 얻고 이상하게도 지구에 익숙해지기 시작합니다. 그 나라에 발을 들여놓은 적이 없지만, 내가 지금 매우 잘 알고 있다고 느끼는 곳이 너무나 많습니다. ISS에서 아침 일과 중 하나는 그날 사진 찍고 싶은 지역을 확인하기 위해 매일 궤도를 점검하는 것이었습니다. 예컨대, 히말라야 산맥, 바하마, 아프리카, 알래스카, 인도네시아 등입니다. 지금 그 이름들을 되뇌어보면 놀랍도록 선명하게 각 지역의 특징을 기억해낼 수 있습니다. 나는 그 골짜기들과 빙하, 화산과 섬, 산과 강의 풍경을 선명하게 떠올릴 수 있습니다. 그 모든 것들이 내 기억 속에 깊이 새겨져 있습니다.

내가 우주정거장에 처음 도착했을 때 사령관인 스콧 켈리는 근무한 지 벌써 9개월이 되었습니다. 그의 두 번째 긴 미션이자 네 번째 우주비행이었습니다. 내가 창밖을 내다보면서 세계의 주요 국가들을 확인할 수 있게 되었을 때 스스로 대견해했습니다. 그런데 어느 날 스콧이 창 앞을 지나면서 "아, 저기 멋진 소말리아 해변이 보이는군" 하고 심상하게 말했습니다. 나는 그 정도까지는 아니었습니다. 그러나 6개월 후에는 지구 행성에서 내가 모르는 곳은 별로 없었습니다.

이러한 경험은 단순히 지구상의 위치를 식별하는 재능을 획득하는 것 이상을 포함합니다. 우주에서 지구를 바라보는 것은 당신에게 태양계, 은하계, 나아가 우주 내의 우리의 위치에 대해 새로운 인식과 느낌을 갖게 합니다. 많은 우주비행사들은 이전에도 같은 현상을 보고했으며, 궤도 위에서나 달 표면에서 지구를 바라보면서 경험한 인식의 변화에 대해 '조망 효과Overview Effect'라는 용어까지 생

↑ 10시간 이상 비좁은 소유즈 우주선 안에 갇혀 있다가 마침내 도킹에 성공한 후 국제우주정거장(ISS)에 탑승했습니다. 미하일 코르니엔코, 세르게이 볼코프, 스콧 켈리가 반갑게 맞아주었습니다.

↓ 과학 데이터 수집은 ISS 근무의 큰 부분입니다. 나는 특히 생명과학 실험이 재미있었습니다. 혈액 샘플 채취, 기도 염증 검사 등등, 연구활동은 다 매력적이었습니다.

25

← 우리는 언제나 우주 화물선을 기다렸습니다. 거기 실려오는 신선한 과일 등을 즐길 수 있기 때문이죠. 아니면 단조로운 식단이 기다릴 뿐입니다.

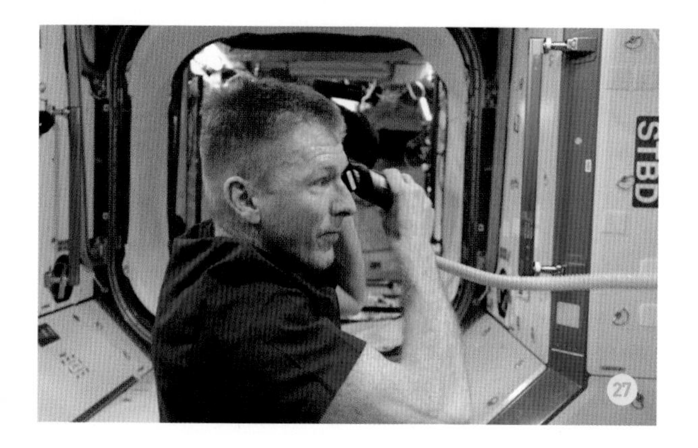

← 우주정거장에서의 이발. 2주에 한 번 셀프 이발입니다. 머리칼은 이발기에 달린 튜브로 빨려들어갑니다.

↓ 하전된 태양풍 입자가 지구 자기장을 뚫고 대기의 공기 분자와 충돌하면 극 지방에 초록빛의 신비로운 오로라를 만듭니다.

 ISS에서 잡은 남극 풍경. 내가 가장 좋아하는 사진으로, 드물게도 아주 맑은 날 이 사진을 찍는 행운을 얻었습니다.

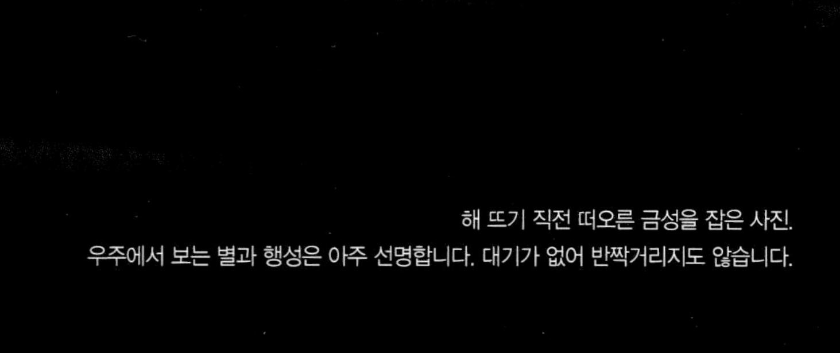

해 뜨기 직전 떠오른 금성을 잡은 사진.
우주에서 보는 별과 행성은 아주 선명합니다. 대기가 없어 반짝거리지도 않습니다.

↑ 우주에서 내려다본 지구의 한 모서리. 하루에 16번 지구를 맴돌다 보면 어느덧 지구와 아주 친해진 느낌을 받습니다. 외지고 험한 지역이라도 낯이 익어 귀환 후 찾아가고 싶은 마음이 듭니다(위 사진은 남아메리카의 안데스 산맥).

↓ 극동 러시아 캄차카 반도의 화산.

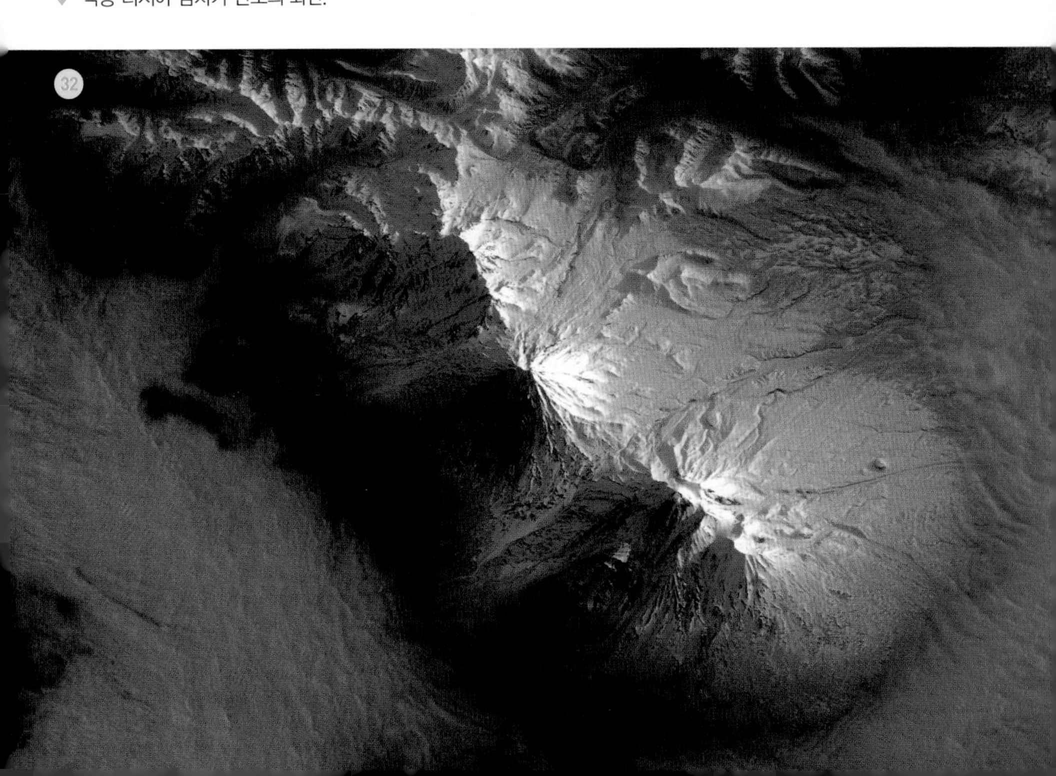

↑ 중국의 남초 호. 몽골에서는 텐구르 누르라 부르는데, '하늘 호수'란 뜻입니다.

↓ 호주 브리티시 컬럼비아 주에 있는 코스트 산맥.

카자흐스탄의 알라콜 호수와 알마티 지역.

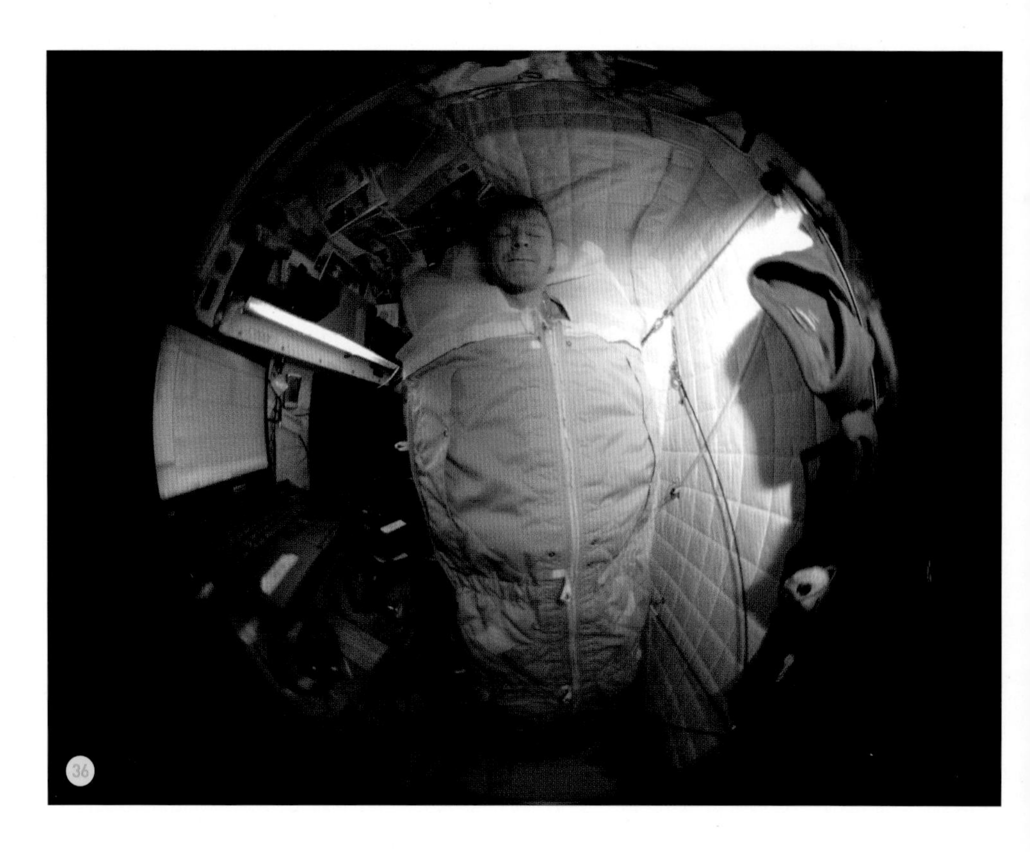

↑ 우주에서 잠들기. 익숙해지려면 2주는 걸립니다. 그래도 지구에서 자는 것처럼 그렇게 편한 잠은 아닙니다.

↑ 어떤 마라톤도 어렵지만, 우주에서 뛰는 것은 또 다른 어려움이 따릅니다. 무중력이므로 몸을 장비에 얽어매고 자세를 유지하면서 뛰어야 하기 때문입니다(2016년에 우주에서 런던마라톤 풀코스를 완주하는 이색 기록을 세웠습니다).

↑ 최초의 우주유영. ISS에서 보낸 시간 중 가장 행복했던 때로, 비록 4시간 43분 만에 끝났지만, 나는 이를 위해 몇 년을 기다렸습니다. 잊을 수 없는 기억입니다.
↓

↓ ISS에서의 일상생활. 빡빡한 일과로 바쁘게 보내야 하지만, 일요일에는 자유시간이 주어집니다. 지구의 모습을 내려다보며 가족이나 친구들과 통화를 합니다.

지구로의 귀환은 험난한 여정입니다. 대기권에 재진입한 고도 99.8km에서 낙하산을 전개한 10.8km에 이르기까지 8분 17초 동안 나는 스릴을 만끽했습니다. 지상에 닿기 직전 역추진 분사로 연착륙합니다.

↑ 무중력에서 6개월을 지내니 등뼈가 늘어나 키가 5cm나 커졌습니다. 지구로 귀환하기 전 3주부터 소유즈 좌석에 몸을 맞추는 연습을 합니다.

↓ 무중력 상태인 우주에서 오래 있다가 지구로 돌아오면 지구의 중력은 우주인에게 시련이 됩니다. 특히 귀환 후 48시간 동안 이지럼증과 메스꺼움, 현기증을 유발하기도 합니다. 그러나 지구의 상쾌한 냄새는 그 모든 것을 압도합니다.

졌습니다.

지구에서 달까지의 거리는 우주정거장 고도의 천 배나 되는 약 40만km입니다. 지구가 단지 조그만 한 장의 디스크처럼 보이는 달까지 여행한 아폴로 우주비행사의 지구 경험을 지구에서 겨우 400km 떨어진 곳에서 얻은 나의 경험과 비교할 생각은 없습니다. 그러나 일단 우주로 나가 지구를 바라보기만 한다면 그 같은 '조망 효과'를 얻는 것은 크게 다를 바 없다고 생각합니다. 내가 우주에 머무는 시간 동안 지구를 바라보면서 참으로 작고 깨어지기 쉬운 연약한 고향 행성이라는 새로운 시각과 인식을 얻었습니다.

어쩌면 몬티 파이슨의 '갤럭시 송'이 '조망 효과'에 대해 내가 여기에서 말할 수 있었던 것보다 더 잘 요약할 것 같습니다. 아직까지 당신이 그것을 듣지 않았다면, 한번 들어볼 가치가 있습니다. 삶에 대해 약간의 통찰을 더해줄 것입니다.

'갤럭시 송'은 80년대 영국을 휩쓴 코미디 그룹 몬티 파이슨이 만든 영화 〈삶의 의미〉에 처음 소개된 노래로, 노랫말은 다음과 같습니다.

삶이 따분할 때 브라운 부인
만사가 힘들고 고달플 때
사람들이 멍청하고 바보 같고 역겨울 때
그래도 오래 꾹 참아왔다는 생각이 들 때
시속 900마일로 뺑뺑이 도는 행성 위에

지금 내가 서 있는 거라고 생각해봐요

지구는 태양 둘레를 초속 19마일로 달리고
저 태양은 우리 모든 에너지의 근원이라 생각해봐요
태양과 나와 당신 그리고 우리가 보는 모든 별들이
하루에도 백만 마일을 달리고
우리가 은하수라고 부르는 저 은하의 나선팔에서
시속 4만 마일로 달리고 있다고 생각해봐요

우리은하는 1천억 개의 별을 품고 있고
그 크기는 무려 10만 광년이라오
가운데 있는 팽대부는 1만 6000광년 두께이지만
우리 부근의 은하 두께는 3천 광년이랍니다
우리는 은하 중심에서 3만 광년 거리에 있고
우리는 2억 년에 은하 둘레를 한 바퀴씩 돌고 있지요

우리은하는 대우주 속 수천억 은하 중 하나일 뿐이고요
우주는 지금도 자꾸자꾸 팽창하고 있답니다
우리가 보고 있는 모든 방향으로 부풀어가고 있지요
1분에 1,200만 마일을 달리는 빛의 속도로
우주는 지금도 부풀어가고 있답니다
그러니까 자신이 보잘것없고 불안하게 느껴질 때 생각해요

얼마나 놀라운 우주에서 내가 살고 있는가를

그리고 저 우주 어디엔가에 외계인들이 살고 있기를 기도해요

왜냐면 이 지구에 꼴불견 인간들이 너무 많으니까.

Q 우주에 무슨 냄새가 납니까?

A 마음에 쏙 드는 질문입니다만, 답하기는 쉽지 않군요. 우주는 냄새가 납니다. 그러나 냄새를 맡는 것보다 그것이 무슨 냄새인지 아는 것이 훨씬 더 어렵습니다. 나는 여러 번 우주 냄새를 맡았습니다. 우주정거장에 탑승한 지 며칠 되지 않았을 때, NASA 우주비행사 팀 코프라와 스콧 켈리가 우주유영을 마친 후 돌아왔습니다. 그들을 돕고 있을 때 처음으로 우주 냄새를 맡았습니다. 그 다음에 우주의 진공 상태에 노출된 후 기압조정실을 열 때마다 강하고 독특한 냄새가 났습니다. 작은 위성을 궤도에 올리기 위해 이동할 때나 몇 달 동안 우주정거장 밖에서 한 실험을 회수할 때 일본 기압조정실을 이용했는데, 그때마다 같은 냄새를 느꼈습니다.

수수께끼의 향기는 우주비행사들 사이에 많은 논쟁거리가 되는 주제입니다. 몇 가지만 말하자면, 그것은 탄 스테이크, 뜨거운 금속, 용접 연기, 바비큐 등으로 묘사되었습니다. 다른 제안들도 있었는데, 진공과 열 극단에 노출되었던 우주복 자체에서 나는 냄새라는 것입니다. 하지만 나는 재가압된 후 빈 일본 기압조정실 안에서 똑

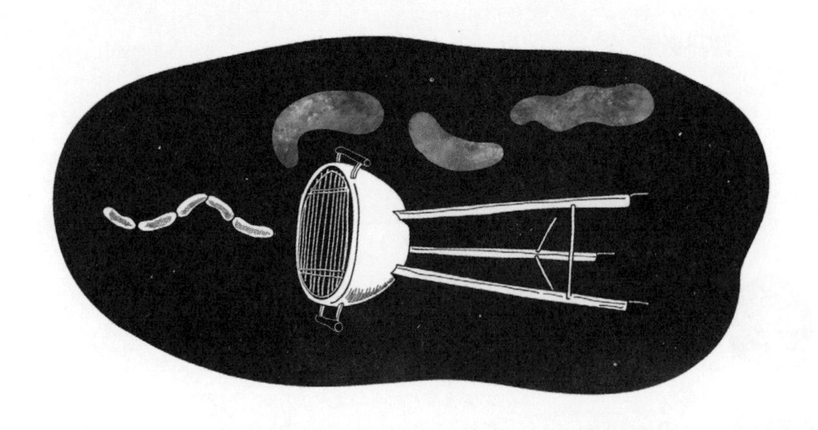

같은 냄새를 몇 번 맡았습니다. 내 생각에는 우주의 냄새는 정전기 같습니다. 예컨대, 셔츠나 점퍼를 벗으면서 큰 정전기 방전이 일어날 때 나는 그런 종류의 가열된 금속 냄새 같은 것입니다.

실제로 정전기로 냄새를 맡을 가능성이 있는 것은 오존입니다. 오존은 고에너지 자외선(태양, 번개 또는 정전기)이 산소분자에 충돌하여 분자를 두 개의 단일 산소원자로 분리할 때 자연적으로 발생할 수 있습니다. 자유 산소원자는 다른 산소분자와 결합하여 O_3, 곧 오존을 형성합니다. 오존은 지구의 20~30km 부근 성층권의 하부에 존재하지만, 400km에는 존재하지 않기 때문에 왜 그것이 우주에서 나는 냄새가 될까요? 우주에는 산소원자가 존재합니다. 실제로 160km에서 560km 사이의 희박한 대기는 약 90%가 산소원자입니다. 기압조정실이 우주에 노출될 때 산소원자가 공기 차단장치에 유입될 수 있으며, 재가압시 우주정거장 대기에서 산소분자와 반응하여 오존을 생성할 가능성이 있습니다.

우주 냄새에 관한 많은 가설 중 가장 매력적인 이론은 죽어가는 별들의 남은 향기라는 것입니다. 우주에서는 많은 양의 연소가 벌어지고 있습니다. 별은 대부분 수십억 년 동안 지속될 수 있는 수소와 헬륨 핵융합 반응에 의해 빛을 냅니다. 그 삶의 끝에 수소도 연료를 다 써버리면 별 자체가 붕괴되어 금, 우라늄과 같은 중원소가 생성되는 격렬한 초신성 폭발을 일으킵니다. 이 모든 격렬한 폭발은 '다환 방향족 탄화수소'라고 불리는 냄새 나는 화합물을 생성합니다. 이 분자들은 우주공간에 퍼져 영원히 떠다니는 것으로 생각됩니다. 우리가 코를 공중에 두었을 때, 가장 초기 별들의 시체 냄새를 맡고 있는 게 아닐까요? 누가 알겠습니까?

설령 그것이 어느 쪽이라도 내게는 즐거운 냄새였습니다. 그것은 나에게 여름의 바비큐와 숯불로 구운 소시지의 추억을 떠올리게 했습니다.

Q 우주에 무슨 소리가 납니까?

A 글쎄요, 우주를 가리키는지 우주정거장 내부를 가리키는지 모르겠습니다. 둘 다 대답하겠습니다. 첫째, 소리가 우주의 진공을 통해 전달되는 것은 불가능합니다. 음파는 고체나 액체, 가스와 같이 파를 전해줄 매체가 필요합니다. 물론 지구상에서 우리는

공기를 통해 전해지는 소리에 익숙합니다. 소리란 입자가 진동하고, 인접한 입자와 충돌하여 가청 파동으로 전달하는 진동입니다. 희박한 지구 궤도의 대기에서는 충돌을 일으키고 소리를 전달할 만큼 입자가 충분하지 않습니다.

우주의 진공 상태에서 경험할 수 있는 아주 멋진 일로, 예컨대 우주유영 중에 우주정거장의 금속 부분을 밧줄의 금속 고리로 두드리면 아무 소리도 나지 않습니다. 지구에서 이렇게 했다면 엄청 시끄러운 소음이 나겠지요. 그러나 우주복 내부도 그처럼 조용하다는 말은 아닙니다. 반대로, 우주복은 당신을 살아 있게 하기 위해 열심히 일하고 있습니다. 펌프, 팬, 공기 흐름을 필요로 하며, 이들 모두는 상당한 소음을 만듭니다. 헤드셋과 마이크가 통합된 헬멧 안에는 통신 캡을 착용합니다. 소음 차단장치가 있지만, 그래도 그다지 조용하지는 않습니다.

우주정거장 내부의 사정은 그다지 좋지 않습니다. 우리는 통신 캡을 착용할 필요는 없지만, 많은 환기 팬과 펌프, 전기장비들이 있습니다. 이 모든 것이 상당히 시끄러운 소음들을 만듭니다. 우주정거장 내부라도 장소에 따라 배경 소음 수준은 다양하지만, 모듈 사이에 떠 있을 때는 이런 변화를 많이 감지하지 못했습니다.

한 가지 예외는 누군가가 러닝머신에서 운동할 때입니다. 러닝머신은 고속으로 달리면 85데시벨(청각 보호장치를 착용해야 하는 한계점) 정도의 높은 소음을 냅니다. 따라서 러닝머신에서 운동하는 우주비행사는 특별히 성형된 청각 보호장치를 갖추어 소음으로부터 보호받으며, 랩톱에서 음악을 듣거나 영화, TV 프로그램을 시청할 수 있습니다. 대개 우주정거장의 다른 부분은 50~60데시벨(바쁜 사무실 환경과 비슷)이며, 우리 승무원들은 벽과 문에 추가적인 방음장치를 갖추고 있어 45~50데시벨 정도로 더 줄입니다.

Q

우주에도 중력이 있습니까?

A

우주에 중력이 없다는 것은 일반적인 오해입니다. 사실 중력은 어디에나 있습니다! 위대한 아이작 뉴턴은 1687년 사과와의 만남을 통해 우주의 중력에 관한 법칙을 발표했습니다. 뉴턴은 중력을 힘이라고 묘사했는데, 입자는 우주의 모든 다른 입자들을 질량에 비례하고 거리 제곱에 반비례하는 힘으로 끌어당긴다고 선언했습니다. 이것은 두 물체 사이의 인력이 멀리 떨어질수록 급속하게 줄어들지만 절대로 완전히 사라지지는 않는다는 뜻입니다. 이렇게 볼 때 중력은 우주 만물을 서로 연결하는 힘입니다.

힘은 멋진 개념으로 이해하기 쉽습니다. 우리는 태양이 그 당기는 힘으로 궤도에 있는 행성을 유지하고, 지구가 당김으로써 달을 궤도에 묶어두고 있다고 쉽게 이해할 수 있습니다. 그러나 1916년 또 다른 천재 알버트 아인슈타인이 일반 상대성 이론을 발표했을 때 중력에 관한 개념이 조금 복잡해졌습니다. 아인슈타인은 본질적으로 중력을 힘이 아니라 시공간의 휘어짐으로 해석합니다. 물질은 시공간이 휘어서 우주의 모양을 왜곡시킵니다. 중력은 물체들이 우주를 여행할 때 이 휘어진 시공간의 곡면을 따라 이동하는 힘으로 나타납니다. 뉴턴의 법칙은 여전히 대부분의 경우 중력의 영향에 대한 훌륭한 근사이지만, 극도의 정밀도가 필요하거나 매우 강한 중력장을 다룰 때, 아인슈타인의 상대성 원리가 요구됩니다.

그래서 당신은 어디서나 중력의 영향을 느끼지 않고 우주를 여

행할 수 없습니다. 국제우주정거장에서 우리는 지구 중력에 의해 가장 확실하게 영향을 받고 있습니다. 또한 태양의 중력에 영향받으며, 태양계의 다른 행성들과 은하계 중앙에 있는 초대질량 블랙홀(궁수자리 A) 중력의 영향도 피할 수 없습니다. 이 책을 읽고 있는 당신 몸의 질량도 시공간을 왜곡하고 ISS의 궤도에 영향을 미치지만, 너무나 미소해서 검출이 불가능할 따름입니다.

중력 이야기는 완전히 끝나지 않았습니다. 아인슈타인의 일반상대성 이론은 지금까지 오랜 기간의 검증을 전부 통과해왔고, 이제 과학자들은 중력파와 중력자와 같은 것들을 찾고 있으며(중력파는 이미 발견했음/역자), 빛의 속도로 우주를 통해 전파되는 중력의 개념을 추구하고 있습니다. 그러나 우리는 여전히 중력이 무엇인지 알지 못합니다. 다만 그것이 어떻게 행동하는가를 알 뿐입니다.

Q

국제우주정거장에서는 왜 '무중력' 상태입니까?

A

ISS에서 무중력이 되는 것은 우리가 실제로 우리 주변의 모든 것과 같은 속도로 낙하하기 때문입니다. 따라서 우리가 몸무게를 달려고 저울 위에 선다 하더라도, 저울 역시 나와 같은 속도로 낙하하기 때문에 전혀 내 체중을 달지 못합니다. 이는 줄이 끊어져 자유낙하하는 엘리베이터에서 내 몸무게를 느끼지 못하는 거나 같은 이치입니다.

ISS는 시속 27,600km(초속 7.7km)로 매우 빠르게 지구 둘레를 도는데, 이는 지구를 향해 무한히 떨어지는 과정이라 할 수 있습니다. 다만 이 떨어지는 속도가 지구의 곡률과 정확하게 일치하므로 우리가 무한히 지구로 떨어지더라도 지구에 추락하지는 않는 것입니다. 달 역시 지구를 향해 무한히 떨어지고 있지만, 결코 지구와 충돌하지 않는 것은 그런 이유 때문입니다.

또한 우주정거장 안의 모든 것이 선체와 같이 운동하고 있기 때문에 무중력 상태가 되고 우리는 그 안에서 떠다니게 되는 것입니다. 우리는 이 같은 환경을 '극미중력'이라고 부릅니다.

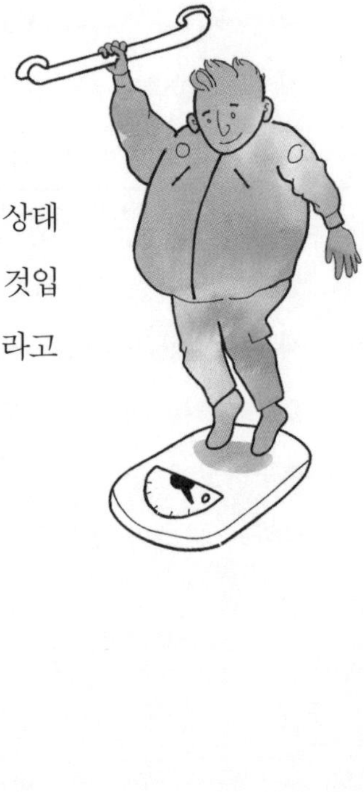

우주에서는 어떻게 몸무게를 잽니까?

-마이클, 29세

매우 논리적인 질문입니다. 무중력 상태에서 몸무게를 잴 수 있는 방법이 과연 있을까요? 놀랍지만 방법이 있습니다. 우리는 자유낙하하는 중이기 때문에 원칙적으로 몸무게는 제로입니다. 따라서 우주에서 몸무게를 직접 측정할 수는 없습니다. 그러면 어떤 방법을 쓸까요? 우리는 체중을 측정하기 위해 압축된 스프링을 사용하는 스카이콩콩과 같은 체중 측정장치[BMMD]라는 러시아 장치를 사용합니다.

우주비행사는 먼저 BMMD 주변에서 몸을 둥글게 만 다음, 단단히 잡고 스프링을 놓고, 장치가 진동 주파수를 측정하는 동안 부드럽게 위아래로 움직입니다. 그런 다음 BMMD의 눈금을 확인하고 스프링의 강성을 알면 우주비행사의 몸무게를 정확하게 결정할 수 있습니다. 우리는 이것을 세 번 하고 나서 측정값을 평균합니다. 대략 오차는 0.1kg 이내였는데, 이는 BMMD의 정확도를 말해주는 것입니다. 우주비행사는 우주에서 한 달에 한 번 몸무게를 측정합니다. 이 과정을 우리는 '당나귀 타기'라 합니다.

당신이 우주에 있을 때 ISS가 유성이나 우주 쓰레기에 충돌할 위험이 있습니까?

A

사실 우주정거장은 매우 작은 입자 파편과 꽤 자주 충돌합니다. 우주 파편은 자연 파편(미소 유성체)과 인조 파편을 모두 망라합니다. 미소 유성체(대개는 혜성 부스러기)는 태양을 도는 반면, 우주 쓰레기로 불리는 대부분의 인공 파편들은 지구 궤도를 공전합니다.

이런 것들과 충돌할 경우 대개는 심각한 영향을 받지 않으며, 승무원들이 생활하며 작업하는 가압 모듈은 특수 방패로 잘 보호되고 있습니다. 그러나 더 큰 무언가가 우주 정거장에 충돌하여 손상을 입힐 위험이 있습니다. 우리는 우주유영 중 그 같은 증거를 보았습니다. 우주 파편에 맞은 손잡이에 난 움푹한 충돌 자국이나 날카로운 금속성 흠집 등이 그것들입니다.

우주비행사는 특히 이 날카로운 돌출부에 장갑이 찢어지지 않도록 세심한 주의를 기울여야 합니다. 큐폴라 창 하나에 파편이 부딪쳐 유리에 작은 흠집이 생겼습니다. 하지만 그다지 우려할 바는 아닙니다. 큐폴라의 7개 창에는 유리 실리카와 붕규산 유리(용융 실리카와 삼산화붕소로 만든 4겹의 내열성 유리)가 있으며, 전체 유리 두께는 7cm 이상으로, 자잘한 파편이 관통할 확률은 거의 없습니다.

문제는 물체가 초고속으로 달리는 경우입니다. 그럴 경우 그다지 크지 않는 물체라도 치명적인 피해를 입힐 수 있습니다. 큐폴라 창에 흠집을 남긴 부스러기는 아마 수천분의 1mm쯤 되는 페인트

부스러기거나 금속 조각이었을 겁니다. 그렇다면 지름 10cm의 물체가 부딪칠 경우에는 어떨까 한번 상상해보십시오. 그것은 우주정거장을 그대로 관통할 것이며 2차 충격으로 선체를 산산조각낼 것입니다.

하지만 너무 쫄 필요는 없습니다. ISS 주변에는 가상의 피자 상자 모양의 '출입금지 구역'이 설정되어 있습니다. 이 구역을 침입하는 파편으로 충돌 위험이 있는 경우, 이를 경고하는 전문가가 관제실에 있습니다. 독일의 다름슈타트에 있는 미국 우주감시 네트워크USSA와 유럽 우주국의 우주파편실과 같은 지상 기반 레이더 시스템에 의해 약 23,000개의 우주 쓰레기가 추적되고 있습니다.

충돌 위험이 아주 높을 경우, 우주정거장은 궤도를 변경하고 충격을 피하기 위해 러시아 세그먼트의 추진체나 도킹된 우주선을 사용하여 '잔해 회피 기동DAM'을 수행해야 합니다. 그러나 이것을 계획하고 실행하는 데 약 30시간이 걸립니다. ISS가 DAM을 수행하기에 너무 늦게 파편이 발견된 경우, 충돌 위험이 사라질 때까지 우주비행사의 여러 모듈과 쉼터 사이의 모든 해치를 닫습니다. 최근 있었던 '대피'는 2015년 7월 승무원이 충돌 가능 경고를 받은 지 불과 90분 만에 시행되었습니다.

나쁜 소식은 충돌 위험을 알 수 없는 '검은 구역'이 있다는 점입니다. 지름 1cm가 넘는 물체는 ISS에 치명적인 손상을 입히고 인명 손실을 가져올 수도 있습니다. 이것은 ISS에 가장 위협적인 존재입니다. 지름 1~10cm의 물체는 추적하기도 어렵고, 자칫 하루를 망칠 가능성이 높습니다. 관측과 컴퓨터 모델을 사용하여 조사한 결과, 지구 주위 궤도에 725,000개의 1~10cm '우주 탄환'이 있는 것으로 추정됩니다. 우주정거장에 우주 쓰레기가 닥칠 위험이 있다는 것을 알게 되었으므로 다음 질문은 매우 적절합니다.

Q 우주정거장이 미소 운석이나 우주 쓰레기 등에 강타당하면 어떻게 됩니까?

A

그럴 가능성은 적지만 만약 그런 일이 일어난다면 최악의 재앙이 될 것입니다. 따라서 우주정거장은 그에 대한 방어를 철저히 합니다.

먼저, 지름 2cm 이상의 물체가 우주정거장 모듈 중 하나를 공격한다고 상상해봅시다. 우리의 첫 번째 방어선은 MMOD[Micro-]

Meteoroid Orbital Debris 방패입니다. 우주정거장을 보호하는 수백 개의 MMOD 차폐막이 있으며, 그에 사용된 물질, 질량, 두께, 체적은 다양합니다. 일반적인 방어장치로는 휘플Whipple과 '채운' 휘플 방패가 있습니다. 쉽게 말해 파편에 먼저 맞는 알루미늄 '범퍼'라 생각하면 됩니다. 충돌의 충격을 일부 흡수하는 것 외에도, 파편을 작은 조각으로 깨어지도록 설계되어, 파편이 가압된 선체를 뚫고들어올 가능성이 적습니다. 범퍼와 선체 사이에는 가능한 한 넓은 간격을 두어 깨어진 파편이 넓게 퍼지게 합니다. '채운' 휘플은 방패와 선체 사이 간격에 방수 의류용 세라믹 천과 방탄포를 채워넣은 것입니다.

유럽 모듈인 콜럼버스는 우주정거장 앞쪽에 있어 파편 충돌의 위험이 더 큽니다. 더 두꺼운 차폐물과 더 긴 안전거리를 확보하더라도 지름 2cm의 물체가 선체 벽을 관통하는 것을 막을 수 없습니다. 승무원이 이것에 대해 먼저 알아야 할 것은 선체가 관통될 때 강한 음향 충격파에서 나는 큰 '폭발음'입니다. 만약 승무원이 불행하게도 그 모듈에 있을 경우, 내부 모듈 벽이 깨지기 전에('파쇄'라고 함) 파편 부스러기와 함께 강렬한 빛을 목격할 수 있습니다.

알루미늄 파편 중 일부는 불에 아주 잘 타고 충격으로 인해 발생하는 열은 화재의 위험을 초래합니다. 선체에 뚫린 구멍은 급격한 온도변화를 가져오며, 내부압력을 떨어뜨립니다. 불행하게도 구멍이 너무 큰 경우, 급격한 균열이 발생하고 모듈이 완전히 열리거나 완전히 분리됩니다. 이러한 극적인 파탄은 모든 승무원에게 치명적일 수 있습니다. 일단 우주정거장은 압력을 잃기 시작하면 아마도 매우 빠르게 진행될 것이고, 승무원들은 급격한 압력변화로 귀가 터질 것 같은 느낌을 갖게 될 것입니다.

승무원으로서 우리는 '급속한 감압'에 대한 응급처치 훈련을 장시간 받습니다. 방금 설명한 시나리오에서 어떤 모듈이 맞았는지는 분명할 것이며, 가장 시급한 조치는 누군가가 해치를 즉시 닫아 모듈을 봉인함으로써 우주정거장이 진공 상태가 되지 않도록 하는 것입니다. 이와 비슷한 상황이 1997년 6월 25일 미르 우주정거장에서 발생했습니다. 그러나 급격한 감압은 우주 파편에 의한 충격 때문이 아니라, 우주화물선 프로그레스가 도킹하려다가 기계적 결함으로 들이받은 때문이었습니다.

승무원은 매우 조직적인 방식으로 급속한 감압에 대비하는 훈련을 합니다. 첫째, 인원 파악을 한 다음 안전한 피난처에 모여, 문제해결에 걸리는 시간과 감압속도를 확인하고, 우주정거장에서 완전히 철수해야 할 상황에 이르기까지 남은 시간이 얼마인가를 체크합니다. 그런 다음 소유즈 우주선에 이상이 없는가를 확인하고, 어느 모듈이 새는지 확인작업에 들어갑니다. 천천히 누출되는 것은 찾기 어려울 수 있지만, 전체 우주정거장을 돌면서 각 해치를 순차적으로 닫고 압력이 지속적으로 떨어지거나 일정하게 유지되는지 모니터링합니다. 물론 우리는 항상 소유즈 우주선 쪽 방향으로 일하며, 우리를 구명보트로부터 격리시킬 수 있는 폐쇄된 해치의 뒤쪽으로 가는 것을 극도로 경계합니다.

우주 파편은 얼마나 문제가 됩니까?

- 토머스 산티니, 로버트 고든 대학, 애버딘, 영국

우주 파편은 큰 문제입니다. 자연적으로 발생하는 미소 유성체에 더하여, 지난 60년 동안 7,000회 이상 발사된 로켓 부스터와 폐기된 인공위성에서부터 작은 파편과 페인트 얼룩까지 우주 쓰레기가 되어 지구 주위를 돌고 있습니다. 지구 표면의 수천km 내에 갇힌 1mm 크기 이상인 우주 파편이 엄청나게 많을 것으로 추산됩니다. 오늘날 위성을 발사할 때도, '큰 하늘, 작은 총알'이란 태도로 우주 쓰레기와의 충돌문제를 가볍게 생각합니다. 그러나 이것은 단순한 생각으로, 충돌은 단지 시간문제일 뿐입니다.

2016년 8월 23일, 유럽 우주국ESA의 다름슈타트 관제실 운영자는 지구 관측위성 중 하나인 센티널 1A가 갑자기 전력이 떨어지고 궤도를 약간 바꿨다고 밝혔습니다. 불과 3년 만에 이 주력 위성은 불과 몇mm의 우주 파편을 맞아 태양 전지판에 지름 40cm의 상처를 남겼습니다. 우리가 일상생활에서, 그리고 국가안보를 위해 우주기반 자산에 더 많이 의존할수록 그러한 충돌의 결과는 더욱 심각해질 것입니다.

2007년 중국은 탄도 미사일로 자체 인공위성 중 하나를 파괴했습니다. 그리고 2009년에 미국의 상업용 통신위성이 폐기된 러시아 기상위성과 충돌했습니다. 오늘날 근거리 우주 쓰레기의 절반은 단지 이 두 차례의 사건-사고로 인한 결과입니다. 이 모든 것에도 불구하고 ISS는 실제로 우주 파편의 양이 상대적으로 적은 궤도에 있습니다.

앞으로 10년 동안 궤도에 있는 인공위성의 수가 두 배 이상 될 것이며(18,000개를 훨씬 넘어섭니다), 이 문제는 더욱 악화될 것입니다. 그래도 우주를 책임지는 국가나 단체는 하나도 없습니다. 현재 85개국이 UN에 의해 1959년에 설립된 우주공간의 평화적 이용에 관한 위원회COPUOS의 위원국입니다.

오늘날 다양한 국제기구, 우주기구 및 정부는 우주 파편의 문제를 이해하고 우주를 정화하기 위해 노력하고 있습니다. 유럽 우주국은 우주 파편 감소 지침을 개발하고 실천하는 최전선에 서 있습니다. 한편, 2002년부터 미연방 통신위원회는 모든 정지궤도 위성이 운용 수명이 끝날 때 무덤 궤도로 이동하도록 요구하고 있습니다.

우주 파편으로 인한 위험을 줄이기 위해 여전히 해야 할 일이 많습니다. 우주 쓰레기에 대해 아무것도 하지 않는 것은 이제 더이상 선택사항이 아닙니다.

긴급 질문 있어요!

Q 당신은 우주비행 중 지구를 몇 바퀴나 돌았습니까?

A 스스로 계산해보면 금방 답을 알 수 있습니다. 첫째, 내가 우주에서 얼마나 오래 있었는지 알아야 합니다. -186일. ISS가 하루에 16번 지구

궤도를 돈다는 사실을 알아야 합니다. 더 정확하게는 하루에 15.54회. 그래서 186x15.54=2,890바퀴입니다.

Q 당신이 우주에서 여행한 거리는 얼마나 됩니까?

A 음, 거리는 속도x시간입니다. 우리는 시속 27,600km로 움직입니다. 여기에 내가 우주에 머문 시간, 186일을 곱하면 식은 다음과 같이 됩니다. 186x24x27,600=123,206,400km. 태양까지 거리가 1억 5천만 km니까, 그에 조금 못 미치는 거리를 여행한 셈이네요.

Q 우주에서 중국의 만리장성을 볼 수 있습니까?

A 안타깝게도 맨눈으로는 볼 수 없습니다. 나 역시 시도해봤지만 실패했습니다. 그러나 위치를 확실히 알 수 있다면 800mm 초점 거리의 카메라 렌즈로 만리장성 사진을 찍을 수 있습니다. 마찬가지로 피라미드도 맨눈으로는 볼 수 없습니다. 지상에 인간이 만든 것은 아무리 크더라도 우주에서는 보기 어렵습니다. 그러나 나일강 삼각주는 쉽게 볼 수 있습니다. 브로콜리 무늬와 같이 사막을 배경으로 눈에 띄므로, 피라미드가 있는 방향을 가리켜주는 훌륭한 표지판 역할을 합니다.

Q 외계인과의 '첫 접촉'을 위한 정식 통신규약이 있습니까?

A 이 질문은 나에게 웃음을 주었습니다. 기발한 질문입니다. 짧은 대답은 실망스럽지만 '아니오'입니다. 나는 외계 생명체가 우주정거장에 접근한다면 무엇을 해야 하는지에 대한 브리핑을 듣는 것이 흥미로웠습니다. 하지만 애석하게도 외계인은 나타나지 않았습니다.

CHAPTER 6

지구로 돌아가기

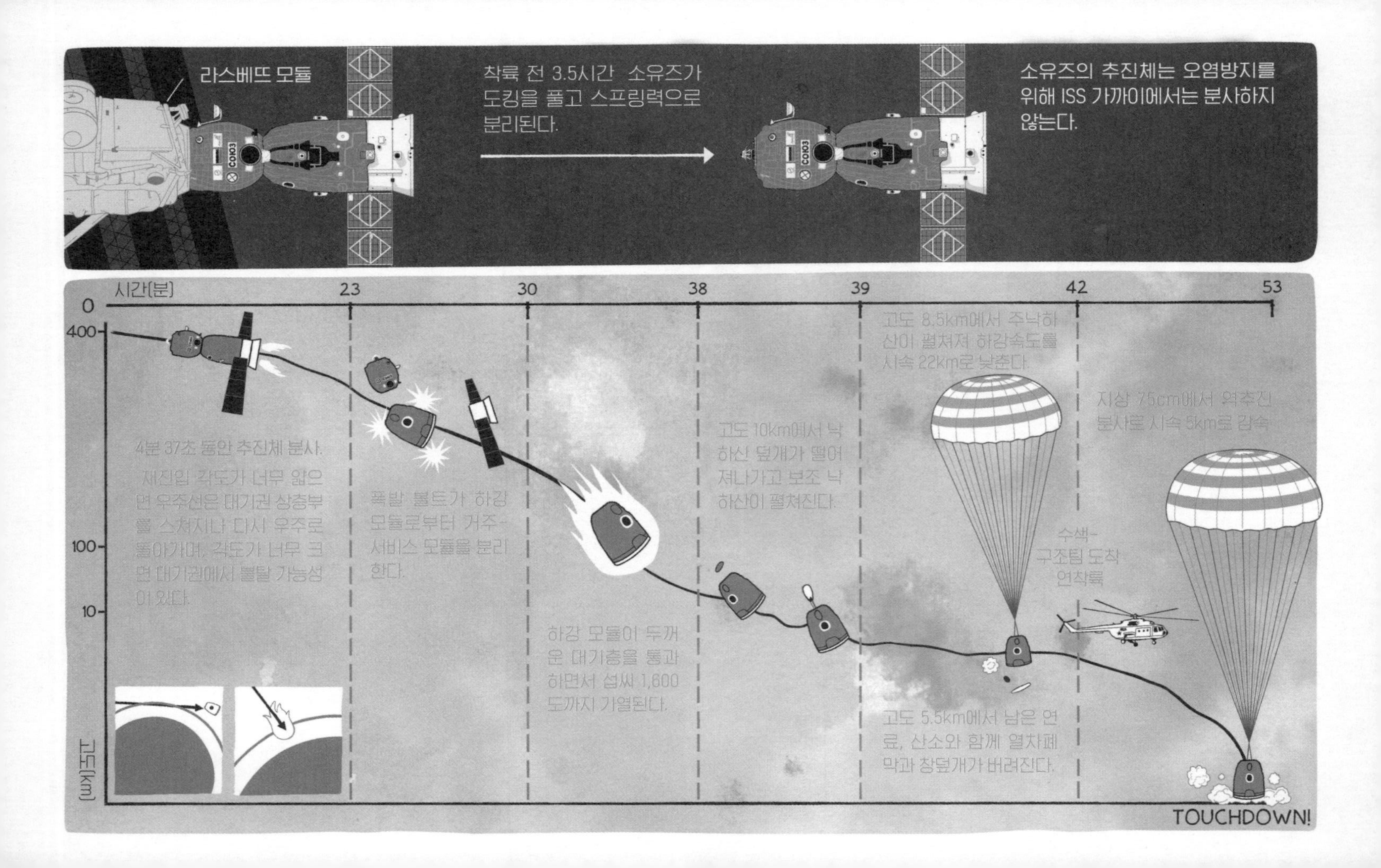
라스베뜨 모듈
착륙 전 3.5시간 소유즈가 도킹을 풀고 스프링력으로 분리된다.
소유즈의 추진체는 오염방지를 위해 ISS 가까이에서는 분사하지 않는다.
시간(분)
0
23
30
38
39
42
53
400
100
10
고도(km)
4분 37초 동안 추진체 분사.
재진입 각도가 너무 얇으면 우주선은 대기권 상층부를 스치거나 다시 우주로 돌아가며, 각도가 너무 크면 대기권에서 불탈 가능성이 있다.
폭발 볼트가 하강 모듈로부터 거주-서비스 모듈을 분리한다.
하강 모듈이 두꺼운 대기층을 통과하면서 섭씨 1,600도까지 가열된다.
고도 10km에서 낙하산 덮개가 떨어져나가고 보조 낙하산이 펼쳐진다.
고도 8.5km에서 주낙하산이 펼쳐져 하강속도를 시속 22km로 낮춘다.
고도 5.5km에서 남은 연료, 산소와 함께 열차폐막과 창덮개가 버려진다.
수색-구조팀 도착 연착륙
지상 75cm에서 역추진 분사로 시속 5km로 감속
TOUCHDOWN!

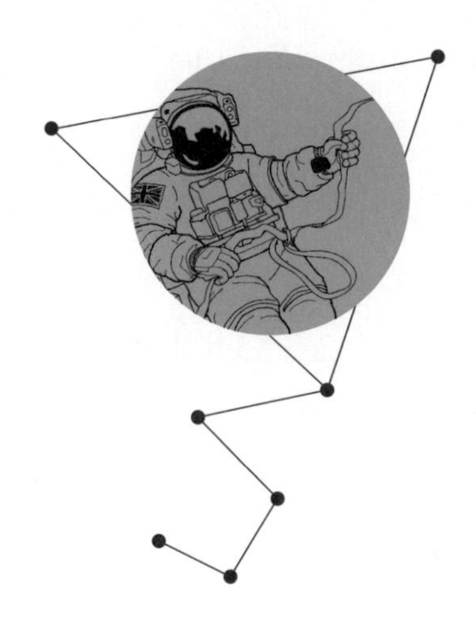

Q 지구로 돌아오는 데 얼마나 걸렸습니까?

A ISS에서 지구로 돌아오는 것은 놀라울 정도로 빠른 여정입니다. 2016년 6월 18일 05시 46분GMT 소유즈 우주선이 ISS에서 도킹을 해제했을 때 나와 팀, 유리의 우주정거장 6개월 미션은 끝났습니다. 우리는 카자흐스탄의 대초원에 도착했습니다. 같은 날 오전 9시 15분 지구에 돌아오기까지 단지 3시간 30분밖에 걸리지 않았습니다. 런던에서 모스크바까지 가는 비행시간보다 짧습니다.

24시간 전만 해도 나는 ISS에서 아침 일과를 시작했었는데 지금 이렇게 지구에 있다니, 참으로 초현실적인 느낌이었습니다. 그 전날 내 손에는 일본에서 의뢰한 실험으로 가득 차 있었습니다. 우주정거장 밖에서 몇 달 동안 노출되었다가 회수된 실험이었는데, 이 매획적인 연구는 혹독한 환경의 우주공간에서 곰팡이와 같은 미생물이 어떻게 생존할 수 있는지, 또 생명체의 행성 이동 가능성을 평가하기 위해 끈적끈적한 에어로겔로 유기물이 포함된 운석 부스러기를 포획하는 방법에 관한 것이었습니다. 제프 윌리엄스와 나는 보호복을 입고 일본 모듈Kibo의 공중 고정대를 통해 화물을 회수한 후 귀중한 과학 샘플을 조심스럽게 옮기는 일에 바빴습니다. 나는 정오쯤에 그 일을 끝내고 '이것들을 다 포장한 후에 집에 돌아갈 준비를 하는 게 좋겠군. 몇 시간 후에 떠날 거야'라고 생각했건 것이 기억납니다.

지구 궤도의 장점은 유사시 재빨리 지구로 돌아갈 수 있다는 것입니다. 비상사태가 발생할 경우 우리 소유즈 우주선은 구명정이 됩니다. 재빨리 올라타서 도킹 풀고 출발하면 몇 시간 내에 지구로 돌아올 수 있습니다. 쉽나요? 네, 다른 상황이 없을 경우엔 그렇습니다. 하지만 다른 우주 미션과 마찬가지로 우주선이 지구로 내려가는 데는 매우 복잡하고 철저하게 계획된 경로를 거쳐야 하며, 그 중 무엇 하나만 삐긋하더라도 위험에 처할 수 있습니다. 우주선을 타고 지구로 하강하는 것은 내 인생에서 가장 스릴 있는 도전이었습니다. 그것은 확실히 나를 위한 맞춤형 모험이었습니다.

그렇다면 지구에서 400km 떨어진 우주에 있는 ISS에서 어떻게 지구로 돌아올까요? 이 장에서 샅샅이 알아보도록 하겠습니다. 안전 버클을 채우세요!

지구로 귀환하기 전에 우주에서 특별한 훈련이나 준비를 해야 합니까?

A

예. 우리 미션의 마지막 2주 동안 우리는 근무일정을 제쳐 놓고 복귀를 준비하는 데 필요한 과제들을 처리합니다. 가장 중요한 것은 소유즈를 안전하게 운행하고 강하 중에 발생할 수 있는 비상사태를 처리하는 데 필요한 기술을 다시 강화하는 것입니다. 러시아의 스타시티 시뮬레이터에서 비상교육 세션을 마지막으로 마친 지 6개월이 넘었습니다. 우리의 제2천성이 될 정도로 강도 높게 훈련받았지만, 우주에서 6개월이 지나면서 약간 녹슬었다는 느낌을 받게 됩니다.

하강 절차와 체크리스트를 검토할 수 있도록 자율학습을 하는 외에도, 우리는 소유즈 좌석에 앉아 모스크바 미션 컨트롤 센터의 러시아 교관과 이야기하면서 모의 도킹, 하강, 재진입을 연습했습니다. ISS에서 오래 생활한 탓으로 소유즈 선실은 아주 갑갑하게 느껴졌습니다. 그러나 우리가 곧 집에 돌아갈 것임을 상기시켜 주었습니다.

우리가 소유즈에서 확인해야 할 몇 가지가 있었습니다. 첫째, 우주비행사는 우주에서 6개월간 체재하는 동안 키가 3%까지 커질 수 있습니다. 나 같은 경우 키가 5cm쯤 커지는 것입니다. 이것은 척추가 무중력 상태에서 늘어난 때문입니다. 척추를 둘러싼 힘줄과 인대가 긴장에서 풀려나 척추 디스크가 늘어난 것입니다.

이런 현상은 지구상에서도 나타납니다. 아침에 우리 키는 약 1cm쯤 늘어나지만 낮 동안 그만큼 줄어듭니다. 비행 전 소유즈의 시트라이너를 승무원 몸에 맞출 때 엔지니어는 이 척추 신장을 고려하여 머리 부분에 몇 인치 여유 공간을 둡니다. 지구로 돌아가기 위한 준비로 시트라이너를 점검하는 것은 롤러코스터 재진입에서 우리를 보호할 수 있는 안전한 착용감을 확인하는 것입니다.

도킹 해제하기 약 3~4일 전, 유리와 팀은 소유즈를 가동하고 동작 제어 - 추진 시스템을 점검했습니다. 6개월 동안 동면(최대 절전) 모드에 있었음을 감안하면, 이는 중요한 점검사항입니다. 우주정거장에서 도킹을 해제하면 기계식 스프링력이 우주선을 ISS에서 초속 0.1m의 속도로 밀어냅니다. 일부 시스템이 정상적으로 작동하지 않거나 우주선을 제어할 수 없다는 것을 발견하면 끔찍한 날이 됩니다.

우리가 점검해야 할 또 다른 장비는 소콜 우주복입니다. 화재가 나거나 하강 모듈이 감압될 경우 이는 우리의 생명을 구하고 우주의 진공으로부터 우리를 보호합니다. 지구로 돌아오기 일주일 정도 전에 우리는 소콜 우주복을 입고 상태를 확인합니다. 가장 중요한 것은 새는 부분이 없는가를 확인하는 것입니다.

소유즈 사령관인 유리는 우주선에 실을 짐을 책임집니다. 하강 모듈에는 공간이 별로 없지만 가능한 한 많은 주요장비와 실험 데이터를 적재해야 했습니다. 여기에는 생명과학 실험에 긴급한 타액과 소변, 냉동 혈액 샘플들이 포함되었습니다. 우주선은 재진입 전에 3개의 모듈로 분리되기 때문에 거주 모듈에 약간의 쓰레기를 담을 수 있습니다. 하강 모듈만이 지상에 안착하는 것입니다.

어떤 쓰레기도 거주 모듈과 함께 대기에 들어서면서 간단히 타버립니다. 그러나 소유즈는 관제실에서 승인한 엄격한 규정에 따라 포장, 적재해야 합니다. 우주선의 질량과 무게 중심이 정확하지 않으면, 지구로 안전하게 돌려보내 목적지에 정확히 착륙시키기 위해 계산된 엔진 분사가 잘못될 수 있습니다.

Q 지구를 떠날 때는 열막이판을 안하는데, 재진입 시에는 왜 열막이판이 필요합니까?

A 열막이판은 고속으로 대기에 진입하는 우주선을 대기와의 마찰열로부터 보호합니다(음속 약 25배, 낮은 궤도에서 지구로 돌아오는 우주선은 달이나 화성에서 돌아오는 우주선보다 더 빠름). 그러나 발사 때 우리는 상대적으로 낮은 속도로 날아가므로 공기가 과열되지 않습니다. 로켓이 대기를 통과함에 따라 공기 분자가 선수 페어링에 미치는 충격으로 인해 동압력dynamic pressure이 발생합니다. 이때 표면마찰로 인해 공기역학적으로 약간 열을 발생시키지만, 재진입시 도달하는 온도에는 훨씬 못 미칩니다.

그러나 재진입 때는 음속의 25배로 대기권에 뛰어드는 만큼 열막이판은 필수적입니다. 이것은 우주선을 감싼 백열 플라스마의 엄청난 열을 분산시킬 뿐만 아니라, 일종의 브레이크 역할을 하여 우주선을 감속시킵니다. 열막이판의 무딘 형태는 에어 쿠션처럼 기능하여 가열된 충격파를 앞으로 밀어냄으로써 가장 뜨거운 가스가 우주선과 접촉하는 것을 방지합니다. 대신 그들은 선체 주위를 돌아 대기로 흩어집니다. 이것이 우주왕복선이 전투기와 같이 뾰족한 코를 가지지 않은 이유 중 하나입니다.

Q

당신은 지구로 돌아올 때 멀미가 나지 않도록 약을 먹었습니까?

A

우주비행사는 지구로 돌아올 때 항공 군의관과의 합의 하에 멀미약 복용 여부를 결정합니다. 재진입이 매우 거친 과정이지만, 실제로 나는 우주비행사 중에 멀미를 하는 것을 본 적이 없습니다. 대개 현기증과 메스꺼운 느낌은 착륙 직후 신체가 중력 벡터의 갑작스런 변화에 적응하려 할 때 발생합니다. ISS의 우주비행사는 메클리진(항히스타민제. 멀미, 구토, 현기증 치료제)을 함유한 표준 약물을 사용할 수 있습니다. 중요한 것은 약에 대한 반응, 곧 내성과 부작용을 아는 것입니다. 나는 메클리진이 잘 듣는다는 것을 알았고, 특히 졸음을 수반하지 않기 때문에 우주정거장에서 출발하기 전에 먹어뒀습니다. 그런데 그것이 도움이 되었는지는 잘 모르겠습니다. 나는 착륙 후 약 1시간 동안 심한 메스꺼움을 느꼈습니다!

우주비행사가 지구로 돌아오는 중에 느끼는 메스꺼움은 체액이 부족하기 때문일 수도 있습니다. 몸에서 액체를 잃지 않도록 우주에서 할 수 있는 방법은 거의 없습니다. 극미중력에서는 체액이 온몸에 광범위하게 퍼져 혈장이나 혈액량이 20%까지 감소합니다. 이에 따라 심장 근육이 줄어들고, 이로 인해 지상에 착륙했을 때 중력에 저항해 머리에까지 혈액을 공급하는 데 어려움을 겪게 됩니다. 현기증, 어지럼증, 심하면 졸도에 이르는데, 이를 기립성 조절장애라 합니다. 이를 방지하기 위해 우주비행사는 ISS를 떠나기 전 몇 가지 소금 정제를 섭취하고 물을 2리터쯤 마십니다. 이것이 체액을 증가시키고 기립성 과민반응을 예방하는 데 다소 효과적임이 밝혀졌습니다.

이를 극복하기 위한 또 다른 방법은 압축 복장을 입는 것입니다. 소유즈에서 지구로 돌아오기 전에 켄타브르Kentavr라는 압축 복장을 지급받는데, 신축성 있는 천으로 된 이 옷은 허리에서 무릎까지 오는 반바지와 종아리를 덮는 한 쌍의 각반으로 구성됩니다. 끈을 사용하여 압축 복장을 조여 몸에 압력을 가함으로써 정맥 울혈을 막고 동맥압을 유지시킵니다.

다른 소유즈 승무원들과 마찬가지로 나는 소콜 우주복 아래 켄타브르를 입고 소금 정제를 준비해 몸이 중력의 유해한 영향에 맞서 싸울 수 있도록 최상의 채비를 갖췄습니다.

Q

당신은 어떻게 지구로 돌아왔습니까? 그리고 대기권 재진입 때 속도는 얼마나 빨랐나요?

A

지구로 내려가는 처음은 물론 ISS와 같은 속도로 시작됩니다. 그러나 아직 400km 궤도에 있었기 때문에 그다지 빠르게 느껴지지는 않았습니다. 우리는 오랫동안 그 속도로 날면서 아래의 지구 행성을 보곤 했기 때문입니다. 강하를 시작한 소유즈의 초기 엔진 분사도 공격적이지 않았습니다. 소유즈는 우주정거장의 진행방향과는 반대로 비행했는데, 이는 주엔진이 진행방향을 가리키고 있음을 의미합니다. 지구 궤도에서 돌아오기 위해서는 천천히 움직여야 하며, 중력의 힘을 이용해 귀환해야 합니다.

지구 대기에 진입하기 약 30분 전에 주엔진이 4분 37초 동안 '궤도이탈' 분사를 실행했습니다. 이것은 우리를 시속 약 410km까지 늦추기에 충분한 역추진이었습니다. 그것은 앉은 자리에서 뒤로 부드럽게 밀리는 듯한 느낌으로, 발사 때의 무자비한 가속과는 전혀 달랐습니다. 주엔진이 내는 소리를 들어보니 지난 6개월간 동면은 문제가 없었던 것으로 보여 확실히 안심했습니다. 만약 그것이 작동하지 않는다면 백업 수단으로 사용될 수 있는 보조 추진체가 있습니다. 성공적인 궤도이탈 분사 이후, 우리는 몇 가지 일이 일어나기를 기다렸습니다. 속도를 늦춤으로써 우주선은 원형궤도에서 벗어났지만 이제는 지구와의 충돌로 끝날 포물선 궤도를 따라갔습니다.

그러나 궤도역학의 희한한 점은 우주선이 지구로 떨어질 때 실제로는 속도가 빨라진다는 것입니다. 낮은 고도의 궤도에 머물기에 충분한 속도는 아니지만, 소유즈가 지구 대기권에 들어갈 즈음에는 ISS와 같은 속도로 되돌아갔습니다. 그 즈음 우리는 지구 표면에 훨씬 가까웠기 때문에(약 100km) 매우 빠르게 느껴졌습니다. 재진입 직전 나는 창밖을 내다보았고 강렬한 생각에 휩싸였습니다. '이것은 미친 짓이다. 우리는 벽돌처럼 떨어지고 있다!'

이 일이 있기 전에 우주선은 세 부분으로 분리돼야 합니다. 첫째, 우리는 거주 모듈을 감압해야 했습니다. 응급상황에서는 필수 사항은 아니지만, 완전히 가압된 상태에서 분리되면 매우 폭발적으로 분리됩니다! 분리는 궤도이탈 후 23분이 지나면 자동으로 발생합니다. 이때부터가 재미있어집니다. 이 시점까지 강하는 정말 그저 그렇습니다. 그러나 제2단이 떨어져나가면 상황은 달라집니다. 소유즈는 여러 개의 볼트로 모듈들을 결합하고 있는데, 하강 모듈은 거주 모듈과 기계선 사이에 끼어 있습니다.

우주선을 분리하기 위해, 폭발 볼트는 세 모듈 사이의 모든 연결을 끊어야 합니다. 나는 이전 승무원들로부터 이것이 보통 일이 아니라는 경고를 받은 적이 있었는데 과연 그랬습니다. 내 머리 바로 옆에서 놀랍도록 큰 소리로 들려오는 일련의 폭발음에 뒤이어 캡슐을 뒤흔드는 충격으로 우리의 유서 깊은 우주선이 세 부분으로 나뉘어졌음을 알았습니다. 우리는 아라비아 반도의 상공 139km에 달했고, 분리된 하강 모듈이 상층 대기로 진입하기 전에 천천히 머리 위로 공중제비를 돌 때 뒤집힌 페르시아 만을 보았던 것을 기억합니다.

우주선이 일단 대기 속으로 뛰어들면 분리된 기계선과 거주 모듈은 고온 플라스마에 의해 타버리고, 하강 모듈은 열막이판이 앞으로 오도록 자세를 잡습니다. 그런 다음에는 모두 물리법칙에 맡깁니다. 하강 모듈은 대기를 이용한 에어 브레이크로 시속 800km까지 감속하고 지구로 귀환합니다.

Q 재진입은 얼마나 오래 지속되며 얼마나 많은 'g'(중력가속도)를 경험합니까?

A

고도 99.8km의 대기 진입에서부터 10.8km의 낙하산 전개까지 하강은 8분 17초 걸렸습니다. 그러나 우리는 이 시간 동안 높은 g-하중을 경험하지 않았습니다. 분리 후 하강 모듈은 지구로 빠르게 낙하했습니다. 캡슐 안에서 창문을 내다보기 전까지 나는 이 낙하를 알아차리지 못했습니다. 마침내 내가 고속낙하 중이라는 것을 알았을 때, 엄청 놀랐습니다. 오랫동안 안정된 우주정거장에 있다가 갑자기 '통제불능' 상태를 보자 그런 느낌이 든 모양입니다. 낙하 약 4분 후, 소유즈는 80km 지점에서 두꺼운 대기를 만나 공기역학적 제어에 들어갔습니다. 캡슐이 자세를 잡아 열막이판을 앞으로 하자 우리는 g-하중을 느끼기 시작했습니다.

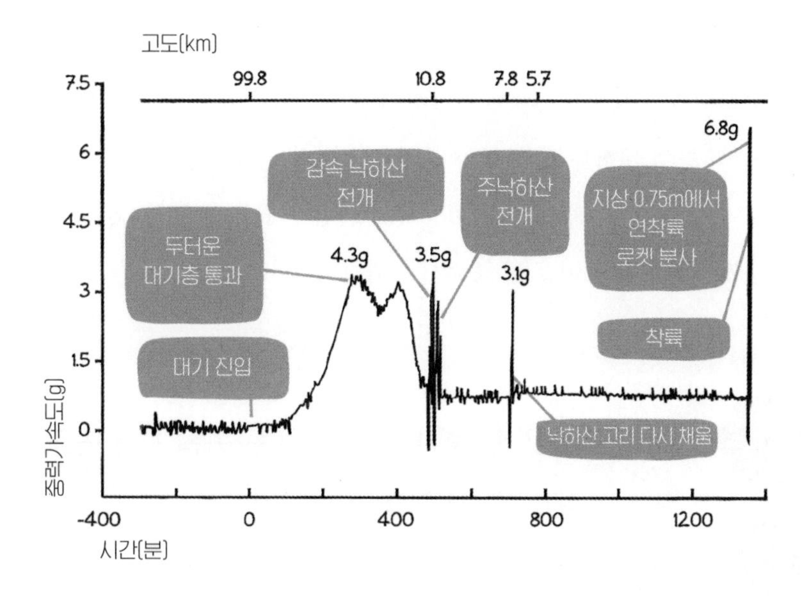

고맙게도 g-하중의 시작은 아주 부드러웠습니다. 우리는 다시 한번 무게감에 익숙해졌습니다. 그런 다음 g가 빨리 높아지기 시작했습니다. 이런 일이 발생했을 때, 우리는 그 힘을 이용해 몸을 좌석 안으로 더 밀어넣고 5단 멜빵을 가능한 한 꽉 잡아당겨 맵니다. 이는 낙하산이 열릴 때나 실제 착륙에서 부상을 방지하기 위한 조치입니다. 하강 모듈에서 우주비행사는 열막이판을 등지고 앉습니다. 이것은 감속의 힘이 가슴을 짓누른다는 것을 의미합니다. 호흡은 더욱 어려워지고, 마치 내가 럭비 스크럼의 바닥에 깔려 있는 것처럼 느껴지기 시작했습니다.

g-하중은 4g를 약간 넘어 정점을 찍은 후 천천히 떨어졌습니

다. g-하중이 머리에서 발끝까지가 아니라 가슴을 통과하기 때문에 고성능 항공기 조종사에게 발생할 수 있는 블랙 아웃(혼절)이나 터널 시야• 같은 경험을 할 기회가 줄어들었지만, 무겁고 불편한 느낌에도 불구하고 g-하중은 충분히 참을 만했습니다. 스타시티의 원심 분리기 훈련은 우리를 잘 준비시켜 줬습니다.

하강 캡슐의 내부가 하강하는 동안 얼마나 뜨거워집니까? 그리고 어떻게 제어됩니까?

- 제클린 벨 박사

소유즈는 훨씬 작은 규모이지만 ISS와 비슷한 원리로 작동하는 열제어 시스템을 갖추고 있습니다. 우주선 외부에 위치한(따라서 우주의 차가운 진공에 노출된) 라디에이터의 유체가 그것을 통해 순환됩니다. 이 차가운 유체는 우주선 내부로 흐르고 열교환 시스템을 통해 우주선의 공기 공급장치에 혼합됩니다. 냉각된 공기는 모듈 주변의 팬들에 의해 순환되며, 또한 환기를 위해 각 우주비행사의 우주복으로 공급됩니다.

이것을 '능동적' 냉각 시스템이라 한다면, '소극적' 시스템도 있

• 터널 시야. 관 모양 시야. 대상물이 마치 긴 굴을 통해 보듯 매우 좁은 시야.

는데, 우주선 둘레를 감싼 다층 단열재MLI가 그것입니다. 우리 우주복에 사용된 MLI와 매우 흡사한 이 소재는 극한의 열과 냉기로부터 우주선을 보호합니다. 정상적인 상황에서 소유즈 내의 온도는 섭씨 18도에서 25도 사이에서 조절됩니다.

그러나 강하 중이나 분리 후, 강하 모듈은 라디에이터로부터 더 이상 냉각된 유체를 공급받지 못합니다. 왜냐하면 이것이 모두 버려진 기계선의 일부였기 때문입니다. 공기는 하강 모듈 내부를 계속 순환하지만 주위가 약간 따뜻해지기 시작합니다. 외부는 열막이판이 엄청난 마찰열로 섭씨 1,600도까지 올라갑니다. 하지만 캡슐

안의 나는 외부가 얼마나 뜨거워졌는지 알 수 없습니다. 그러나 내 우주복을 순환하는 공기는 매우 따뜻했고, 나는 땀이 흐르는 것을 느낄 수 있었습니다.

그때 창밖으로 눈길을 돌린 나는 불꽃과 불길이 선체를 뒤덮고 있는 광경을 보고 깜짝 놀랐습니다. 캡슐 외부에 MLI 조각처럼 탈 수 있는 모든 것들이 떨어져나와 불꽃놀이 속으로 뛰어든 것 같았습니다. 이런 상태가 재진입 시간의 반 정도가 될 때까지 몇 분 동안 지속되었습니다. 마침내 창은 검댕이로 까맣게 덮여서 더이상 밖을 볼 수 없게 되었습니다.

이거 아세요?

- 재진입 도중 대기와의 마찰열과 열막이판의 증발로 인한 플라스마는 무선과 원격측정 통신을 중단시킵니다. 시간은 약간 다를 수 있지만 이것은 모든 우주선의 재진입에서 발생하는 상황입니다. 우리의 경우 통신두절은 5분간 지속되었으며, 미션 컨트롤 센터가 우주선이 플라스마 단계를 벗어나 통신이 복원되기를 기다리는 동안 사령관인 유리는 g-하중과 선체, 승무원 상태를 계속 보고했습니다.

발사와 재진입 중 어떤 게 더 재미있었습니까?

- 클레어

A

좋은 질문입니다! 각각 다른 이유로 나는 둘 다 즐겼습니다. 발사는 원초적 힘과 가속력, 그리고 처음 우주로의 모험에 나선 기대감에서 더욱 흥미로웠습니다. 그러나 단순한 롤러코스터 킥과 스릴이라는 면에서 본다면, 돌아오는 우주선 쪽이 훨씬 극적이었습니다. 특히 감속 낙하산이 펴지는 순간은 정말 짜릿했습니다. 보조 낙하산들이 캡슐을 시속 800km에서 324km까지 늦춘 후 안전할 때 주낙하산이 전개됩니다.

대기의 에어 브레이크 기능을 이용해 하강 모듈을 감속하지만, 고도 11km에서도 우리는 여전히 음속보다 약간 낮은 속도로 3톤짜리 벽돌처럼 떨어지고 있었습니다. 반전은 두 개의 보조 낙하산이 펴졌을 때 시작되었습니다. 이들은 제동 낙하산을 끌어냈고, 이어서 약 20초 동안 캡슐이 격렬하게 요동치며 회전하기 시작했습니다.

내 동료 우주비행사 제프 윌리엄스는 제동 낙하산 단계에서 이러한 20초의 광란에 대해 말하면서 낙하산이 캡슐에서 꺼내져 전개될 때 오는 큰 충격에 대비해야 한다고 경고했습니다. 나는 가능한 한 최선을 다해 제동 낙하산이 전개되는 동안 앞에 있는 작은 초시계에 집중하려고 노력했습니다. 이윽고 폭력적인 흔들림이 멈추었습니다. 나는 예상했던 광란의 20초가 훨씬 지났음을 알 수 있었습니다. 공기가 여전히 고속으로 캡슐에 부딪치고 있는 것처럼 들리지만 큰 충격은 없었습니다. 주낙하산이 실제로 열렸는지 확신하지 못한 나는 조심스럽게 유리를 쳐다보았고, 그는 작은 끄덕임으로 우리가 안전함을 알려주었습니다. 재미삼아 정답을 적자면, 예, 나는 발사보다 재진입 쪽이 훨씬 스릴 만점이었습니다.

Q 착륙이 어려워 보입니다. 혹 부상을 입지는 않았습니까?

A

'다행히도!' 하고 팀 코프라는 한마디 뱉은 후 처음 10초 동안 몸을 가볍게 두드려 보고는 개인 재고목록을 체크하면서 모든 것이 한 묶음에 들어 있는지 확인했습니다. 소유즈 착륙과 관련하여 불확실한 점은 없습니다. 가벼운 자동차 충돌사고와 같다고 보면 됩니다. 하지만 순간 호흡을 멈추게 합니다. 착륙시 우주비행사의 부상 방지를 위해 여러 가지 장치가 마련돼 있습니다. 우선순위는 캡슐의 낙하속도를 최대한 늦추는 것입니다. 일단 주낙하산이 전개되면 열막이판과 까맣게 그을은 외부 창이 버려집니다. 이것은 캡슐 무게를 줄이고 하강 속도를 시속 22km로 늦춥니다. 동시에 우리 좌석은 자동적으로 뒤로 젖혀져 충격을 약간 감소시킵니다.

몇 달 전 석고 욕조에서 각 개인의 체형에 맞춰 성형된 시트라이너는 이제 카자흐스탄 대초원에서 우리를 보호하는 데 없어서는 안

될 장비가 되었습니다. 또한 부상을 방지하기 위해 죄는 무릎 보호대가 있습니다. 손목에 고도계를 찬 사령관 유리는 최종 100m 높이에서 터치다운까지 대략적인 카운트다운을 합니다. 충돌 직전 우리 셋은 '버팀 자세brace position'를 취하는데, 비행 점검표를 단단히 쥔 채 두 팔로 가슴을 꽉 잡는 한편, 머리는 최대한 좌석에 밀착시킵니다. 그리고 입을 꽉 다물고 혀가 이 사이에 물리지 않게 합니다. 이 단계에서 가장 최악의 일은 목을 빼 창밖을 내다보는 것입니다. 착지 순간 목이 치명적인 충격을 받을 수 있습니다.

마침내 캡슐의 감마선 고도계가 지상 0.75m를 가리킬 때 연착륙 추진체를 점화하라는 신호가 보내졌습니다. 이 고체연료 추진체는 충돌 직전에 분사되어 캡슐을 시속 5km로 감속시킵니다. 이 때문에 소유즈가 착륙할 때 볼 수 있는 것은 캡슐이 아니라 엄청난 먼지 회오리뿐입니다. 연착륙 추진체가 분사하고 캡슐이 지상에 부딪히는 사이의 시간은 불과 몇 초이지만, 결코 가볍게 생각해서는 안 된다는 경고가 있었습니다. 우주비행사는 종종 소프트 랜딩 추진체의 이름이 완전히 잘못된 것으로 오해의 소지가 많다고 농담처럼 말합니다. 하지만 이것이 없으면 착륙시 승무원이 결코 안전하지 못할 것입니다.

3톤짜리 캡슐은 땅에 부딪히더라도 튀지는 않습니다. 대신 캡슐은 흙바닥에 꽂혀 외부에 작은 분화구를 남기고, 그 안의 승무원들은 약간 숨쉬기가 힘들 뿐입니다. 사령관이 가장 먼저 해야 할 일은 낙하산 줄 하나를 자르는 버튼을 누르는 것입니다. 이것은 낙하산이 지상에서 부풀어올라 캡슐을 질질 끌고가는 것을 방지하기 위해서입니다. 그럴 경우 그 속의 승무원에게 부상을 입힐 수 있습니다. 그러나 낙하산을 완전히 잃어서는 안됩니다. 구조를 기다리는 동안 피난처가 될 수 있기 때문입니다. 2014년 11월 ESA 동창인 알렉스 거스트가 착륙할 때 낙하산 줄 자르는 데 어려움을 겪었고 캡슐은 꽤 오랫동안 땅바닥에서 끌려갔습니다. 나중의 인터뷰에서 NASA 대원 라이드 와이즈먼은 대초원을 가로지르는 것이 우주에서 귀환 중 가장 다이내믹한 사건이라고 말했습니다!

우리는 약 풍속 20m의 바람 속에서 착륙했습니다. 이것은 우리 캡슐을 충분히 쓰러뜨릴 만한 바람이었습니다. 그러나 우리는 낙하산 줄을 정상적으로 끊었으며, 부상당하지 않았습니다. 우리가 내린 곳은 카자흐스탄의 제즈카즈칸 시에서 남동쪽으로 148km, 우리 여행이 시작된 바이코누르에서 동쪽으로 약 500km 떨어진 지

이거 아세요?

- NASA의 2016년 보고서는 소유즈 착륙으로 인해 승무원의 37.5%가 일종의 부상을 입었다고 강조했습니다. 이것들은 사실상 사소한 부상이며, 착륙 후 3개월 이내에 모두 완치되었습니다. 그래도 역시 소유즈의 지상 착륙은 결코 작은 일이 아니라고 말할 수 있습니다.

역입니다. 캡슐 안 사정은 내가 위쪽이고 팀과 유리는 아래쪽에 있었습니다. 수색-구조대가 현장에 도착해 해치를 열기까지 10분 동안 내가 한 것은 비행서류와 점검표, 기타 장비들이 내 동료들 머리 위로 떨어지지 않게 하는 것뿐이었습니다. 지구 중력이 마구 끌어당기네요!

Q
재진입 중 문제가 발생하여 코스를 벗어나면 어떻게 됩니까?

A

좋은 질문! 귀환 중 잘못될 수 있는 여러 가지 사항이 있습니다. 이는 특히 까다로운 비행단계입니다. 가장 먼저 잘해야 하는 일은 궤도이탈입니다. 극도로 정확을 기해야 합니다. 로켓 분사 길이가 몇 초 길거나 짧으면 착륙지점이 수백 킬로미터 빗나갈 수 있습니다. 너무 짧은 로켓 분사는 재진입 각도가 너무 얇아져 우주선이 지구로 향하지 못하고 다시 우주로 튕겨나가게 됩니다. 마치 물수제비 뜨기를 하는 돌이 수면에서 튀어오르는 것과 같습니다. 튕겨져 나간 우주선은 약간 타원형 궤도를 따라 우주로 되돌아가서는 2시간쯤 후에 완전히 통제되지 않는 비극적인 방식으로 지구로 돌아올 것입니다.

다른 한편으로, 긴 분사는 매우 가파른 재진입 각도를 만들어 우주선을 급격히 감속시키고 열막이판을 매우 빠르게 가열시켜 위험에 빠뜨릴 수 있습니다. 이런 이유로 지구로 돌아오는 우주선은 지구로의 안전한 귀환을 허용하는 좁은 재진입 통로를 정확히 돌파해야 합니다.

소유즈는 궤도이탈 분사를 할 때까지 3개의 모듈로 분리되지 않습니다. 뭔가 잘못되면 엔진과 충분한 연료, 산소, 전력, 음식, 물, 화장실로 며칠 동안 버틸 수 있습니다. 다른 계획을 세울 충분한 시간입니다. 그러나 모든 것이 정상적으로 진행된다면 다음 중요한 고비는 '분리'입니다.

과거에는 이것이 잘 진행되지 않은 적이 있었습니다. 실제로 유리는 소유즈 TMA-11이 2008년 4월 19일 지구로 돌아올 때 사령관으로서 부분 분리 실패를 겪었습니다. 하강 모듈에 기계선을 고정시킨 다섯 개의 폭발 볼트 중 하나가 안 터지는 바람에 우주선이 기계선을 매단 채 대기로 진입했습니다. 우주선은 약간의 충격 후 공기 역학적으로 안정된 자세를 찾았지만, 해치가 앞쪽으로 향했습니다. 해치는 재진입 때 발생하는 열을 견뎌낼 수 없습니다. 이윽고 해치를 밀봉하는 개스킷이 타기 시작하면서 선내는 연기로 가득 찼습니다. 그러나 다음 순간 높은 마찰열로 인해 붙어 있던 마지막 볼트가 끊어지고 기계선이 분리되면서 하강 모듈은 빙글 돌아 열막이판을 앞세울 수 있었습니다. 해치는 타지 않았습니다.

이런 경우 소유즈는 이른바 '탄도' 모드에 들어갑니다. 이 탄도 재진입은 오로지 선체를 대기에 맡겨 감속을 합니다. 정상적인 환경이라면 소유즈는 약간의 상승력을 발휘할 수 있는데, 이는 진입 각도를 좀더 완만하게 하여 중력가속도를 낮추어줍니다. 어쨌든 탄도 재진입을 하는 우주선은 가파른 각도로 대기에 꽂히는 만큼 강력한 대기의 저항을 받게 됩니다. 자연히 승무원이 받는 g-하중은 치솟습니다. 유리의 소유즈 TMA-11이 탄도 재진입을 할 때, 비행 엔지니어는 NASA 우주인 페기 윗슨이었습니다. 그녀가 받은 순간 g-하중은 8.2g를 기록했습니다. 그러나 이는 그렇게 위험한 수준은 아닙니다. 보통 우주인은 8g에서 30초 이상 견디는 훈련을 받기 때문입니다.

탄도 재진입의 또 다른 문제점은 우주선이 예정경로에서 크게 벗어난다는 점입니다. 보통 소유즈는 상당히 정확한 착륙을 할 수 있습니다. 우리의 경우, 예정 착륙지점에서 불과 8km 떨어진 곳에 착지했습니다. 상당히 정확한 슛팅이었습니다. 이처럼 소유즈가 정확할 수 있었던 이유 중 하나는 정밀한 궤도이탈 분사 때문이며, 다음으로는 재진입시 적은 양의 상승력을 생산할 수 있는 능력 때문입니다. 영리한 부분은 강하의 전반부에는 우주선이 왼쪽으로 굴러가고 후반에는 오른쪽으로 굴러서 일종의 S자 모양의 비행 경로를 만든다는 점입니다. 이런 방법으로 낙하각도를 조절함으로써 정확한 착륙을 할 수 있습니다.

그러나 탄도 재진입시에는 상승력을 낼 수가 없어 각도를 제어할 수가 없습니다. 소유즈 TMA-11은 목표지점에서 무려 475km나 떨어진 곳에 내렸습니다. 관제실에서는 이미 탄도 착륙지점을 파악하고 그에 대비했습니다. 우주선은 블랙아웃을 겪은 후 착륙하자마자 자동적으로 수색-구조팀에 무선신호를 날렸고, 얼마 후 구조대가 캡슐의 해치를 열었습니다.

발사와 마찬가지로 러시아 연방항공운송국은 착륙시 수색과 구조를 책임집니다. 주요 착륙지점에는 Mi-8 헬리콥터 8대와 4대의 산악용 차량, 고정익 항공기가 기다리고 있습니다. 이들 차량에는 의료팀, 수색-구조팀, 관리, 언론 관계자들이 포함되어 있습니다. 또한 2대의 Mi-8 수색-구조 헬리콥터가 탄도 착륙지점에 위치하고, 다른 두 대는 주요 착륙지점과 탄도 착륙지점의 중간에 위치했습니다. 실제로 우주비행을 하기 전에 승무원은 비행복, 갈아입을 옷, 선글라스, 세면도구 세트가 들어 있는 '탄도착륙 가방'을 꾸립니다. 선글라스는 인공조명에 6개월 동안 노출된 눈을 햇빛으로부터 보호하기 위한 것입니다. 각 승무원의 가방은 우리가 탄도착륙한 경우에 대비하여 그 지점에 대기하는 헬리콥터에 실려 있습니다.

재진입하는 동안 문제가 발생하면 지구로 안전하게 복귀할 수 있도록 갖가지 비상계획이 마련되어 있습니다. 그러나 누군가가 당신을 찾을 때까지 잠시 기다려야 할 수도 있습니다. 다른 모든 것이 실패하면 소유즈 안에 GPS와 위성전화가 있어서 내가 안전하며 어디에 있는지 알릴 수 있답니다!

Q

우주에서 지구로 돌아와 가장 먼저 맡은 냄새는 무엇입니까?

A

지구로 돌아오면 정말 제일 먼저 신선한 공기 냄새를 맡고 싶었습니다. ISS에서는 전혀 냄새가 없습니다. 처음에 내부로 들어갔을 때 얼핏 금속 냄새가 났던 것 같습니다. 하지만 나는 빨리 익숙해졌습니다. ISS의 모든 내용물은 냄새를 최소화하고 가스 배출이 없도록 설계되어 후각샘은 그리 많이 활동하지 않습니다. 신선한 과일이 가끔 화물로 운송돼오는 경우를 제외하고는 지구의 냄새를 전혀 맡을 수 없었습니다.

그래서 나는 고향 행성으로 돌아가면서 땅에 내리자마자 내 폐 가득히 지구 냄새를 들이마실 기대에 차 있었습니다. 하지만 그 순간이 왔을 때 나는 숨을 멈춰야 했습니다! 해치가 열렸을 때, 맨먼저 나를 맞이했던 것은 카자흐스탄 초원의 달콤한 냄새로 가득한 신선한 공기가 아니었습니다. 대신 캡슐에 스며든 매우 자극적인 매운 냄새가 우리를 맞았습니다. 소유즈의 열기로 불에 탄 잔디 냄새가 자욱한 가운데 왁자한 러시아어가 들려왔고, 이어서 커다란 미소들이 우리를 맞아주었습니다.

그러나 유리와 팀 그리고 나는 캡슐에서 빠져나와 의자가 놓인 곳까지 약간 이동한 후, 마침내 그렇게도 기다렸던 지구의 냄새로 가득한 산들바람으로 보상받았습니다.

Q 착륙 후에는 어떤 일들이 일어났습니까?

A 소유즈에서 나와 대기 중인 기자들과의 짧은 인터뷰를 마친 후 우리는 바로 의자에 앉혀진 채 의료팀 텐트로 이동되었습니다. 빠른 의료검진을 받기 위해서였죠. 나는 섭씨 30도를 웃도는 카자흐스탄의 한낮에 우주복을 입은 채 30분 이상 있었기 때문에 무척이나 더웠고, 온몸이 땀으로 멱을 감을 정도였습니다. 또한 탈수증세가 심해 정맥을 통해 1.5리터의 수분을 주입했습니다. 뜨거운 우주복을 벗고 비행복으로 갈아입으니 날아갈 것 같았습니다. 곧이어 우리는 대기 중인 Mi-8 헬리콥터로 옮겨져 북동쪽으로 약 400km 떨어진 카라간다 비행장으로 갔습니다.

그날 오전 3시[GMT]부터 소유즈에 묶여 있었고 그 전에도 잠을 못 잤기 때문에 카라 간다로 가는 동안 눈꺼풀이 저절로 내려앉았습니다. 나는 눈을 감고 잠을 자고 싶지 않았습니다. 짧은 휴식을 취했음에도 카라간다에 도착했을 때 나는 훨씬 원기를 회복해 힘있게 서고 걸을 수 있었습니다. 우리를 만나기 위해 모여든 사람들 사이를 지나갈 때 항공 군의관은 내 팔을 잡아 균형을 잃지 않도록 했습니다. 그러나 이미 내 몸은 다시 지구의 중력에 적응하기 시작했습니다. 하지만 나는 머리가 비정상적으로 무겁고 목 근육이 평소보다 훨씬 힘들어한 것을 기억합니다.

카라간다에서, 유리는 우리와는 별도로 스타시티로 돌아갔고, 팀과 나는 노르웨이의 보도Bodo로 가는 NASA 항공기에 올랐습니다. Bodo는 NASA 항공기의 첫 번째 중간 연료보급 기지였으며, 여기서 팀과 나는 헤어졌습니다. 팀은 휴스턴행 비행기를 탔고, 나는 독일 쾰른의 유럽 우주비행 센터EAC로 가는 비행기에 올랐습니다. EAC는 유럽 우주비행단의 본거지로, 앞으로 21일간의 재활 및 사후활동을 위한 무대입니다.

나는 팀과 유리에게 작별인사를 하면서 약간 서운한 느낌이 들었습니다. 그렇게 오랫동안 함께 생활하고 일하다가 갑자기 찢어져서 수천 킬로미터나 떨어진다는 것이 좀 언짢았습니다. 그러나 그런 감정이 그렇게 강한 것은 아니었습니다. 왜냐면, 앞으로도 머지않아 우리는 서로 만나 함께 일할 기회가 많을 것임을 알고 있었기 때문입니다.

우리 각자는 우주비행사 임무 중 가장 중요한 부분인 수행 미션에 대한 보고, 의료 데이터 수집 및 언론 인터뷰 등의 번잡하고 바쁜 스케줄로 돌아갔지만, 우주에서 생활하고 일한 것에 비교할 만한 도전은 아무것도 없다고 생각합니다. 보도 기지에서 팀에게 작별인사할 때 비로소 나는 미션이 끝났음을 실감했습니다. 그 순간 나는 미소지었습니다. 그것은 참으로 서사시적인 모험이었습니다!

Q 착륙 후 첫 번째 차는 언제 마셨습니까?

A 사려 깊은 아내가 요크셔 티백을 항공 군의관에게 주었고, 카자흐스탄에서 노르웨이로 비행기를 타고 갈 때 충분히 차를 즐길 수 있었습니다. 6개월간 우주정거장에서 소변으로 재활용한 물만 마시다가 처음으로 지구의 물로 된 차를 즐겼습니다. 세 잔을 거푸 마셨는데, 맛이 기가 막혔습니다!

Q 언제 다시 가족을 보게 되었습니까?

A 노르웨이의 보도에서 팀과 헤어지고 미션이 끝난 허전함으로 슬픔을 느꼈지만 그것은 오래 가지 않았습니다. 쾰른으로 돌아가기 위해 도착한 유럽 우주국 항공기에는 아주 특별한 승객이 타고 있었습니다. 바로 아내 레베카였습니다! 쾰른에는 약 3시에 도착했는데, 유럽 우주비행 센터의 친구와 동료들의 따뜻한 환영이 우리를 맞았습니다. 물론 부모님도 있었습니다. 나는 곧바로

걸어가 큰 포옹을 했습니다.

우리 두 어린 아이들은 EAC 옆에 있는 임시 승무원 숙소에서 자고 있었습니다. 부모님은 어떤 일이 있더라도 자는 아이를 깨우는 법이 없습니다. 그것이 불가피한 경우가 아닌 한에는. 그래서 나는 두 아이가 침대 위로 뛰어올라 나를 구르기 전에 두 시간쯤 잘 수 있었습니다. 아이들의 난동에 잠이 깨어서야 나는 비로소 안전히 고향 행성으로 돌아왔음을 실감했습니다. 그 실감을 완성시켜준 것은 차 한 잔과 일요일 신문이었습니다. 24시간도 채 전에 나는 작은 우주선을 타고 행성궤도를 돌고 있었는데, 이제는 다른 아버지처럼 일요일 아침 아이들 등쌀에 깨어났습니다. 이 모든 일들이 내게는 초현실적으로 받아들여졌지만, 동시에 매우 정상적으로도 느껴졌습니다.

발사 전 바이코누르에서 가족들과 작별인사를 하는 것은 가장 어려운 일이었습니다. 모든 훈련, 준비, 점검, 절차, 검사에도 불구하고 우주비행사는 우주비행에 따르는 위험을 너무나 잘 알고 있습니다. 로켓에 벨트로 몸을 묶는 순간 자신의 운명은 주사위 던지기와 같다는 것을 압니다. 두 번 다시 집으로 돌아갈 수 없을지도 모른다는 사실을 저 깊숙한 곳에서 감지합니다. 나는 평생 동안 무엇이든 당연한 것으로 받아들이지 않으려고 노력했기에 그날 아침 더욱 힘껏 아내와 아이들을 안아주었습니다. 거기에 내가 지구 행성에서 가장 행복한 사람이 될 모든 이유가 있었기 때문입니다.

Q

지구로 돌아와 맨 처음 먹은 '제대로 된' 음식은 무엇입니까? - 스칼렛 챗윈, 9세

A

내가 먹은 제대로 된 첫 식사는 EAC의 승무원 숙소에서 먹었던 일요일 점심이었습니다. 카자흐스탄에서 쾰른까지 비행기로 가면서 나는 주로 간식을 먹었습니다. 우주에서 햄으로 연결된 전화통화에서 어느 학교 학생이 내게 무슨 음식이 가장 먹고 싶냐고 물어보았습니다. 물론 나는 신선한 과일과 샐러드라고 대답했습니다. 그리고 또 신선한 빵과 피자가 먹고 싶다고 했지요.

우리가 우주에서 먹는 빵은 미생물 번식을 막기 위해 제조된 '연장된 유통기간' 빵입니다. 이것은 반죽의 수분을 줄이기 위해 글리세린과 같은 결합제를 사용하여 만든 빵으로 무산소 포장으로 밀봉됩니다. 우리가 가진 다른 옵션은 빵 대신 토르티야 랩 샌드위치(안에 고기·야채를 넣어 싼 것)입니다. 하지만 신선한 빵에는 훨씬 못 미칩니다. 갓 구워낸 신선한 빵이야말로 우주비행사들이 가장 먹고 싶어 하는 것입니다.

승무원 지원팀이 처음으로 '제대로 된' 식사로 신선한 과일과 샐러드, 피자를 내왔을 때 나는 정말 기뻤습니다. 나는 하와이 피자를 좋아합니다. 그것은 맛이 마마이트Marmite• 와 비슷합니다(당신이 아주

• 영국인이 주로 빵에 발라 먹는 이스트 추출물로 만든 제품.

좋아하거나 아주 싫어합니다!). 신선하고 맛있는 파인애플 맛이 정말 좋습니다. 내가 맛본 최고의 피자였습니다!

Q 오래 무중력 상태에서 살다가 지구에서 다시 걸어보니 어땠어요? - 로엘라 해리스

A 나의 경우, 착륙한 후 처음 48시간 동안 걷는 것이 매우 불편했습니다. 이것은 근력이나 균형감각 또는 기립성 조절장애 증상 등과는 아무런 관련이 없습니다. 어지럼증과 메스꺼움, 현기증 때문이었습니다. 착륙한 날 인터뷰에서 나는 '생애 최악의 숙취'라고 묘사한 바 있는데, 지금도 그렇게 생각합니다.

의자에 앉아서 머리 움직임을 최소화하려고 노력하면서, 나는 어지럼증이 없는 무중력의 자유로운 환경으로 돌아가고 싶었습니다. 그러나 지구의 중력에 가장 빨리 적응할 수 있는 방법은 내 몸에 익은 오랜 기술을 배우는 것이지 의자에 앉아 있는 것이 아니라는 것을 깨달았습니다. 그래, 일어나서 걷기만 하면 돼!

처음에는 모든 것이 매우 무겁고 서투른 느낌이 들었고, 나는 '우주비행사 자세'를 연습했습니다. 이것은 존 웨인이 하루종일 말안장 위에서 보낸 후 안정감을 찾기 위해 다리를 쩍 벌리고 뒤뚱거리며 걷는 것과 비슷합니다. 현기증이 물러갔을 때, 몸의 균형 잡기를 연습하는 것은 실제로 재미있습니다. 한쪽 다리로 서는 것은 어

려웠습니다. 천장을 올려다보면 자주 뒤로 넘어지려 했었습니다. 그리고 걷는 동안 고개를 옆으로 돌리면 어느새 도로에 나가 있는 것입니다. 차가 많은 길에서 시도하는 것은 위험한 일이었습니다. ESA 동료들은 내가 복도를 걸어오는 동안 벽에 부딪히는 모습을 보고는 미션이 끝나 한잔 걸친 줄 알았지만, 나는 균형감각을 되찾기 전에는 술 생각이 전혀 없었습니다. 다행히도 며칠 만에 나는 정상으로 돌아왔습니다.

Q

ISS에서 생활하다가 지구에서 처음 샤워를 하니 기분이 어땠어요?

A

ISS에서 돌아온 후 유럽 우주비행 센터의 승무원 숙소에서 6개월 만에 처음으로 샤워를 했습니다. 그러나 그것은 즐거움과 고통의 혼합이었습니다. 나는 위에서 더운 물이 흘러나오는 것을 즐겼습니다. 처음에는 너무 기분이 좋았지만, 일어날 때마다 심한 어지럼증을 느꼈고, 내 귀를 넘치는 물의 느낌으로 더욱 악화되었습니다. 그래서 나는 처음 샤워를 오래 하지 않았습니다. 그래도 내가 갈망했던 샤워를 내게 상기시키기에는 충분했습니다.

Q 우주에서 무슨 기념품을 가져온 게 있습니까?

A 재미있는 질문입니다. 그것은 내가 ISS에 엽서나 장신구, 기념품을 판매하는 조그만 매점을 오픈하는 것을 생각하게 합니다. 문제는 우주정거장을 구성하는 모든 것들은 절대적으로 중요하며, 기념품이 될 만한 어떤 것도 반출할 수 없다는 것입니다. 만약 어떤 물건에라도 손을 댄다면 우주기관은 노발대발할 겁니다. 물자를 우주정거장까지 보내는 데는 많은 비용이 들기 때문입니다. 하지만 나는 나에게 특별한 의미가 있는 약간의 아이템을 챙길 수 있었습니다.

나는 우주 나이프를 다시 가져올 수 있었습니다. 그것은 우주왕복선이 새겨져 있는 정말로 멋진 물건입니다. 또 다른 물건은 주머니에 넣어두었던 찌그러진 러시아 동전입니다. 약간 이상하게 들릴지 모르겠지만, 발사대로 로켓을 운송하는 기차의 바퀴에 찌그러진 동전을 지니고 있으면 행운이 따른다는 러시아의 미신이 있습니다. 나는 한 러시아 친구에게 아침에 철도 레일 위에 동전을 놓아줄 것을 부탁했습니다. 소유즈 로켓이 열차로 옮겨지는 시간에 우리는 검역실에 수용돼 있었으며, 게다가 로켓이 등장하는 광경을 우주비행사가 보는 것은 불운으로 간주됩니다.

그러나 뭐니뭐니해도 가장 특별한 기념품은 내가 우주유영 때 입었던 우주복에 박혀 있었던 영국 국기 유니언잭입니다. 우주 진공에서 착용된 최초의 유니언잭으로서, 그것은 영국의 유구하고 위대한 탐사와 과학연구의 새로운 장을 대표합니다. 미션에 나서기 몇 년 전 나는 왕립 기록관과 왕실 콜렉션에서 장엄한 전시회를 보았습니다. 긴 역사를 통해 영국인에 의해 이루어진 탐험의 유물을 전시한 곳입니다. 나는 최초로 우주유영을 한 유니언잭의 보금자리로 이보다 더 나은 곳은 없다고 생각했습니다. 그리고 우주에서 돌아와 엘리자베스 2세 여왕을 알현했을 때 이 유니언잭을 선물하게 된 것은 나에게는 다시없는 영광이었습니다.

Q A

당신이나 다른 우주비행사가 지구로 돌아와 무중력에서 생활한 습관으로 물건을 공중에 놓아버리는 적이 있습니까? -아이다와 폴 매커시

귀환한 우주비행사가 지구에서 물건을 곧잘 떨어뜨리는 것에 대해 많은 이야기를 들었습니다. 나는 그런 적이 거의 없지만, 가벼운 물건일 때는 그럴 수도 있다고 봅니다. 왜냐하면 우주에서 물건을 손에서 놓는 데 익숙해졌기 때문입니다.

프랑스 우주비행사 미셸 토니니는 귀환 초 며칠 동안 저녁식사 테이블에서 나이프를 몇 번이나 떨어뜨렸다고 하더군요. 우주에서 생활한 습관 때문입니다. 우주에서는 그냥 놓아도 공중에 떠 있거든요. 나는 물건의 무게를 믿지 못해 언제나 꽉 움켜잡았으며, 다시 물건들의 무게를 익혔습니다. 어쨌든 처음에는 모든 물건들이 놀라

울 정도로 무겁게 느껴졌습니다.

Q 오랜 우주비행이 당신의 건강에 끼친 영향은 어떤 것입니까?

A

이것은 중요한 질문이며, 모든 우주비행사가 자신의 경력 중에 어느 시점에선가는 고려해야 할 질문입니다. 우주비행이 마약이라면 가능한 부작용 목록이 별들에게 가는 길을 막을지도 모릅니다! 따라서 별로 출발하기 전에 국제우주정거장에서 6개월 복용한 후유증이 어떤 것들인지 살펴보겠습니다.

근력 저하

증상 중력의 영향을 느끼지 않고, 더 이상 자세를 유지할 필요가 없음에 따라 골격근은 위축되기 시작합니다. 또한 우리가 서기 위해 사용하는 허리와 다리 근육에 체중을 가하지 않음으로써, 이들 또한 약화되고 작아지기 시작할 것입니다. 우주비행사는 우주에서 5~11일 만에 근육 질량의 20%까지 잃을 수 있습니다.

치료 규칙적인 운동과 좋은 식이요법은 근육 저하를 예방하는 데 도움이 됩니다. 우주 정거장에는 우주비행사가 매일 훈련할 수

있는 ARED '멀티 체육관' 장비가 있습니다. 이것은 '주요운동' 근육(넓적다리 사두근, 이두근, 삼두근, 가슴 근육 등)을 운동하는 데 특히 좋습니다. 러닝머신과 실내 자전거는 좋은 심혈관 건강을 유지하고 심장 근육의 위축을 예방합니다. 미션 초기에 잃어버린 체중을 빨리 되찾았음에도 불구하고 나는 정상으로 돌아가지 않았습니다. 나의 근육 덩어리는 다른 방식으로 재분배되었고 착륙했을 때보다 육체적으로 강하게 느껴졌지만(놀라운 것은 아니지만 매일 두 시간 동안 운동을 할 때), 무거운 가방을 들 때 중심 안정성core stability은 악화되었습니다. 그것이 완전히 정상으로 되기까지는 약 2개월이 걸렸습니다.

뼈 퇴화

증상 ISS에서 극미중력에서 뼈에 가해지는 하중이 감소하면 매달 1.5%의 뼈 조직이 손실됩니다. 노인이 1년 동안 잃는 양이나 같습니다. 특히 골다공증 증상이 있는 우주 비행사가 우주에서 돌아올 때는 골반 부위와 척추가 특히 취약해집니다. 또한 뼈의 미네랄 밀도가 감소하고 신체에 다시 흡수되어 혈중 칼슘 수치가 상승하면 연조직과 신장 결석의 석회화 위험이 높아집니다. 그리고 골밀도만 중요한 것이 아닙니다. 극미중력에서 새로운 뼈 조직이 형성됨에 따라 뼈 자체의 구조가 변경되어 지구로 돌아올 때 골절의 위험을 증가시킬 수 있습니다.

치료 다시 한번, 운동은 우리의 친구입니다. 우리의 골격근을 운동시키고 우리의 뼈에 기계적 스트레스를 가함으로써 '골아 세포'를 자극하여 새로운 골조직을 구축합니다. 우리의 근육과 마찬가지로 신체 일부에서는 운동이 다른 부분보다 더 효과적 일 수 있으나, 운동만으로는 뼈의 퇴화를 막을 수는 없습니다. 우주비행사는 보통 건강한 뼈를 유지하는 데 도움이 되도록 식이요법에서 좋은 칼슘 섭취를 유지하는 외에 매일 비타민 D 보충제를 섭취합니다. 염분 섭취를 줄이면 뼈 손실을 줄일 수 있습니다. NASA는 나트륨 함량을 줄이기 위해 80개 이상의 우주 식품목록을 재구성했습니다.

시각 장애

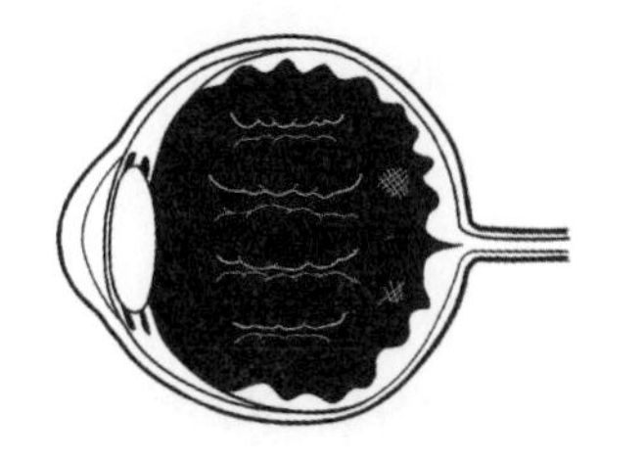

증상 최근의 발견은 우주비행이 시력에 영향을 미칠 수 있다는 것입니다. 시신경 원판 부종, 안구 뒷방 뒤틀림, 맥락막 폴드, 면화반점(망막의 흰 반점) 등에서 변화가 나타나고, 신경섬유층이 두꺼워지며 근시가 감소하는 것으로 보고되었습니다. 약 300명의 우주비행사를 대상으로 한 조사에서, 오랜 기간 우주 미션을 수행한 사람 중 60%는 시력 저하를 경험했습니다.

치료 어떠한 요인들로 인해 시력이 저하하는지는 아직 명확하게 밝혀지지 않았습니다. 그러나 두개골과 안구혈관에 영향을 미치는 뇌척수액과 두개 내압 상승을 일으키는 극미중력에 의한 체액

이동이 부분적으로 원인이 될 가능성이 있습니다. 대기 중 이산화 탄소, 강한 저항운동 또는 나트륨의 과다섭취가 시력에 영향을 미치는 것으로 추정되고 있습니다. 연구원들은 우주비행사가 잘 때 입는 특수복이 혈액과 체액이 발 쪽으로 몰리게 하여 심장과 두뇌의 압력을 떨어뜨림으로써 시력 저하를 가져오는 것으로 추정하기도 합니다.

방사선 노출

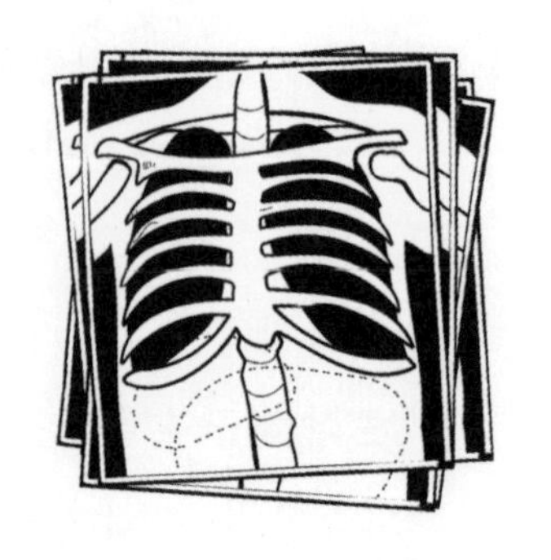

증상 지구의 자기장 덕택에 우리는 우주에서 오는 방사선으로부터 크게 보호받습니다. 그러나 ISS 우주비행사는 태양 복사 및 은하계 우주선(심우주에서 오는 고에너지 입자)에 상대적으로 노출되어 있습니다. 우주선을 구성하는 빠르고 무거운 이온은 신체조직을 손상시킬 뿐만 아니라 ISS의 알루미늄 선체와 충돌하여 2차 입자를 우리의 거주구역으로 배출합니다. ISS의 우주비행사는 평균 하루에 약 0.7-1밀리시버트의 방사선을 받습니다. ISS에서 6개월간 있으면 지구상의 천연자원으로부터 받는 60년치의 방사선에 피폭당하는 거에 해당하며, 이는 매일 8번 흉부 엑스선 촬영을 하는 거나 같습니다.

치료 방사선에 대한 최상의 치료는 최대한 노출을 제한하는 것입니다. 이를 위해 ISS의 일부에는 폴리에틸렌 차폐재가 있어 우주선에 맞았을 때 방출되는 2차 중성자의 영향을 줄여줍니다. 좋은 소식은 ISS의 방사선 환경이 면밀히 모니터링되고 있다는 것입니다. 모든 모듈에는 수많은 방사선 모니터가 있을 뿐만 아니라, 모든 우주비행사가 항상 개인 선량계線量計를 가지고 다닙니다. 또 우주유영 중에는 각 승무원이 별도의 선량계를 지참합니다. 왜냐하면 우리가 가압 모듈이라는 안식처를 떠나면 더 높은 선량을 받기 때문입니다. 방사선 피폭량이 곧장 암으로 전이되는 데 대해 확실한 상관관계가 밝혀지진 않았지만, NASA는 방사선으로 인한 우주비행사의 암 증가가 일반인 추정치보다 3%를 넘지 않도록 요구합니다.

자, 이 정도 알게 되었다면, 그래도 화성까지 가는 우주비행을 원하는 사람은 한번 손 들어보세요.

이거 아세요?

- 우주비행이 인체에 가져오는 부정적인 영향은 우주에서 원심분리기를 사용하여 중력을 만들어냄으로써 많은 부분을 해소 내지 예방할 수 있습니다. 앤디 위어의 소설 〈마션〉은 나중에 블록버스터 영화가 되었지만, 지구-화성 운송 우주선이 헤르메스라는 순환 모듈을 통합하여 화성 중력에 가까운 0.4g를 시뮬레이션했습니다. 이것은 정말 좋은 생각이지만, 원심분리기 부분을 추가하려면 우주선 설계에 많은 복잡성과 비용을 증가시킵니다.

미래의 우주 개척

다음 미션이 ISS 근무가 아니라면, 어디를 가든 다른 유형의 훈련을 받아야 합니까?

- 메리 바인브리드겔프

탁월한 질문입니다. 가까운 미래에 있을 인간의 흥미로운 우주비행과 우주탐사로 이 책을 갖다놓는 질문인 것 같습니다. 이 질문에 대한 짧은 대답은 '그렇습니다'. ISS 이외의 목적지의 경우, 일부 훈련이 다를 것입니다. 사실 ISS에 대한 미래의 미션에 투입되더라도 훈련은 크게 다를 수 있습니다. 이 준비가 어떻게 그리고 왜 다양하게 될지 맛깔나게 알려주기 위해 가까운 미래에 우주비행사가 훈련해야 할 우주선과 우주정거장을 간략하게 살펴보도록 합시다.

상업용 승무원 운송

미국은 미국 땅에서 발사된 로켓을 타고 ISS에 승무원을 보낼 수 있는 날이 다시 한번 가까워지고 있습니다. NASA는 2014년 9월 보잉과 스페이스X 두 회사를 선정하여 4명의 우주비행사를 ISS에 파견하고 귀환시킬 수 있는 체제를 만들기로 했습니다. 이것은 ISS 승무원을 모두 7명으로 증원하고, 과학연구에 전념하는 승무원 시간을 일주일에 40시간 추가하는 것을 뜻합니다.

두 우주선, 보잉의 CST-100 스타라이너와 스페이스X의 드래건은 ISS로 승무원을 보내는 유일한 수단인 러시아 소유즈 로켓에 대한 현재의 의존도를 끝낼 것입니다. 2019년까지 이 두 우주선이 모두 취역할 것으로 예상되며, 승무원들은 이미 이들 우주선에 대한 교육을 받고 있습니다.

지구 저궤도

ISS의 운영은 2024년까지 연장되었습니다. 극미중력에서의 과학연구가 가지는 이점이 배가되고 확산됨에 따라 민간부문에서 관심이 커지고 있습니다. 미국의 민간 우주 벤처인 비글로 에어로스페이스와 액시엄 스페이스 사는 지구 저궤도에서 상업용 우주정거장을 건설, 운영할 계획입니다. 비글로는 이미 2년간의 테스트를 위해 BEAM 모듈을 ISS에 부착했으며, 액시엄 스페이스는 2020년 초 ISS를 첫 번째 우주정거장 모듈의 초기 허브로 사용할 계획입니다. 2028년까지 ISS 수명을 연장하는 문제에 관한 토론이 있었고, 그렇게 되면 극미중력 연구 플랫폼을 점진적으로 민간부문으로 이전할 수 있게 됩니다. 상업분야가 우주에서의 발판을 확장함에 따라 2020년 ISS에 대한 미션은 매우 흥분되고 역동적인 내용이 될 것입니다.

달 탐사

국가 우주기구들이 지구 저궤도에 있는 우주정거장을 상업용으로 전환하려 하는 데는 그럴 만한 이유가 있습니다. 귀중하고 제한된 자원을 태양계 탐사의 다음 단계에 집중시킬 수 있기 때문입니다. 이 같은 목적으로 아폴로 미션을 시작한 새턴 V보다 더 크고 강력한 NASA의 우주 발사 시스템SLS과 같은 새로운 로켓을 개발하고 있습니다. 처음 5개의 SLS 발사는 달 주위의 궤도에서 딥 스페이스 게이트웨이(출력-추진, 주거, 물류 및 에어록 모듈을 갖춘 소형 우주정거장) 조립을 위한 것입니다.

2019년부터 시작될 이 미션은 심우주에서 수행될 과학연구의 길을 열 뿐만 아니라, 달 표면 탐사로 돌아갈 기회를 제공하며, 나아가 화성으로 진출하는 데 디딤돌 역할을 할 것입니다. 2026년에 완공할 예정인 딥 스페이스 게이트웨이가 조립될 때 SLS는 최초의 무인비행 후 오리온 캡슐과 4명의 우주비행사를 보내 최대 6주간의 미션을 수행하게 할 계획입니다. 우주비행사는 새로운 우주정거장을 타고 몇 주간의 미션을 수행하겠지만 일년 내내 거주하지는 않습니다.

이 프로젝트는 NASA에 의해 추진되고 있지만, 다른 국가 우주기관들과 학계, 민간부문의 강력한 파트너십이 필요합니다. 유럽 우주국은 이미 오리온 우주선을 위한 유럽 서비스 모듈을 제공하면서 이 프로젝트에 중요한 역할을 담당하고 있습니다.

화성 탐사

1969년 7월 20일 닐 암스트롱이 달에 발을 디디면서 "이것은 한 인간에게 있어서는 작은 첫 걸음이지만 인류 전체에 있어서는 위대한 도약"이라고 선언했을 때부터 인류는 태양계의 인간탐사에서 다음 단계로 화성을 바라보았습니다.

이 오랜 야망을 실현할 로드맵이 마침내 등장하기 시작했습니다. SLS는 늦어도 2027년에 딥 스페이스 운송 우주선을 발사해 딥 스페이스 게이트웨이에 조립할 예정입니다. 이어서 물류 모듈을 발사하고 달 부근에서 1년간 시험가동을 한 후, 41톤짜리 우주선에 4명의 승무원을 태워 화성으로 보냈다가 2033년에 귀환시킬 계획을 세우고 있습니다. 최장 3년에 걸칠 이 미션은 화성에는 착륙하지 않지만, 붉은 행성 궤도에 진입시켜 화성탐사를 진행하다가 딥 스페이스 게이트웨이로 되돌아갑니다. 이 임무에서 배운 교훈은 다른 행성을 식민지화하는 첫걸음으로 화성 토양에 인간을 내리는 최종 목표로 향하는 길을 열어줄 것입니다.

태양계를 더 깊이 탐사하고 화성에 발을 들여놓을 계획을 추진하고 있는 국가 우주기구들뿐이 아닙니다. 미국의 우주개발 기업

스페이스X의 CEO 일론 머스크는 화성을 식민지화하고 인간이 복수 행성의 종이 될 수 있도록 하겠다는 야망을 숨기지 않았습니다. 이것은 결코 허튼 얘기가 아닙니다. 스페이스X는 머스크의 '행성간 운송 시스템'을 위해 이미 메탄 연료 엔진인 랩터Raptor를 제작해 테스트하고 있습니다.

이 강력한 엔진은 스페이스X의 팰컨-9 로켓을 ISS에 보내는 멀린 1D 엔진의 추진력보다 3배 이상 강력합니다. 이 새로운 로켓의 1단계 부스터는 재사용 가능하며, 여기에 엄청나게 강력한 42랩터 엔진이 장착될 것입니다. 이 엔진의 추진력은 달에 아폴로 미션을 가능케 한 새턴 V 로켓 추진력의 거의 네 배에 달합니다.

인간탐험의 한계를 뛰어넘고 우주로 진출하려는 야망은 억만장자가 후원하는 스페이스X만의 전유물은 아닙니다. 아마존닷컴 창립자 제프 베조스는 자신의 로켓 회사인 블루 오리진Blue Origin에서

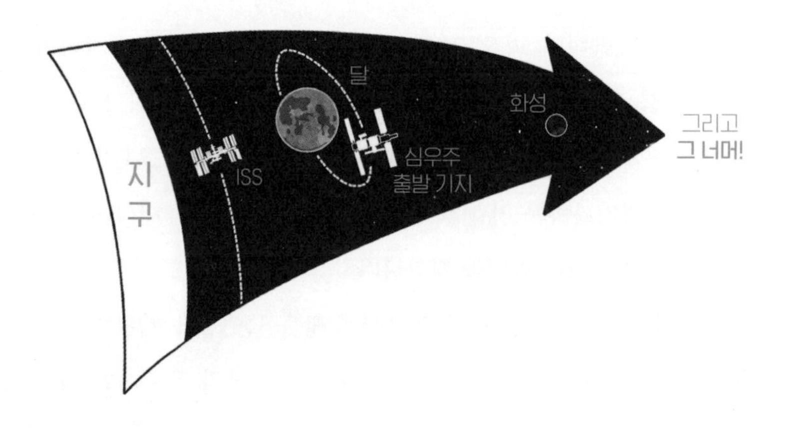

달을 비롯한 드넓은 태양계로 인간 존재를 확장시키기 위한 일련의 새로운 로켓을 개발 중입니다.

또한 드림 체이서Dream Chaser 우주선 개발에 박차를 가하고 있는 시에라 네바다 사는 2016년에는 2019년부터 2024년까지 ISS에 최소한 6회의 상용 보급 서비스를 제공하는 계약을 NASA와 체결했습니다. 그리고 버진 갤라틱, 블루 오리진, XCOR 같은 민간 우주 개발 회사들은 머지않아 수백 명의 사람들에게 놀라운 우주경험을 제공할 것을 약속하고 있습니다. 앞으로 몇 년 동안은 인간의 우주 비행에 있어 매우 흥미로운 장면들이 속출할 것으로 기대됩니다.

이 새로운 '우주 경쟁'의 출발 신호는 이미 몇 년 전에 발사되었습니다. 그것은 누가 더 저비용으로 우주 진출을 할 수 있는가를 놓고 벌이는 경쟁일 뿐 아니라, 협업과 새로운 파트너십, 국제협력을 위한 흥미로운 기회를 제공하는 경쟁입니다. 이 순간에도 경주는 뜨겁게 진행되고 있으며, 인류의 우주탐사를 위한 새로운 새벽이 다가오고 있습니다. 우리가 달과 화성에 식민지를 건설할 것인가 묻는 것은 더이상 질문이 아닙니다. 다만 그 때가 언제인지가 문제일 뿐입니다.

사진 저작권 | PHOTOGRAPHY CREDITS

1. © ESA – S. Corvaja
2. © NASA
3. © NASA – L. Harnett
4. © Getty
5. © ESA
6. © NASA
7. © GCTC
8. © ESA
9. © UKSA
10. © GCTC – Yuri Kargapolov
11. © GCTC – Yuri Kargapolov
12. © NASA – B. Stafford
13. © NASA
14. © GCTC
15. © UKSA – Max Alexander
16. © NASA – Victor Zelentsov
17. © ESA – S. Corvaja
18. © ESA – S. Corvaja
19. © ESA – S. Corvaja
20. © ESA – S. Corvaja
21. © ESA – S. Corvaja
22. © Getty

23. © ESA / NASA (picture taken by ESA Astronaut Tim Peake)

24. © ESA / NASA (picture taken by NASA Astronaut Tim Kopra)

25. © ESA / NASA (picture taken by NASA Astronaut Tim Kopra)

26. © ESA / NASA (picture taken by ESA Astronaut Tim Peake)

27. © ESA / NASA (picture taken by ESA Astronaut Tim Peake)

28. © ESA / NASA (picture taken by ESA Astronaut Tim Peake)

29. © ESA / NASA (picture taken by ESA Astronaut Tim Peake)

30. © ESA / NASA (picture taken by ESA Astronaut Tim Peake)

31. © ESA / NASA (picture taken by ESA Astronaut Tim Peake)

32. © ESA / NASA (picture taken by ESA Astronaut Tim Peake)

33. © ESA / NASA (picture taken by ESA Astronaut Tim Peake)

34. © ESA / NASA (picture taken by ESA Astronaut Tim Peake)

35. © ESA / NASA (picture taken by ESA Astronaut Tim Peake)

36. © ESA / NASA (picture taken by ESA Astronaut Tim Peake)

37. © Getty

38. © ESA / NASA (picture taken by NASA Astronaut Scott Kelly)

39. © ESA / NASA (picture taken by NASA Astronaut Scott Kelly)

40. © ESA / NASA (picture taken by ESA Astronaut Tim Peake)

41. © Getty

42. © ESA / NASA (picture taken by NASA Astronaut Tim Kopra)

43. © Getty

우주로 진출하는 다음 세대에게 많은 영감을 주기를…

차세대 우주비행사를 위한 유용한 지침서가 되기를…

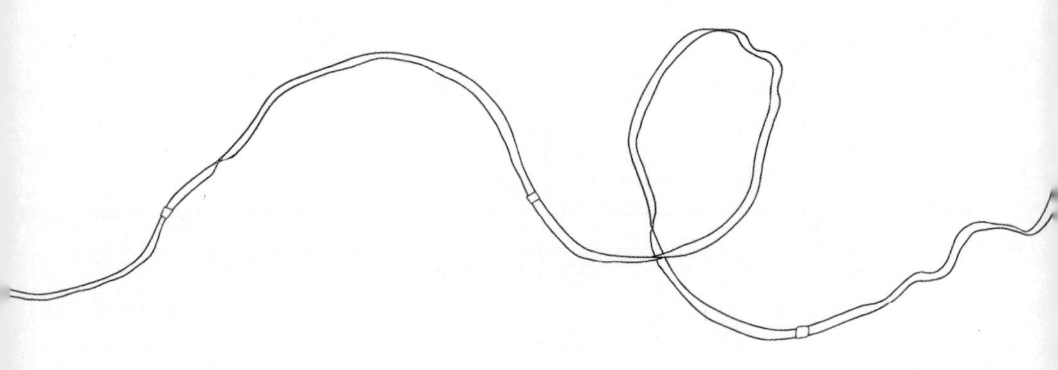

화성 땅에 가장 먼저 발을 내려놓는 사람에게 읽히기를…

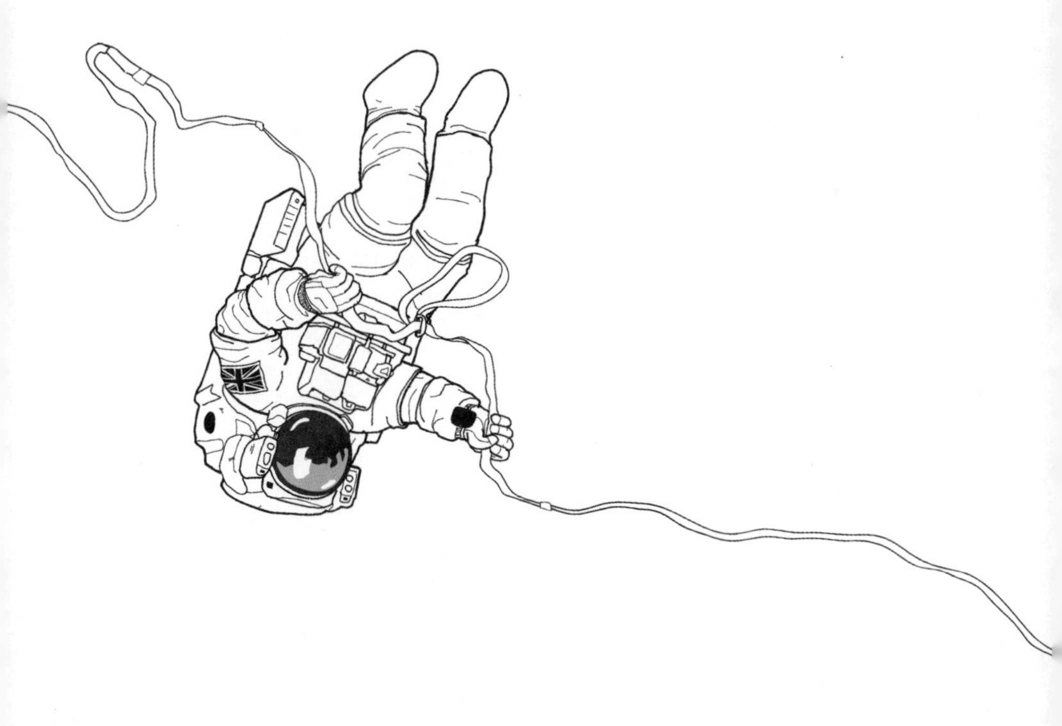

이광식 옮긴이

성균관대학교 영문학과를 졸업한 후 30여 년간 출판계에 종사하면서 국내 최초의 천문잡지 〈월간 하늘〉을 발간하는 등 다양한 천문학 관련 도서를 만들었다.
국내의 대표적 천문학 저술가로서 현재는 강화도 서쪽 퇴모산으로 귀촌해 텃밭을 일구면서 '원두막 천문대'라는 개인 관측소를 운영하며, 다양한 기관과 매체에 우주 특강과 우주 관련 칼럼을 기고하고 있다.
저서로 〈잠 안 오는 밤에 읽는 우주토픽〉, 〈별아저씨의 별난 우주 이야기〉(전3권), 〈십대, 별과 우주를 사색해야 하는 이유〉, 〈천문학 콘서트〉, 〈두근두근 천문학〉, 〈아빠, 별자리 보러 가요!〉, 〈우주 덕후 사전〉(전2권) 등이 있다.

우주인에게 묻다
우주에서의 삶

초판 1쇄 발행 2019년 5월 10일
초판 3쇄 발행 2020년 7월 10일

지은이 팀 피크
옮긴이 이광식

펴낸이 양은하
디자인 책은우주다
펴낸곳 들메나무 **출판등록** 2012년 5월 31일 제396-2012-0000101호
주소 (10893) 경기도 파주시 와석순환로 347 218-1102호
전화 031) 941-8640 팩스 031) 624-3727
전자우편 deulmenamu@naver.com

값 18,000원 ⓒ ESA/Tim Peake, 2019
ISBN 979-11-86889-15-2 03440

이 도서의 국립중앙도서관 출판예정도서목록(CIP)은 서지정보유통지원시스템 홈페이지(http://seoji.nl.go.kr)와 국가자료공동목록시스템(http://www.nl.go.kr/kolisnet)에서 이용하실 수 있습니다. (CIP제어번호: CIP2018040435)